U0965079

高等职业教育“十四五”规划教材

高等职业教育产教融合新形态教材

食品理化分析技术

杨玉红　于莉娜　主编

中国农业大学出版社
·北京·

内容简介

本教材按照《国家职业教育改革实施方案》和《关于实施中国特色高水平高职学校和专业建设计划的意见》的要求。结合食品行业检测岗位的技能需求和国家标准，以农产品食品检验员、可食食品快速检测员、食品合规管理等“1+X”证书职业技能等级要求为基础，按照食品行业检验工作岗位的技能需求，共设计6个模块和21个项目内容，包含食品理化分析基础知识、食品的物理检验、食品中一般营养成分的测定、食品中矿物质元素的测定、食品中添加剂含量的检测、食品中有害成分的检测等知识。书中测定方法均采用最新的国家标准，阐明了食品理化检验方法的原理和分析步骤，设计了数据记录表格，旨在提高学生的理论水平、实际操作技能及数据分析能力。

本书可作为高等学校食品质量与安全、食品检验检测技术、食品营养与健康、食品贮运与营销、食品智能加工技术等相关专业的教材与参考书，也可作为食品企业在职人员的培训教材及从事食品企业生产、食品质量监督与检验技术人员的参考用书。

图书在版编目(CIP)数据

食品理化分析技术/杨玉红，干莉娜主编. --北京：中国农业大学出版社，2024.2
ISBN 978-7-5655-2841-5

Ⅰ.①食…　Ⅱ.①杨…②干…　Ⅲ.①食品分析－物理化学分析－高等职业教育－教材
Ⅳ.①TS207.3

中国版本图书馆CIP数据核字(2022)第138506号

书　　名　食品理化分析技术
作　　者　杨玉红　干莉娜　主编

策划编辑　康昊婷　　　**责任编辑**　康昊婷
封面设计　郑　川　李尘工作室
出版发行　中国农业大学出版社
社　　址　北京市海淀区圆明园西路2号　　　**邮政编码**　100193
电　　话　发行部 010-62733489,1190　　　读者服务部 010-62732336
编辑部 010-62732617,2618　　　出　版　部 010-62733440
网　　址　http://www.caupress.cn　　　**E-mail** cbsszs@cau.edu.cn
经　　销　新华书店
印　　刷　河北朗祥印刷有限公司
版　　次　2024年2月第1版　　2024年2月第1次印刷
规　　格　185 mm×260 mm　16开本　17.25印张　450千字
定　　价　53.00元

图书如有质量问题本社发行部负责调换

编审人员

主　编　杨玉红（鹤壁职业技术学院）

干莉娜（广西生态工程职业技术学院）

副主编　张雪莲（襄阳职业技术学院）

刘宏伟（鹤壁市农产品检验检测中心）

崔晓娜（山东畜牧兽医职业学院）

参　编　娄芳慧（河南农业职业学院）

王建刚（山东药品食品职业学院）

闵照永（鹤壁职业技术学院）

余永婷（新疆轻工职业技术学院）

覃姚红（广西生态工程职业技术学院）

主　审　翟玮玮（江苏食品药品职业技术学院）

蔡智军（辽宁农业职业技术学院）

出 版 说 明

为贯彻落实《国家职业教育改革实施方案》(国发〔2019〕4号,又称"职教二十条")以及《高等职业学校专业教学标准》等相关文件精神,有效推进产教融合、校企合作,建设一批校企"双元"合作开发的高质量教材,经向行业专家咨询及与有关高等职业院校沟通,借鉴与物化高等职业教育食品类专业教育教学改革成果,中国农业大学出版社开展了"高等职业教育产教融合新形态教材"食品类专业系列教材建设工作。

"高等职业教育产教融合新形态教材"食品类专业系列教材建设是食品类专业高技能人才培养的基础性工作,也是促进社会与经济发展的客观需求。随着加入世贸组织,我国食品工业得到了持续与快速的发展,食品工业进入产业升级、调整改革的关键时期,食品产业从数量扩张向质量提升转变。原有的高等职业教育食品类专业教材从内容到表现形式,要满足现代食品工业人才培养的需要,就必须改革创新,在实践中不断探索高等职业教育食品类专业新形态教材建设的新路子,才能为高等职业教育食品类专业高技能人才培养奠定坚实的基础、发挥应有的作用。

"高等职业教育产教融合新形态教材"食品类专业系列教材具有如下特点:

1. 精心组织编审队伍。在征集和分析相关高等职业院校的申报材料的基础上,充分考虑不同院校的专业优势及教学创新改革进程及成果等,慎重确定每一教材参加编审的骨干人员,并根据教师提供的编写提纲、编写思路与样章等,由"高等职业教育产教融合新形态教材"食品类专业系列教材编审委员会及专家组遴选组建编写团队。同时,邀请高等职业院校、行业及生产企业的专家参与教材建设,审核编写提纲,后期对书稿进行严格审定。教材编写过程中,作者与审稿人员充分沟通,书稿反复修改,从而确保了教材内容的前瞻性、科学性及对一线岗位的适应性。

2. 创新编写体例。本次教材建设重点在食品类专业基础课程和专业核心课程。以"项目引领,任务驱动"作为教材的基本框架,以职业岗位确立典型工作任务,以典型工作任务确定岗位能力需求,以能力需求确定学习项目与任务,突出了实践性、企业案例化与职业化,并与项目紧密关联。内容新颖、趣味性强是本系列教材的一大亮点。对专业基础课程,突破了传统的学科编写体例,参考模块式总体思路设计,创立新的编写体例,使教材既精炼又实用,有利于提高学生的学习效果与效率。

3. 突出职业教育特色。教材编写体现了现代职业教育体系教学改革精神,该新形态系列教材将努力体现课程内容与职业标准对接、教学过程与生产过程对接的要求,反映高等职业教育专业课教学与思想政治理论课教学同向同行、职业技能与职业精神培养高度融合的特点,尤其是"项目引领,任务驱动"式教材,每一任务的活动规程,力求按工作任务的环节以表格任务单或实际案例形式进行编写与训练,突出操作环节与质量要求,促进职业技能培养与职业素养的紧密结合,实现教学与职业岗位的"零距离对接"。

4.新形态信息技术在系列教材中广泛应用。努力对食品类专业教材中的知识点与技能点进行信息化处理，使其表现形式更加多元化，提高智能化水平，突出趣味性与直观性，实现手机终端推送学习，采用微课、视频、动画等资源展示相关知识、专项实验、任务拓展与测试题答案等内容，充分体现了高等职业教育教材多元化创新的全新特色。

"高等职业教育产教融合新形态教材"食品类专业系列教材基本覆盖了食品智能加工、食品生物技术、食品营养与健康与食品检验检测技术等食品类专业的专业基础课程与专业核心课程。系列教材既充分强调了食品科学的实践性，同时又充分考虑了食品产业与基础理论的有机结合，努力做到每种教材间内容相互补充、相互衔接，构成一个完整的课程体系。系列教材主要作为高等职业教育食品类专业的相关课程教材，也可作为现代食品企业相关技术人员及专业技术工人的培训、参考用书。

"高等职业教育产教融合新形态教材"食品类专业系列教材的顺利出版，是全国近 60 所高职学院及部分食品企业等共同奋斗的结果。编写过程中所做的许多探索，为进一步推进高等职业教育教材建设的改革与创新提供了有益的经验。我们真诚地希望，以此为契机，进一步有效加强与各高等职业院校及食品企业的交流与合作，不断拓展食品类专业新形态系列教材合作开发的思路，创新教材开发的模式与服务方式。让我们共同努力，为深化高等职业教育食品类专业教育教学改革与人才培养质量的提高，发挥积极的推动作用。

中国农业大学出版社

2022 年 12 月

前 言

食品理化分析技术是高职食品类专业的核心课程。

党的二十大报告指出，实施科教兴国战略，强化现代化建设人才支撑。本教材按照《国家职业教育改革实施方案》和《关于实施中国特色高水平高职学校和专业建设计划的意见》，推进高等职业教育专业教学标准的落实，有效推进产教融合、校企合作及“学历证书＋若干职业技能等级证书”制度试点（简称“1＋X”证书制）工作，并积极遵照《国家职业教育改革实施方案》（简称“职教20条”）提出的“启动建设一批校企‘双元’合作开发”的国家级规划教材建设有关要求，以工作过程为导向，以工作任务为载体，进行工作过程系统化课程设计。教材内容的选择以满足食品企业检验岗位所需职业能力培养为核心，结合农产品食品检验员、可食食品快速检测员等国家职业技能等级标准所必需的知识、技能以及农产品质量安全检测技能大赛的相关技能要求，解构传统学科体系课程内容，构建基于工作过程的行动体系课程内容。本书充分发挥专业课程的思政功能，运用思政的学科思维，提炼专业课程中蕴含的文化基因和价值元素，将其转化为社会主义核心价值观具体化、生动化的有效教学载体，在“润物细无声”的知识学习过程中融入理想信念层面的精神指引。注重培育学生精益求精的职业素养和创新精神，引导学生在工作岗位弘扬“工匠精神”，努力实现岗位创新，培养学生守护“舌尖安全”意识、爱国情怀以及社会责任感，满足“大众创业、万众创新”时代背景下对创新人才的迫切需求。

本书按照食品理化检验的工作岗位共设计6个模块21个项目，将食品理化分析技术需要掌握的知识和技能重组于工作过程与任务中，适合理论实训一体化教学。教材内容把知识点项目化，项目内容来自食品产品指标，方法的编写以现行有效的国家标准为依据，使学生掌握最新、最权威的食品检测技术，实现专业课程技能教学和企业岗位技能需求无缝衔接。

本书可作为高等职业教育院校食品类相关专业学生的教材，也可作为食品企业在职人员的培训教材及从事食品企业生产、食品质量监督与检验的技术人员的参考用书。

本书由杨玉红、干莉娜主编并统稿，张雪莲、刘宏伟、崔晓娜任副主编。具体编写分工为：模块一、模块二由杨玉红和余永婷共同编写，模块三由娄芳慧、闵照永和王建刚共同编写，模块四由干莉娜和覃姚红共同编写，模块五由崔晓娜编写，模块六由张雪莲、刘宏伟共同编写。全书由翟玮玮、蔡智军主审。

本书在编写过程中，得到中国农业大学出版社的大力支持，谨此表示感谢。同时借鉴了部分食品标准和公开资料，参考文献中未能一一列出，在此一并表示感谢！

由于时间仓促和编者水平有限，书中难免有疏漏或不妥之处，恳请使用本教材的广大读者惠予指正，以便及时修订。

编 者

2023年4月

目　录

模块一

食品理化分析基础知识

模块介绍

食品理化分析是运用物理、化学、生物化学等学科的理论、方法和技术，对食品生产加工的原料、半成品和成品的质量指标进行检验测定的过程。食品理化检测工作是保障食品安全的一项基础性、关键性工作，是食品“从农田到餐桌”的全过程质量安全控制工作中的重要一环。

食品种类繁多，成分复杂，来源不一，分析检测的目的、项目和要求也不尽相同，但各类食品的理化检测工作都有一个共同的程序，即样品的采集、样品的制备和保存、样品的预处理、样品成分的检测、检测数据处理、检测报告的撰写。

本模块注重培养学生爱岗敬业的意识；强化对学生时代使命感、社会责任感的培养。让学生认识到掌握食品理化分析基础知识的重要性，思考食品理化分析技术与食品安全可持续发展的关系，引导学生树立防控食品安全的责任感和使命感。

项目一　样品的准备

样品的采集制备和保存

【学习目标】

知识目标

1. 掌握样品采集的原则、要求和步骤。
2. 掌握样品制备的方法。
3. 掌握样品的保存方法。

技能目标

1. 能够根据食品样品取样标准方法进行取样操作。
2. 能够正确处理有关取样操作中的技术和安全问题。
3. 能够正确进行样品制备。
4. 能够正确保存样品。

思政目标

1. 培养学生对食品行业的热爱,树立“干一行、爱一行”的职业理念。

2. 培养学生诚实守信、实事求是的职业道德。

【项目概述】

本项目包含3项相关知识和2项技能训练。相关知识包括样品的采集、样品的制备方法、样品的保存;技能训练为粮食样品采集、制备与保存,蔬菜样品的采集、制备与保存。目的是培养学习者对样品的采集、制备和保存的理解,为今后从事相关工作奠定坚实的理论和实践基础。

【思维导图】

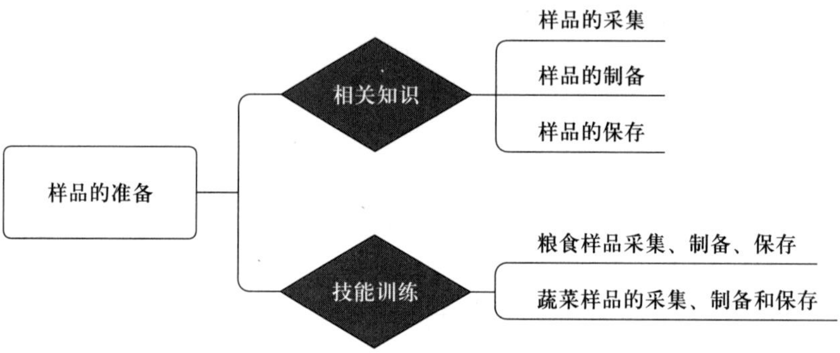

【相关知识】

一、样品的采集

由于目前的检测方法大多数具有破坏性,故不能对全部食品进行检验,必须从整批食品中采取一定比例的样品进行检验,从大量的分析对象中抽取具有代表性的一部分样品作为分析化验样品,这项工作即称为样品的采集或采样。

1. 正确采样的原则

食品样品正确采样必须遵守两个原则:一是采集的样品要均匀,有代表性,能反映全部被测食品的组分、质量和卫生状况;二是采样过程中要设法保持原有的理化指标、防止成分逸散或带入杂质。食品采样检验的目的在于检验试样感官性质上有无变化,食品的一般成分有无缺陷,加入的添加剂等外来物质是否符合国家的标准,食品的成分有无掺假现象,食品在生产运输和贮藏过程中有无重金属、有害物质和各种微生物的污染以及有无变化和腐败现象。由于分析检验时采样很多,其检验结果又要代表整箱或整批食品的结果。采集的样品必须具有代表性,否则后续的样品处理及检测计算结果无论如何严格准确也没有任何价值。

2. 采样的一般程序

采样一般按照以下程序进行:

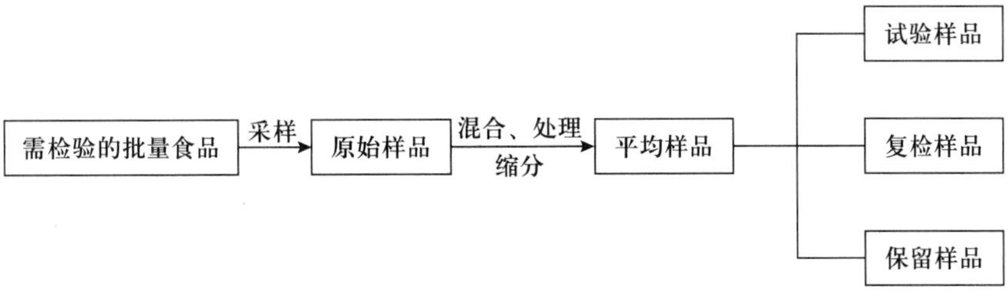

原始样品：从一批待检食品的各个部分按一定的规程采集少量的小样，混合在一起组成能代表该批食品的原始样品。

平均样品：将原始样品混合均匀按四分法平均地分出一部分作为全部检验用的平均样品（图 1-1）。也可以用自动机械式分样器进行分样，见图 1-2。

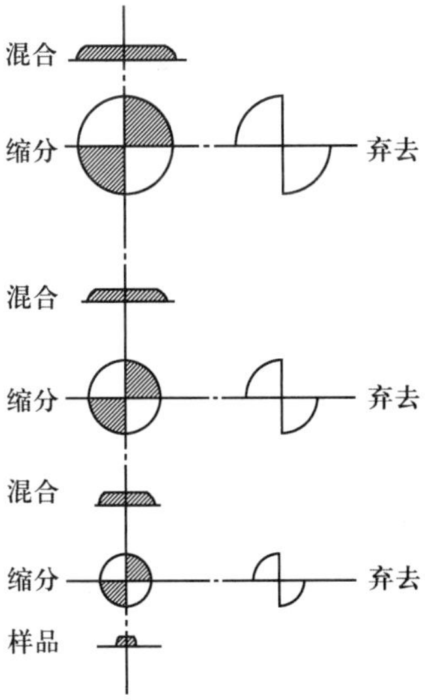

图 1-1　四分法取样图解

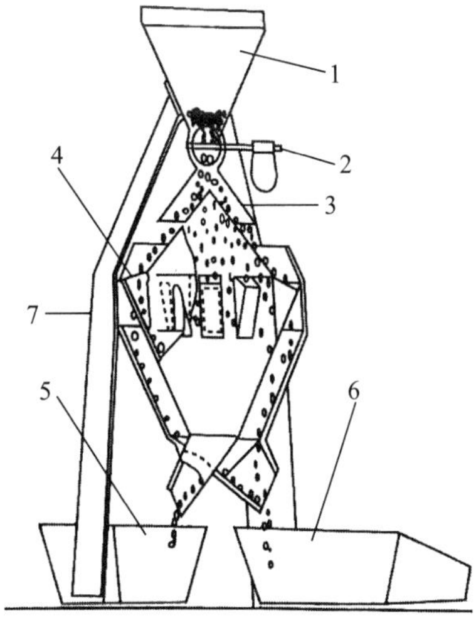

图 1-2　机械式分样器

1. 漏斗；2. 漏斗开关；3. 圆锥体；4. 分样格；5、6. 接样斗；7. 支架

四分法取样是将采得的样品置于一大张干净的纸上，或一块干净平整的布上，用洁净玻璃棒充分搅拌均匀后堆成一圆锥形，将锥顶压平，使厚度为 3 cm 左右，然后等分为 4 份，弃去对角两份，将剩下两份按上法再进行混合，分 4 份，重复上述操作至剩余量为所需样品量为止。

试验样品：由平均样品中分出用于全部项目检验用的样品。

复检样品：对检验结果有怀疑、争议或有分歧时可根据具体情况进行复检，故必须有复 检样品。

保留样品：对某些样品需封存保留一段时间，以备再次验证。

3. 采样的一般方法

采样通常有两种方法：随机抽样和代表性取样。随机抽样是按照随机的原则，从分析的整批物料中抽取一部分样品。随机抽样时，要求使整批物料的各个部分都有被抽到的机会。代表性取样则是用系统抽样法进行采样，即已经掌握了样品随空间（位置）和时间变化的规律，按照这个规律采取样品，从而使采集到的样品能代表其相应部分的组成和质量，如对整批物料进行分层取样、在生产过程的各个环节取样、定期从货架上采取陈列不同时间的食品的取样等。

采样通常采用随机抽样与代表性取样相结合的方式。具体的取样方法，因检测对象性质的不同而异。

(1)均匀固体物料(如粮食、粉状食品)

①有完整包装(袋、桶、箱等)的物料可先按$\sqrt{总件数/2}$确定采样件数，然后从样品堆放的不同部位，按采样件数确定具体采样袋(桶、箱)，再用双套回转取样管插入包装容器中采样，回转180°取出样品，每一包装须由上、中、下三层取出3份检样；把许多份检样合起来成为原始样品；再用“四分法”将原始样品做成平均样品。

②无包装的散堆样品，先划分若干等体积层，然后在每层的四角和中心点用双套回转取样器各采取少量检样，再按上述方法处理，得到平均样品。

(2)较稠的半固体物料(如稀奶油、动物油脂、果酱等)　这类物料不易充分混匀，可先按$\sqrt{总件数/2}$确定采样件(桶、罐)数，打开包装，用采样器从各桶(罐)中分上、中、下三层分别取出检样，然后将检样混合均匀，再按上述方法分取缩减，得到所需数量的平均样品。

(3)液体物料(如植物油、鲜乳等)

①包装体积不太大的物料，可先按$\sqrt{总件数/2}$确定采样件数。开启包装，用混合器充分混合(如果容器内被检物不多，可用由一个容器转移到另一个容器的方法混合)。然后用长形管或特制采样器从每个包装中采取一定量的检样，将检样综合到一起后，充分混合均匀形成原始样品，再用上述方法分取缩减得到所需数量的平均样品。

②大桶装的或散(池)装的物料。这类物料不易混合均匀，可用虹吸法分层取样，每层500 mL左右，得到多份检样，将检样充分混合均匀即得原始样品，然后分取缩减得到所需数量的平均样品。

(4)组成不均匀的固体食品(如肉、鱼、果品、蔬菜等)　这类食品各部位组成极不均匀，个体大小及成熟程度差异很大，取样更应注意代表性，可按下述方法采样。

①肉类。根据分析目的和要求不同而定。有时从不同部位取得检样，混合后形成原始样品，再分取缩减得到所需数量的代表该只动物的平均样品；有时从一只或很多只动物同一部位采取检样，混合后形成原始样品，再分取缩减得到所需数量的代表该动物某一部位情况的平均样品。

②水产品。可随机采取多个检样，切碎、混匀后形成原始样品，再分取缩减得到所需数量的平均样品；对个体较大的鱼，可从若干个个体上切割少量可食部分得到检样，切碎、混匀后形成原始样品，再分取缩减得到所需数量的平均样品。

③果蔬。体积较小的(如山楂、葡萄等)，可随机采取若干个整体作为检样，切碎、混匀形成原始样品，再分取缩减得到所需数量的平均样品；体积较大的(如西瓜、苹果、萝卜等)，可按成熟度及个体大小的组成比例，选取若干个个体作为检样，对每个个体按生长轴纵剖分4份或8份，取对角线2份，切碎、混匀得到原始样品，再分取缩减得到所需数量的平均样品；体积蓬松的叶菜类(如菠菜、小白菜等)，由多个包装(一筐、一捆)分别抽取一定数量的检样，混合后捣碎、混匀形成原始样品，再分取缩减得到所需数量的平均样品。

（5）小包装食品（罐头、袋或听装奶粉、瓶装饮料等）　这类食品一般按生产班次或批号连同包装一起采样。如果小包装外还有大包装（如纸箱），可在堆放的不同部位抽取一定量$\sqrt{\text{总件数}/2}$的大包装，打开包装，从每箱中抽取小包装（瓶、袋等）作为检样；将检样混合均匀形成原始样品，再分取缩减得到所需数量的平均样品。

4. 采样数量

食品分析检验结果的准确与否通常取决于两个方面：①采样的方法是否正确；②采样的数量是否得当。因此，从整批食品中采取样品时，通常按一定的比例进行。确定采样的数量，应考虑分析项目的要求、分析方法的要求和被分析物的均匀程度三个因素。一般平均样品的数量不少于全部检验项目数的四倍；检验样品、复验样品和保留样品一般每份数量不少于0.5 kg。检验掺伪物的样品，与一般的成分分析的样品不同，分析项目事先不明确，属于捕捉性分析，因此，相对来讲，取样数量要多一些。

5. 采样的要求

（1）采样原则

①采样必须注意样品的生产日期、批号、代表性和均匀性。采样数量应能反映食品的卫生质量及检验项目对试样量的要求，一式三份供检验复检与备查用，每份不少于0.5 kg。

②盛放样品的容器不得含有待测物质及干扰物质。一切采样工具必须清洁、干燥、无异味，在检验之前应防止一切有害物质或干扰物质带入样品。

③要认真填写采样记录。写明采样单位、地址、日期，样品批号、采样条件、包装情况、采样数量、现场卫生状况、运输、贮藏条件、外观，检验项目及采样人等。

④采样后应在4 h内迅速送检验室检验，尽量避免样品在检验前发生变化，使其保持原来的理化状态。检验前不应发生污染或变质、成分散佚、水分增减及酶的影响。

（2）采取样品的保留　一般的样品在检验结束后应保留1个月以备需要时复查，保留期限从检验报告单签发日计算，易变质食品不予保留。保留样品应加封，存在适当的地方，避光，选择适宜的保存温度，尽可能保持其原状。

6. 采样工具

（1）采样专用工具，如图1-3所示

①长柄勺、采样管（玻璃或金属），用以采集液体样品。

②采样铲，用以采集散装特大颗粒样品，如花生等。

③半圆形金属管，用以采集半固体。

④金属探管、金属探子，用以采集袋装颗粒或粉状食品。

⑤双层导管采样器，适用于奶粉等采样，主要防止奶粉等采样时受外环境污染。

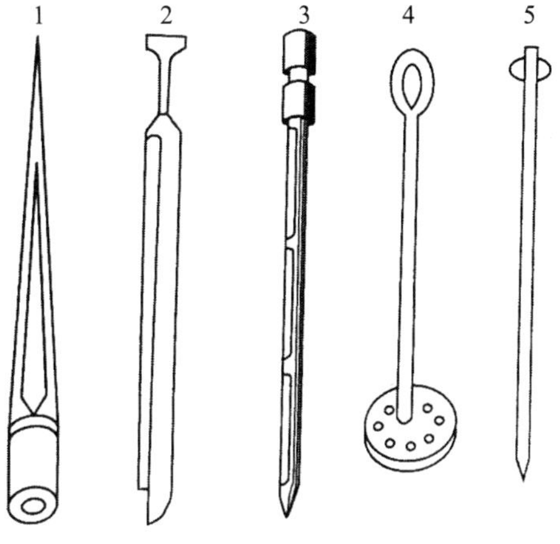

图1-3　食品样品采样工具

1.固体采样器；2.谷物、糖类采样器；3.套筒式采样器；4.液体采样搅拌器；5.液体采样器

（2）采样容器

采样容器应根据检验目的及样品种类和性质选用硬质玻璃瓶或乙烯制品，容器应保证清

洁、干燥、无异味。

二、样品的制备

样品的制备是指对采取的样品进行分取、粉碎、混匀等处理工作。样品的制备方法因产品类别不同而异。

(1)液体、浆体或悬浮液体　一般将样品摇匀,充分搅拌。常用的简便搅拌工具是玻璃搅拌棒及电动搅拌棒。

(2)固体样品　采用切细、粉碎、捣碎、研磨等方法将样品制成均匀可检状态。水分含量少、硬度较大的固体样品(如谷类)可用粉碎机或研钵磨碎混匀;水分含量较高、韧性较强的样品(如肉类)可取可食部分放入绞肉机中绞匀,或用研钵研磨;质地软的样品(如水果、蔬菜)可取可食部分放入组织捣碎机中捣匀。常用的设备有粉碎机、组织捣碎机、研钵等。

(3)罐头　水果罐头在捣碎前须清除果核;肉禽罐头应预先清除骨头;鱼类罐头要将调味品(葱、辣椒及其他)分出后再捣碎。常用捣碎工具有高速组织捣碎机等。

在样品制备过程中,应注意防止易挥发性成分的逸散,避免样品组成和理化性质发生变化。作微生物检验的样品,必须根据微生物学的要求,按照无菌操作规程制备。

样品保存小知识

三、样品的保存

为防止样品水分或挥发性成分散失以及其他待测成分含量的变化,用于样品保存的工具和容器必须清洁干燥,不得含有待测成分,同时要求容器是密闭的,以稳定水分,防止挥发成分损失,避免在保存过程中引进污染物质。尽量保证短时间内进行分析。如不能立即检测,应妥善保存。

【技能训练】

任务一　粮食样品采集、制备与保存

任务导入

食品卫生监督管理和科研工作中,为了掌握卫生质量或查明在生产经营过程中的卫生问题,均须通过采样检验结合感官检查,才能做出综合评价或找出规律,并作为指导工作的依据。

食品检测采样时必须注意样品的生产日期、批号、代表性和均匀性,采样数量应能满足样品检测项目的需求,一式三份,供检验、复检、备检或仲裁用。

某面粉厂新生产一批面粉,委托你所在实验室对该批产品进行相关指标检测,现需要对样品进行采集、制备和保存。

任务描述

查阅《食品安全国家标准 粮油检验　一般规则》(GB/T 5490—2010)和《食品安全国家标准 粮食、油料检验　扦样、分样法》(GB/T 5491—1985),制订检验流程并实施。

任务准备

通过标准的学习,将测定所需仪器设备记入表 1-1。

表 1-1　所需仪器设备表

序号	仪器名称	规格
1	扦样器	
2	取样铲	
3	样品袋或样品瓶	

任务实施

一、实施流程

扦样(同种类、同批次、同等级) → 扦样数量$\sqrt{总件数/2}$ → 上、中、下三层部位采样 → 混匀 → 四分法取样 → 混合样 → 取代表性样品 → 装入无菌样品袋或样品瓶 → 干燥、避光保存 → 取复检样品保存至少一个月

二、操作要点

扦样时以同种类、同批次、同等级为同一个检验单位，有完整包装(袋、桶、箱等)的物料可先按$\sqrt{总件数/2}$确定采样件数，然后从样品堆放的不同部位，按采样件数确定具体采样袋(桶、箱)，再用双套回转取样管插入包装容器中采样，回转 180°取出样品，每一包装须由上、中、下 3 层取出 3 份检样；把许多份检样合起来成为原始样品；再用“四分法”将原始样品做成平均样品。

三、数据记录及处理

记录样品采集数据(表 1-2)。

表 1-2　面粉样品采集数据记录表

基本信息	样品名称		样品批号	
	采样单位		采样日期	
	采样依据		采样人	
	检验项目		贮藏条件	
采样数据	样品编号	1	2	3
	采样数量			
	装样品工具			
	样品状态			
	采样方式			
备注	根据标准判断是否符合要求			

四、技术提示

(1)采样所用工具都应做到清洁、干燥、无异味，不能将有害物质带入样品中。检测微量或超微量元素时，要对容器进行预处理，防止容器对检验的干扰。

(2)要保证样品原有微生物状况和理化指标不变，检测前不得出现污染和成分变化。

(3)采样后要尽快送到实验室进行分析检验，以保持原有的理化、微生物、有害物质等存在状况，检测前也不能出现污染、变质、成分变化等现象。

(4)装样品的器具上要贴上标签，注明样品名称、取样点、日期、批号、方法、数量、分析项目、采样人等基本信息。

任务评价

按表 1-3 检查工作任务的完成情况。

表 1-3 工作任务评价表

序号	任务实施步骤	工作内容	技能标准	分值
1	制订工作方案	查阅相关标准，制订面粉样品采集制备和保存的实施方案	(1)正确选用标准 (2)方案制订合理	20
2	准备工作	采样工具	扦样器、取样铲及样品容器干净	15
3	采样	同一批次样品从袋上、中、下三层分别取样	(1)样品混合均匀 (2)样品具有代表性	10
4	分样	混合样品采用“四分法”缩分	(1)能正确缩分操作 (2)能达到试样所需要重量	10
5	样品保存	利用样品袋、样品瓶保存样品	能正确保存样品	25
6	工作单	(1)课前准备内容 (2)任务实施过程记录 (3)结果分析与讨论	(1)能查阅相关标准并回答问题 (2)能够对操作过程进行记录与分析 (3)对所完成任务归纳、分析及总结	20

任务二 蔬菜样品的采集、制备与保存

项目二 样品的前处理技术

【学习目标】

知识目标

1. 了解样品前处理的目的、原则。
2. 掌握样品前处理的方法。

技能目标

1. 能根据样品分析检测的要求选择合适的样品前处理方法。
2. 熟练使用样品前处理仪器。

思政目标

1. 激发学生对食品检验岗位的热爱。
2. 培养学生团结合作的能力，养成良好的检验习惯。

【项目概述】

本项目包含 2 项相关知识和 1 项技能训练。相关知识包括样品前处理的目的和原则，有机物破坏法、溶剂提取法、蒸馏法、化学分离法、浓缩法、色谱分离法等；技能训练为湿法消化法处理奶粉样品，检测乳粉中蛋白质(凯氏定氮法)。目的是培养学习者对食品样品前处理有一个全面认识和理解，为今后从事样品预处理工作奠定坚实的理论和实践基础。

【思维导图】

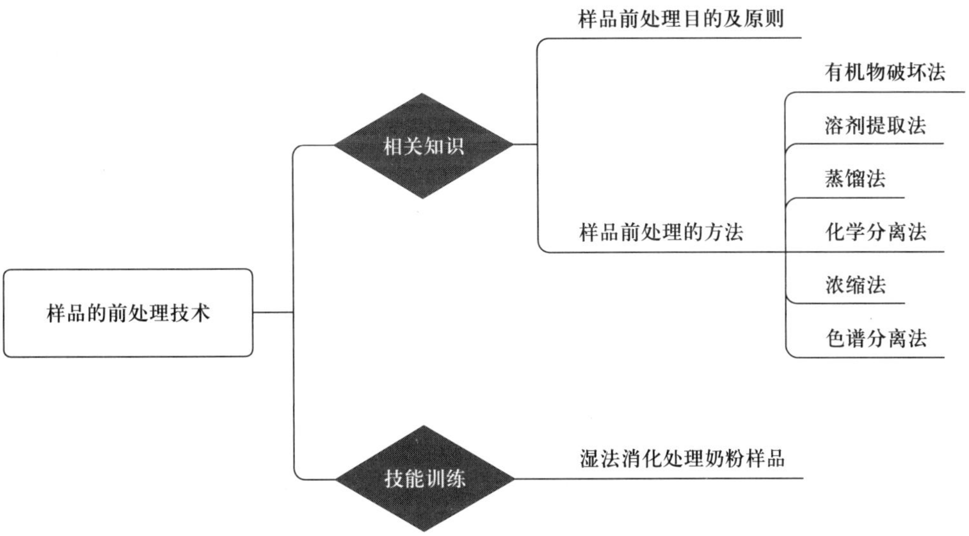

【相关知识】

食品的成分复杂，当用某种化学方法或物理方法对其中某种组分的含量进行测定时，其他成分的存在，会给测定带来干扰。为了保证分析工作的顺利进行，分析结果准确可靠，必须在分析前消除干扰组分。此外，有些被测组分(如农药、黄曲霉毒素等污染物)在食品中含量极低，要准确测定它们的含量，必须在测定前，对待测组分进行浓缩。这种在测定前进行排除干扰成分，浓缩待测组分的操作过程称为样品的前处理(也叫预处理)。

食品样品前处理的目的就是消除干扰成分，浓缩待测组分，使制得的样品溶液满足分析方法的要求。

样品的前处理是食品分析的一个重要环节，其效果的好坏直接关系着分析成败。常用的样品预处理方法较多，应根据食品的种类、分析对象、被测组分的理化性质及所选用的分析方法来选择样品的预处理方法。总的原则是：消除干扰成分，完整地保留待测组分，使待测组分浓缩。

常用的样品前处理方法有以下几种。

一、有机物破坏法

有机物破坏法主要用于食品中无机元素的测定。通常是采用高温或高温结合强氧化条件，使有机物质分解并成气态逸散，最终得到待测成分残留。根据具体操作条件的不同，可分为湿法消化和干法灰化两大类。

1. 湿法消化

湿法消化是常用的样品无机化方法之一。通常是在适量的食品样品中，加入硝酸、高氯酸、硫酸等氧化性强酸，结合加热破坏有机物，使待测的无机成分释放出来，并形成各种不挥发的无机化合物，以便做进一步的分析测定。有时还要加一些氧化剂（如高锰酸钾、过氧化氢等）或催化剂（如硫酸铜、硫酸钾、二氧化锰、五氧化二矾等），加速样品的氧化分解。

（1）方法特点　湿法消化分解有机物的速度快，所需时间短；加热温度较低，可以减少待测成分的挥发损失。缺点是在消化过程中，产生大量的有害气体，操作必须在通风橱中进行；由于消化初期，易产生大量泡沫使样液外溢，消化过程中也可能出现碳化引起待测成分损失，因此需要操作人员随时照管；试剂用量大，试剂引入的风险升高，空白值有时也较高。

（2）常用氧化剂强酸的性质

常用氧化剂强酸的性质

（3）常用的消化方法　在实际工作中，除了单独使用硫酸的消化法外，还经常会采取几种不同的氧化性酸类配合使用，利用各种酸的特点，取长补短，达到安全、快速，完全破坏有机物的目的。

①硝酸-高氯酸-硫酸法。称取 5～10 g 粉碎的样品于 250～500 mL 凯氏烧瓶中，加少许水使之湿润，加数粒玻璃珠，加 4∶1 的硝酸-高氯酸混合液 10～15 mL 放置片刻，小火加热，待作用缓和后放冷，沿瓶壁加入 5 mL 或 10 mL 浓硫酸，再加热，至瓶中液体开始变成棕色时，不断沿瓶壁滴加硝酸-高氯酸混合液（4∶1）至有机物分解完全。加大火力至产生白烟，溶液应澄清、无色或微黄色。在操作过程中应注意防止爆炸。

②硝酸-硫酸法。称取均匀样品 10～20 g 于凯氏烧瓶中加入浓硝酸 20 mL，浓硫酸 10 mL，先以小火加热，待剧烈作用停止后，加大火力并不断滴加浓硝酸直至溶液透明不再转黑为止。每当溶液变深时，立即添加硝酸，否则溶液难以消化完全。待溶液不再转黑后，继续加热数分钟至有浓白烟逸出，消化液应澄清透明。

2. 干法灰化

提高回收率的措施

干法灰化也是破坏有机物质的常规方法。通常将样品放在坩埚中，在高温灼烧条件下（一般 550 ℃）使食品样品脱水、焦化，并在空气中氧的作用下，使有机物氧化分解成二氧化碳、水和其他气体而挥发，剩下无机物（盐类或氧化物）供测定用。此法优点在于有机物分解彻底，操作简单，无须操作者经常看管，另外，此法基本不加或加入很少的试剂，所以空白值低。但此法所需时间较长，因温度过高易造成某些易挥发元素的损失，坩埚对被测组分有吸留作用，致使测定结果和回收率降低。我们可以采用适宜的灰化温度和加入助灰化剂的方式提高回收率。

二、溶剂提取法

同一溶剂中，不同的物质有不同的溶解度；同一物质在不同溶剂中的溶解度也不同。利用样品中各组分在特定溶剂中的溶解度的差异，使其完全或部分分离的方法即为溶剂提取法。最常用的是溶剂萃取法和浸提法。

1. 溶剂萃取法

利用某组分在两种互不相溶的溶剂中分配系数的不同，使其从一种溶剂转移到另一种溶剂中，而与其他组分分离的方法称为溶剂萃取法。此法操作迅速，分离效果好，应用广泛。但萃取试剂通常易燃、易挥发，且有毒性。

(1)萃取溶剂的选择　萃取用溶剂应与原溶剂互不相溶，对被测组分有最大溶解度，而对杂质有最小溶解度。即被测组分在萃取溶剂中有最大的分配系数，而杂质只有最小的分配系数。经萃取后，被测组分进入萃取溶剂中，即与留在原溶剂中的杂质分离开。

(2)萃取方法　萃取通常在分液漏斗中进行，一般需经 4～5 次萃取，才能达到完全分离的目的。当用较水轻的溶剂，从水溶液中提取分配系数小，或振荡后易乳化的物质时，采用连续液体萃取器比分液漏斗效果更好。

2. 浸提法

用适当的溶剂从固体样品中将某种待测成分浸提出来的方法称为浸提法，又称液-固萃取法。该法应用广泛，例如从茶叶中提取茶多酚、从香菇中提取香菇多糖等。

(1)提取剂的选择　一般来说，提取效果符合相似相溶的原则，故应根据被提取物的极性强弱选择提取剂。对极性较弱的成分(如有机氯农药)可用极性小的溶剂(如正己烷、石 油醚)提取；对极性较强的成分(如黄曲霉毒素 B1)可用极性大的溶剂(如甲醇与水的混合溶液)提取。提取剂的沸点宜在 45～80 ℃，沸点太低易挥发，沸点太高则不易浓缩，且对热稳定性差的被提取成分也不利。此外，要求所用提取剂既能大量溶解被提取的物质，又不破坏被提取物的性质。提取剂应无毒或毒性小。

(2)提取方法和特点

①振荡浸渍法。将样品切碎，置于合适的溶剂系统中，浸渍、振荡一定时间，即可从样品中提取出被测成分。此法简便易行，但回收率较低。

②捣碎法。将切碎的样品放入捣碎机中，加提取剂捣碎一定时间，使被测成分被提取出来。此法回收率较高，但干扰杂质溶出较多。

③索氏提取法。将一定量的样品放入索氏提取器中，加入提取剂，加热回流一定时间，将被测成分提取出来。此法的优点是提取剂用量少，提取完全，回收率高，但操作较麻烦，且需专用的索氏提取器。

三、蒸馏法

蒸馏法是利用液体混合物中各组分的挥发度不同而进行分离的一种方法。可以用于除去干扰组分，也可以用于被测组分的蒸馏逸出，收集馏出液进行分析。根据样品组分性质不同，蒸馏方式有常压蒸馏、减压蒸馏、水蒸气蒸馏。

1. 常压蒸馏

当被蒸馏的物质受热后不易发生分解或在沸点不太高的情况下，可在常压下进行蒸馏。常压蒸馏的装置比较简单(图 1-4)。加热方式要根据被蒸馏物质的沸点来确定，如果沸点不高于 90 ℃可用水浴加热；如果沸点超过 90 ℃，则

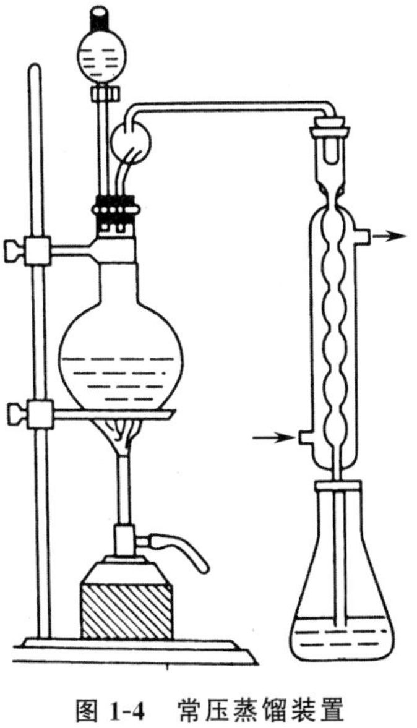

图 1-4　常压蒸馏装置

可改用油浴、沙浴、盐浴或石棉浴；如果被蒸馏的物质不易爆炸或燃烧，可用电炉或酒精灯直火加热，最好垫以石棉网；如果是有机溶剂则要用水浴，并注意防火。

2. 减压蒸馏

当样品中待蒸馏组分易分解或沸点太高时，可采取减压蒸馏。该法装置比较复杂，如图 1-5 所示。如海产品中无机砷的减压蒸馏分离，在 2.67 kPa(20 mmHg)压力下，于 70 ℃进行蒸馏，可使样品中的无机砷在盐酸存在下生成三氯化砷被蒸馏出来，而有机砷在此条件下不挥发也不分解，仍留在蒸馏瓶内，从而达到分离的目的。

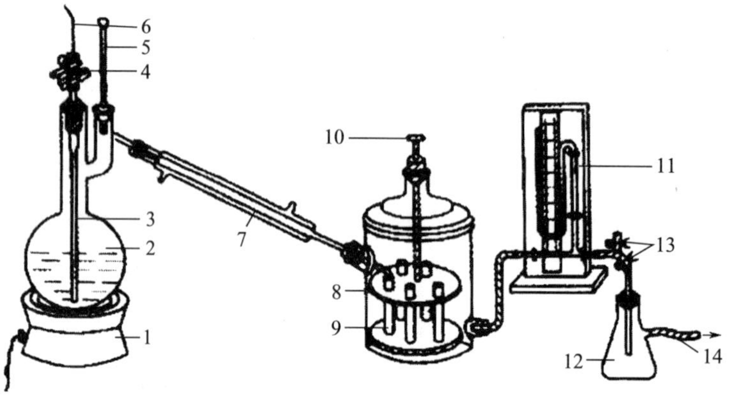

图 1-5 减压蒸馏装置

1. 电炉；2. 克莱森瓶；3. 毛细管；4. 螺旋止水夹；5. 温度计；6. 细铜丝；7. 冷凝管；8. 接收瓶；9. 接收器；10. 转动把；11. 压力计；12. 安全瓶；13. 三通阀门；14. 接抽气机

3. 水蒸气蒸馏

某些物质沸点较高，直接加热蒸馏时，因受热不均易引起局部炭化；还有些被测成分，当加热到沸点时可能发生分解，这些成分的提取，可用水蒸气蒸馏。水蒸气蒸馏用水蒸气加热水和与水互不相溶的混合液体，使具有一定挥发度的被测组分与水蒸气按分压成比例地从溶液中一起蒸馏出来。该法装置较复杂，如图 1-6 所示。例如，防腐剂苯甲酸及其钠盐的测定可用水

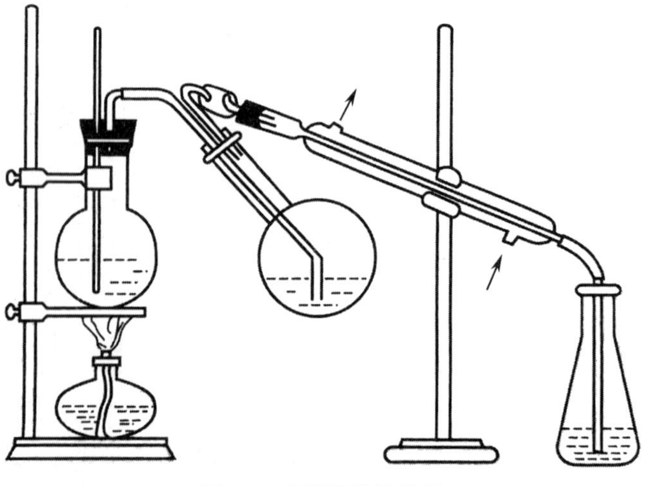

图 1-6 水蒸气蒸馏装置

蒸气蒸馏法进行处理。

四、化学分离法

1. 磺化和皂化法

磺化和皂化法是处理油脂或含脂肪样品时常使用的方法。当样品经过磺化或皂化处理后，油脂就会由疏水性变为亲水性，这时油脂中那些要测定的非极性物质就能较容易地被非极性或弱极性溶剂提取出来。本法常用于食品中农药残留的分析。

(1)磺化法　磺化法的原理是油脂遇到浓硫酸即发生磺化，浓硫酸与脂肪和色素中的不饱和键起加成作用，形成可溶于硫酸和水的强极性化合物，不再被弱极性的有机溶剂所溶解，从而使脂肪被分离出来，达到分离净化的目的。用浓硫酸处理样品提取液，再用水清洗，可有效地除去脂肪、色素等干扰杂质。

此法简单、快速、净化效果好，但用于农药分析时，仅限于在强酸介质中稳定的农药提取液的净化，其回收率在80%以上。但不能用于狄氏剂和一般有机磷农药，个别有机磷农药可控制在一定酸度的条件下应用。

利用浓硫酸处理过的硅藻土作层析柱，使待净化的样品抽提液通过，以磺化其中的油脂，这是比较常用的净化方法。也可以不使用硅藻土而把浓硫酸直接加在样品溶液里振摇和分层处理，以磺化除去其中的油脂，称为直接磺化法。

(2)皂化法　皂化法常以热碱KOH-乙醇溶液与脂肪及其杂质发生皂化反应，而将其除去。本法对一些碱稳定的农药(如艾氏剂、狄氏剂)进行净化时，可用皂化法除去混入的脂肪。在用荧光光度法测定肉、鱼、禽类及其熏制品的3,4-苯并芘时，也可使用皂化法(向样品中加入氢氧化钾回流皂化2 h)除去样品中的脂肪。

2. 沉淀分离法

沉淀分离法是利用沉淀反应进行分离的方法。在试样中加入适当的沉淀剂，使被测组分沉淀下来，或将干扰组分沉淀下来，经过滤或离心将沉淀与母液分开，从而达到分离目的。例如，测定冷饮中糖精钠含量时，可在试液中加入碱性硫酸铜，将蛋白质等干扰杂质沉淀下来，而糖精钠仍留在试液中，经过滤除去沉淀后，取滤液进行分析。又如，用氢氧化铜或碱性乙酸铅将蛋白质从水溶液中沉淀下来，将沉淀消化并测定其中的氮量，据此可以确定样品中纯蛋白质的含量。

在进行沉淀分离时，应注意溶液中所要加入的沉淀剂的选择。所选沉淀剂应该是不会破坏溶液中所要沉淀的物质，否则达不到分离提取的目的。沉淀后，要选择适当的分离方法，如过滤、离心或蒸发等。这要根据溶液、沉淀剂、沉淀析出物质的性质和实验要求来决定。沉淀操作中，经常伴随有pH、温度等条件要求，这一点应注意。

3. 掩蔽法

利用掩蔽剂与样品中干扰成分作用，使干扰成分转变为不干扰测定的状态，即被掩蔽起来。运用这种方法，可以不经过分离干扰成分的操作而消除其干扰作用，简化分析步骤，因而在食品分析中广泛应用于样品的净化。特别是在测定食品中的金属元素时，常加入配位掩蔽剂消除共存干扰离子的影响。如二硫腙比色法测定铅时，在测定条件(pH＝9)下，Cu^{2+}、Cd^{2+}等离子对测定有干扰，可加入氰化钾和柠檬酸铵进行掩蔽，消除它们的干扰。

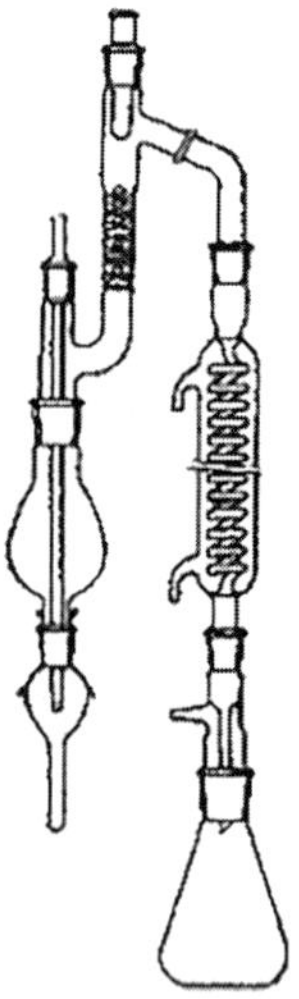

图 1-7 K-D浓缩器

五、浓缩法

食品样品经提取、净化后，有时净化液的体积较大，被测组分的浓度太小，会影响最后结果的测定。此时需要对被测样液进行浓缩，以提高被测成分的浓度。常用的方法有常压浓缩和减压浓缩两种。

1. 常压浓缩法

常压浓缩法只能用于待测组分为非挥发性的样品试液的浓缩，否则会造成待测组分的损失。操作可采用蒸发皿直接挥发。如果溶剂需要回收，则可用一般蒸馏装置或旋转蒸发器。方法操作简便、快速，是常用的方法。

2. 减压浓缩法

减压浓缩法主要用于待测组分为热不稳定性或易挥发性样品净化液的浓缩，其样品净化液的浓缩需使用K-D浓缩器(图1-7)。浓缩时，水浴加热并抽气减压，以便浓缩在较低的温度下进行。该法速度快，可减少被测组分的损失。食品中有机磷农药的测定(如甲胺磷、乙酰甲胺磷)多采用此法浓缩样品净化液。

六、色谱分离法

色谱分离法是一种在载体上进行物质分离的方法的总称。根据分离原理的不同分为吸附色谱分离、分配色谱分离和离子交换色谱分离3种。色谱分离不仅分离效果好，而且分离过程往往也就是鉴定的过程。本法常用于有机物质的分析测定。

1. 吸附色谱分离

吸附色谱分离法利用聚酰胺、硅胶、硅藻土、氧化铝等吸附剂，经过活化处理后，具有适当的吸附能力，可对被测组分或干扰组分进行选择性吸附进而达到分离的目的。例如，聚酰胺对色素有强大的吸附力，而其他组分则难于被其吸附，在测定食品中色素含量时，常用聚酰胺吸附色素，经过过滤洗涤，再用适当溶剂解吸，可以得到较纯净的色素溶液，供测试用。

2. 分配色谱分离

分配色谱分离法根据两种不同的物质在两相中的分配比不同进行分离。两相中的一相是流动的，称为流动相；另一相是固定的，称为固定相。当溶剂渗透于固定相中并向上渗透时，分配组分就在两相中进行反复分配，进而分离。例如，多糖类样品的纸上层析，样品经酸水解处理，中和后制成试液，在滤纸上进行点样，用苯酚-1%氨水饱和溶液展开，苯胺邻苯二酸显色剂显色，于105 ℃加热数分钟，可见不同色斑：戊醛糖(红棕色)、己醛糖(棕褐色)、己酮糖(淡棕色)、双糖类(黄棕色)的色斑。

样品前处理现代技术

3. 离子交换色谱分离

离子交换色谱分离法是利用离子交换剂与溶液中的离子之间所发生的交换反应来进行分离的方法。

该法可用于从样品溶液中分离待测离子，也可从样品中分离干扰组分。

【技能训练】

湿法消化法处理奶粉样品——测乳粉中蛋白质(凯氏定氮法)

奶粉是由鲜牛奶消毒后经浓缩、喷雾、干燥而成的。鲜牛奶加工成奶粉后，水分降低，蛋白质、无机盐、脂肪等营养素的含量增加。凯氏定氮法测定全脂奶粉蛋白质含量的方法中规定，采用湿法消化法对奶粉样品进行前处理。

任务描述

查阅《食品安全国家标准　食品相对密度的测定》(GB 5009.2—2016)，制订检验流程并实施，评价样品的蛋白质含量是否符合要求。

任务准备

通过标准的解读，将测定所需仪器设备及化学试剂记入表 1-4、表 1-5 中。

表 1-4　所需仪器设备表

序号	仪器名称	规格
1	电子天平	感量为 1 mg
2	凯氏定氮装置	

表 1-5　所需化学试剂表

序号	试剂名称	规格
1	硫酸(H_2SO_4)	(密度为 1.841 9 g/L)，化学纯，含量 95%～98%
2	硫酸钾(K_2SO_4)	
3	硫酸铜($CuSO_4 \cdot 5H_2O$)	

任务实施

一、实施流程

准确称取混合均匀的奶粉样品 → 移入凯氏定氮瓶 → 加入硫酸、硫酸铜、硫酸钾混合催化剂 → 轻摇，斜支石棉网 → 加热碳化至澄清 → 定容，混匀备用

二、操作要点

称取充分混匀的固体试样 0.2～2 g，精确至 0.001 g，移入干燥的 500 mL 凯氏定氮瓶中，加入 0.4 g 硫酸铜、6 g 硫酸钾及 20 mL 硫酸，轻摇后于瓶口放一小漏斗，将瓶以 45°斜支于有小孔的石棉网上。小心加热，待内容物全部碳化，泡沫完全停止后，加强火力，并保持瓶内液体微沸，至液体呈蓝绿色并澄清透明后，再继续加热 0.5～1 h。取下放冷，小心加入 20 mL 水，放冷后，移入 100 mL 容量瓶中，少量多次冲洗定氮瓶，洗液并入容量瓶中，再加水至刻度，混匀备用。同时做试剂空白试验。

三、技术提示

(1)样品脂肪含量较高时，应适当增加硫酸量。

(2)某些样品炭化易产生泡沫，使样品溢出消化管或者溅起黏附在管壁导致无法消化完全而造成氮损失，所以消化时不要用强火，应保持和缓沸腾。

任务评价

按表 1-6 检查工作任务的完成情况。

表 1-6 工作任务评价表

序号	任务实施步骤	工作内容	技能标准	分值
1	制订工作方案	查阅相关标准，制订食品蛋白质测定的实施方案	(1)正确选用标准 (2)方案制订合理	10
2	准备工作	蒸馏装置的洗涤与安装	洗净并正确安装蒸馏装置	20
3	称量	称量样品	正确使用电子天平，准确称取样品	5
4	加乳样，加试剂	将奶粉样品小心转移至 500 mL 定氮瓶中，并加入试剂	规范添加样品及试剂	5
5	碳化	全部碳化，保持瓶内液体微沸，至液体呈蓝绿色并澄清透明后，再继续加热 0.5～1 h，冷却，加入 20 mL 水	(1)碳化方法正确 (2)能规范操作	20
6	定容	上述溶液放冷后，移入 100 mL 容量瓶中定容	能正确定容	20
7	工作单	(1)课前准备内容 (2)任务实施过程记录 (3)结果分析与讨论	(1)能查阅相关标准并回答问题 (2)能够正确记录与分析数据 (3)对任务归纳、分析及总结	20

项目三 实验设计与检测数据处理

【学习目标】

知识目标

1. 掌握食品理化检测方法的选择。
2. 掌握有效数字运算规则和数值修约规则。
3. 掌握可疑值取舍的统计检验步骤。
4. 掌握原始记录与检测报告的填写。

技能目标

1. 能正确选择检测方法。
2. 能准确进行数字修约和有效数字运算。
3. 能用检验法判断可疑值取舍。
4. 能正确记录和填写检测报告。

思政目标

1. 培养学生实事求是的态度和科学严谨的工作作风。
2. 培养学生检验客观、公正、准确的工匠精神。

【项目概述】

本项目包含 5 项相关知识和 1 项技能训练。相关知识包括食品理化检测方法的选择，计算结果有效数字及其运算规则，检测过程误差源的控制，分析结果的处理，数据记录与报告填写；技能训练为撰写食品理化检测报告。目的是培养学习者对实验设计、数据处理及实验报告单填写有一个全面认识和理解，为今后从事食品检验工作奠定坚实的理论和实践基础。

【思维导图】

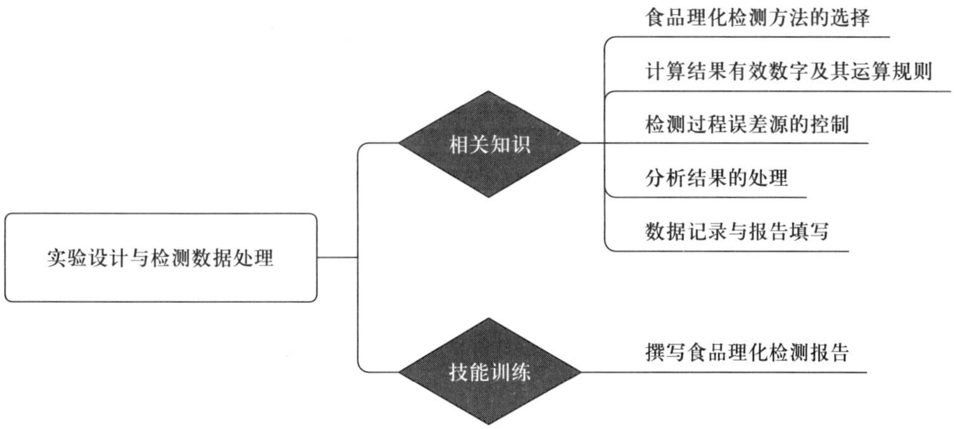

【相关知识】

一、食品理化检测方法的选择

食品理化检测的任务之一是提供准确、可靠的检测数据，而选择合适的检测方法是获得正确检测结果的前提和基础。如何在众多的标准方法中做出正确选择是检测工作的又一关键环节。

1. 根据产品标准的要求选择适用的检验方法

按照待检样品的产品标准，确定相应指标的检验方法。

2. 按“针对性”优于“普适性”的原则进行选择

国标 GB 5009 系列标准中，有些是关于食品基础项目指标的检测，适用于很多产品，具有普适性，而有些标准是针对某类食品某项指标的检测，具有针对性。在选择检验方法时，要遵循“针对性”优于“普适性”的原则。例如，GB 5009.2—2016《食品安全国家标准　食品相对密度的测定》中“第一法密度瓶法”“第二法相对密度天平法”“第三法相对密度计(比重计)法”，都适用于液体试样相对密度的测定，属较多产品可以使用的方法。而 GB 5009.225—2016《食品安全国家标准　酒中乙醇浓度的测定》中的第二法酒精计法适用于酒精和蒸馏酒、发酵酒和配制酒(除啤酒外)，若要测定啤酒的乙醇浓度，则应按 GB 5009.225—2016 中规定的第三法气相色谱法来进行检测。

3. 同一检验标准内两个以上不同检验方法的选择

GB/T 5009.1—2003《食品卫生检验方法 理化部分 总则》在“检验方法的选择”中给出了

两个以上检验方法的选择原则，即“标准方法如有两个以上检验方法时，可根据所具备的条件选择使用，以第一法为仲裁方法”；“标准方法中设几个并列方法时，要依据适用范围选择适宜的方法”。在 GB 5009.3、GB 5009.6、GB 5009.20、GB 5009.26、GB 5009.34 中由于方法的适用范围不同，第一法与其他方法属并列关系（不是仲裁方法）。此外，未指明第一法的标准，与其他方法也属并列关系。

二、计算结果有效数字及其运算规则

（一）有效数字

有效数字是指在检测分析工作中实际能够测量到的数字，一般只保留一位可疑数字。为了避免实验报告结果混乱，记录和整理分析检测结果时要确定采用“有效数字”的位数。

1. 有效数字位数

（1）有效数字的位数不仅代表数值的大小，还反映了测量的相对误差。例如：使用滴定管移取 25 mL 液体，记为 25.00 mL，4 位有效数字，其相对误差为：

$$(\pm 0.01/25.00)\times 100\% = \pm 0.04\%$$

如果使用量筒量取 25 mL 液体，则记为 25.0 mL，3 位有效数字，其相对误差为：

$$(\pm 0.1/25.0)\times 100\% = \pm 0.4\%$$

尽管在数学上 25.00＝25.0，但对测量值来说，25.00≠25.0，因为其反映的测量准确度相差 10 倍。

（2）有效数字的位数与十进位制单位的变换无关，与小数点的位置无关。例如，用天平称量物质的质量为 0.205 0 g，4 位有效数字。当取质量的单位为毫克时，记做 205.0 mg，依然是 4 位有效数字。小数点的位置只与所用质量单位有关，与称量精度无关。

（3）数据中非零数字之间或之后的“0”均属于有效数字，其他的“0”作为数字定值。如表 1-7 所示。

（4）pH、lg*K* 等对数值，有效数字为小数部分，如 pH＝4.34，该数据有 2 位有效数字。

表 1-7 分析天平称量结果示例

称量物	质量	有效数字位数	称量物	质量	有效数字位数
称量瓶	10.135 0	6 位	$H_2C_2O_4 \cdot 2H_2O$	0.160 3	4 位
Na_2CO_3	3.216 5	5 位	称量纸	0.013 0	3 位

食品理化检测结果一般是一组原始数据的运算结果，而诸多原始数据的有效数字位数往往不一致，因此在运算时需要按照一定的规则确定计算结果的有效数字位数，并据此进行相关的数值修约，以确保检测结果数据的准确性。

2. 数值修约

数值修约遵守 GB/T 8170—2008《数值修约规则与极限数值的表示和判定》，常被习惯称之为“四舍六入五成双”规则。为便于操作，可按如下口诀简明记忆，即“四舍六入，五看前后；五后非零则进一，五后皆零凑偶尾；五前奇数五进一，五前偶数五舍去”，示例见表 1-8。

表 1-8　数值修约示例

修约口诀	举例(修约到1位小数)
四舍六入	15.34→15.3　6.23→6.2　15.26→15.3　7.28→7.3
五后非零则进一	1.250 1→1.3
五前奇数五进一	1.150 0→1.2
五前偶数五舍去	6.250 0→6.2　6.050 0→6.0
需舍数字若干位,必须一次修约成	5.345 6→5.3(正确)　5.345 6→5.346→5.35→5.4(错误)

(二)计算结果有效数字的运算规则

计算结果的精度取决于测量精度最差的原始数据的精度,故计算结果有效数字的位数取决于参与运算各量的有效数字位数及运算方式。GB/T 5009.1—2003《食品卫生检验方法 理化部分 总则》中规定:

加减法计算的结果,其小数点以后保留的位数,应与参加运算各数中小数位数最少(即绝对误差最大)的那个数相同。如:

$$0.012\,1+25.64+0.057\,82=?$$

计算器算得值为26.709 92,小数位数最少的数是25.64,故结果应保留两位小数,即修约值为26.71。

乘除法计算的结果,其有效数字保留的位数,应与参加运算各数中有效数字位数最少(即相对误差最大)的那个数相同。如:

$$0.012\,1\times25.64\times1.057\,82=?$$

计算器算得值为0.328 182 308,有效数字位数最少的数是0.012 1,故结果应保留3位有效数字,即修约值为0.328。

注意:

(1)测定读数值按其仪器准确度确定了有效数字位数后,先进行运算,运算后的数值再修约。

(2)复杂运算时,其中间过程多保留一位有效数字,最后结果再取应有的位数。

(3)被运算数据的第一位数字等于或大于8时,其有效数字应多算一位。

例如9.28 mL,表面上是3位有效数字,计算中可作4位有效数字看待。

(4)计算公式中出现的非测量所得的自然数或常数,可看成具有无限多位数。如水的相对分子质量为:

$$2\times1.008+16.00=18.02$$

其中,“2”可视为具有无限多位数。

(5)一般来说,对于高组分含量(>10%)的测定,要求分析结果有4位有效数字;对于中组分含量(1%~10%)的测定,要求有3位有效数字;对于低组分含量(<1%)的测定,要求有两位有效数字。若国家标准有明确要求时,则按照标准执行。

三、检测过程误差源的控制

为了获得准确可靠的测定结果,可采用以下方法提高分析检测的精密度和准确度:

1. 选择合适的分析方法

样品中待测成分的分析方法往往有多种，各种分析方法的准确度和灵敏度是不同的。如质量分析及容量分析，虽然灵敏度不高，但对常量组分的测定，一般能得到比较满意的分析结果，相对误差在千分之几；相反，质量分析及容量分析对微量成分的检测却达不到要求。仪器分析方法灵敏度较高、绝对误差小，但相对误差较大，不过微量或痕量组分的测定常允许有较大的相对误差，所以这时采用仪器分析是比较合适的。在选择分析方法时，需要了解各种方法的适用范围，根据分析结果的要求、被测组分含量以及伴随物质等因素来选择适宜的分析方法。表1-9中列举了一般分析中允许相对误差的大致范围，供选择分析方法时参考。

表1-9　一般分析中允许相对误差的大致范围

含量/%	允许相对误差	含量/%	允许相对误差	含量/%	允许相对误差
80～90	0.4～0.1	10～20	1.2～1.0	0.1～1	20～5.0
40～80	0.6～0.4	5～10	1.6～1.2	0.01～0.1	50～20
20～40	1.0～0.6	1～5	5.0～1.6	0.001～0.01	100～50

2. 正确选取样品量

样品中待测组分含量的多少，决定了测定时所取样品的量，取样量多少会影响分析结果的准确度，同时也受测定方法灵敏度的影响。例如比色分析中，样品中某待测组分与吸光度在一定范围内呈线性关系，所以应正确选取样品的量，使其待测组分含量在此线性关系范围内，并尽可能在仪器读数较灵敏的范围内，以提高准确度。这可以通过增减取样量或改变稀释倍数等来实现。

3. 计量器具、试剂、仪器的检定、标定或校正

定期将分析用器具等送计量管理部门鉴定，以保证仪器的灵敏度和准确性。用作标准容量的容器或移液管等，最好经过标定，按校正值使用。各种标准溶液应按规定进行定期标定。

4. 增加平行测定次数

测定次数越多，其平均值就越接近真实值，并且会降低偶然误差。一般每个样品应平行测定两次，结果取平均值。如误差较大，则应增加平行测定1次或2次。

5. 做对照试验

在测定样品的同时，可用已知结果的标准样品与测定样品对照，测定样品和标准样品在完全相同的条件下进行测定，最后将结果进行比较。这样可以检查发现系统误差的来源，并可消除系统误差的影响。

6. 做空白试验

在测定样品的同时进行空白试验，即在不加试样的情况下，按与测定样品相同的条件（相同的方法、相同的操作条件、相同的试剂加入量）进行试验，获得空白值，在样品测定值中扣除空白值，可消除或减少系统误差。

7. 做回收试验

在样品中加入已知量的标准物质，然后进行对照试验，检查加入的标准物质是否定量地回收，根据回收率的高低可检验分析方法的准确度，并判断分析过程是否存在系统误差。

四、分析结果的处理

在系统误差可以被忽略的情况下，进行定量分析实验，一般要对每种试样平行测定2～3次，

先计算测定结果的平均值，再计算出相对平均偏差。如果相对平均偏差 Rd<0.2%，可认为符合要求，取其平均值作为最后的测定结果。否则，此次实验不符合要求，需重做。

（一）精密度

精密度是指多次平行测定结果相互接近的程度。这些测试结果的差异是由偶然误差造成的，它代表着测定方法的稳定性和重现性。

精密度的高低可用偏差来衡量。偏差是指个别测定结果与几次测定结果的平均值之间的差别。测定值越集中，偏差越小，精密度越高；反之，测定值越分散，偏差越大，精密度越低。偏差有绝对偏差和相对偏差之分。测定结果与测定平均值之差为绝对偏差，绝对偏差占平均值的百分比为相对偏差。精密度的高低可用相对偏差、相对平均偏差、标准偏差（标准差）、变异系数来表示。

$$\text{相对偏差}=\frac{x_i-\bar{x}}{\bar{x}}\times 100\%$$

$$\text{相对平均偏差}=\frac{\sum|x_i-\bar{x}|}{n\bar{x}}\times 100\%$$

$$\text{标准偏差}(s)=\sqrt{\frac{\sum_{i=1}^{n}(x_i-\bar{x})^2}{n-1}}$$

$$\text{变异系数}(CV)=\frac{s}{\bar{x}}\times 100\%$$

式中：x_i——各次测定值，$i=1,2,\cdots,n$；

$\bar{x}$——多次测定算术平均值；

n——测定次数。

标准偏差较平均偏差有更多的统计意义，因为单次测定的偏差平方后，较大的偏差会更显著地反映出来，能更好地说明数据的分散程度。因此，在考虑一种分析方法的精密度时，常用标准偏差和变异系数来表示。

（二）准确度

准确度是指测定值与真实值的接近程度。测定值与真实值越接近，则准确度越高。准确度主要是由系统误差决定的，它反映测定结果的可靠性。准确度高的方法精密度必然高，而精密度高的方法准确度不一定高。

准确度的高低可用误差来表示。误差越小，准确度越高。误差是分析结果与真实值之差。误差有两种表示方法，即绝对误差和相对误差。绝对误差是指测定结果（通常用平均值代表）与真实值之差；相对误差是绝对误差占真实值的百分率。选择分析方法时，为了便于比较，通常用相对误差表示准确度。

对单次测定值：

$$\text{绝对误差}=x-x_t$$

$$\text{相对误差}=\frac{x-x_t}{x_t}\times 100\%$$

对一组测定值：

$$绝对误差=\bar{x}-x_t$$

$$相对误差=\frac{\bar{x}-x_t}{x_t}\times100\%$$

式中：x——测定值；

x_t——真实值；

$\bar{x}$——多次测得的算术平均值；

n——测定次数；

x_i——各次测定值，$i=1,2,\cdots,n$。

某一分析方法的准确度，可通过测定标准试样的误差，或做回收试验计算回收率，以误差或回收率来判断。在回收试验中，加入已知量的标准物的样品，称为加标样品，未加标准物质的样品称为未知样品。在相同条件下用同种方法对加标样品和未知样品进行预处理和测定，按下列公式计算出加入标准物质的回收率：

$$P=\frac{x_1-x_0}{m}\times100\%$$

式中：P——加入标准物质的回收率；

m——加入标准物质的量；

x_1——加标样品的测定值；

x_0——未知样品的测定值。

（三）灵敏度

灵敏度是指分析方法所能检测到的最低限量。不同的分析方法有不同的灵敏度，一般而言，仪器分析法具有较高灵敏度，而化学分析法（重量分析法和容量析法）的灵敏度相对较低。在选择分析方法时，要根据待测成分的含量范围选择适宜的方法。一般来说，待测成分含量低时，需选用灵敏度高的方法；待测成分含量高时，宜选用灵敏度低的方法，以减少由于稀释倍数太大所引起的误差。

由此可见，灵敏度的高低并不是评价分析方法好坏的绝对标准。一味地追求选用高灵敏度的方法是不合理的。如重量分析法和滴定分析法，灵敏度虽不高，但对于高含量组分（如食品的含糖量）的测定仍能获得满意的结果，相对误差一般为千分之几。相反，对于低含量组分（如黄曲霉毒素）的测定，重量分析法和滴定分析法的灵敏度一般达不到要求，这时应采用灵敏度较高的仪器分析法。而灵敏度较高的方法相对误差较大，但对低含量组分允许有较大的相对误差。

（四）检出限

检出限是指产生一个能可靠地被检出的分析信号所需要的某元素的最小浓度或含量。测定限则是指定量分析实际可以达到的极限。因为当元素在试样中的含量相当于方法的检出限时，虽然能可靠地检测其信号，证明该元素在试样中确实存在，但定量测定的误差可能会非常大，测量的结果仅具有定性分析的价值。测定限在数值上应总高于检出限。

如果制订分析标准、涉及重大问题的试样分析、科研成果等所需要的精确数据，需要多次对试样进行平行测定，将取得的多次测定结果用统计方法进行处理。

(五)可疑值取舍

在对同一样品的平行测定中，会遇到个别测定值比其他测定值明显偏大或偏小的情况。对这样的测定值(称其为可疑值)，在不明确引起偏离的原因时，不能随意地舍去或保留，应对其进行统计检验，再决定取舍。常用的方法有 Q 检验法等。

Q 检验法检验步骤：

①测定值由小到大排列：$x_1, x_2, x_3, \cdots, x_n$，求出最大值和最小值之差，即极差 $x_n - x_1$。

②求出式中 x_n 或 x_1 与邻近数据之差 $x_n - x_{n-1}$。

③按下式计算 Q 值。

$$Q_{计}=\frac{x_n-x_{n-1}}{x_n-x_1}\text{或}Q_{计}=\frac{x_2-x_1}{x_n-x_1}$$

④根据所要求的置信度和测定次数，查表 1-10 得出 $Q_{查}$。如果 $Q_{计}>Q_{查}$，则应该将可疑值舍去，反之应该保留。

表 1-10　不同置信度下的 Q 值

测定次数 n	90%	95%	99%	测定次数 n	90%	95%	99%
3	0.94	0.98	0.99	7	0.51	0.59	0.68
4	0.76	0.85	0.93	8	0.47	0.54	0.63
5	0.64	0.73	0.82	9	0.44	0.51	0.60
6	0.56	0.74	0.74	10	0.41	0.48	0.57

Q 检验法符合数理统计原理，计算简便，适用于平行 3～10 次测定数据的检验。

【例】测定试样中钙的质量分数分别为 22.38%，22.39%，22.36%，22.40%和 22.44%。试用 Q 检验法判断 22.44%是否应舍去(置信度为 90%)？

【解】$x_n - x_{n-1} = 22.44\% - 22.36\% = 0.08\%$

可疑值与邻近数据之差这里为 $x_n - x_{n-1} = 22.44\% - 22.40\% = 0.04\%$

$$Q_{计}=\frac{x_n-x_{n-1}}{x_n-x_1}=\frac{0.04\%}{0.08\%}=0.50$$

查表，$n=5$，置信度为 90%时，$Q_{查}=0.64$。

因为 $Q_{计}<Q_{查}$，所以 22.44%应当保留。

五、数据记录与报告填写

在定量分析中，为了得到准确的分析结果，不仅要精确地进行测定，还要正确地记录数据和计算。分析结果的数据不但能表现待测试样中待测组分的含量，也能反映测量的准确度。因此，正确地记录实验数据和规范地进行数据处理都是非常重要的。

1. 原始数据的处理

对原始记录的要求如下。

(1)使用专门的记录本　应有专门的实验记录本，并标上页码数，不得撕去其中任何一页。决不允许将数据记在单页纸上或纸片上，或随意记在任何地方。

(2)应及时、准确地记录　实验过程中的各种测量数据及有关现象，都应及时、准确而清楚地记录下来，记录实验数据时，要有严谨的科学态度，实事求是，切忌夹杂主观因素，决不能随意拼凑和伪造数据。实验过程中涉及的特殊仪器型号和标准溶液的浓度、室温等，也应及时地记录下来。

(3)注意有效数字　实验过程中记录测量数据时，应注意有效数字的位数和仪器的精度一致。如用分析天平称量时，要求记录至 0.000 1 g，滴定管和吸量管的读数应记录至 0.01 mL。

(4)相同数据的记录　实验记录的每一个数据都是测量结果，所以平行测定时，即使数据完全相同也应如实记录下来。

(5)错误数据的修改　在实验过程中，如发现数据中有记错、测错或读错而需要修改时，不得涂改，而应在原数字上画一条横线表示清除，在其上方写出正确的数字，并由修改人签注。

(6)用笔　数据记录要用钢笔或圆珠笔，不得使用铅笔。

2. 检测报告的填写

检测报告的内容要根据出具报告的性质不同而有所不同。一般包括产品名称、生产日期及批号、受(送)检单位和生产单位的名称及地址、取样日期、检验类别、任务来源、检验项目、检测依据、检测结果(填写检验项目的单项检测结果)、判定依据及检测结论等。

检测报告填写要求：一是要填写规范，内容完整，填写清晰，结论明确。二是反映的信息和数据必须客观公正，准确可靠。三是不得涂改，不可出现空白项(无内容填的栏目应画斜线占空)。四是要使用法定计量单位。此外要重视以下几点：

(1)检测报告中检测结论用语要规范　不能只写“合格”或“不合格”。应表述为“依据××标准，所检项目合格”或“××项目不符合××标准，所检项目不合格”等。

(2)分析结果在方法的检出限以下时，可以用“未检出”表述，但应注明检出限数值　实际填报“未检出”。

【技能训练】

撰写食品理化检测报告

任务导入

食品检测报告是实验室检测工作的最终产品，是向有关部门报告检测结果的公开技术文件，是所检产品质量状况的客观证据。走访乳企业，调查企业理化检测项目、检测方法及主要仪器设备，完成灭菌乳的检测报告的撰写。

任务描述

查阅《食品安全国家标准 灭菌乳》(GB 25190—2010)和仪器设备使用说明书，制订检验流程并实施，评价样品的含量是否符合要求。

任务准备

通过标准的解读，确定牛乳检测项目蛋白质采样、抽样及检测方法、所需仪器设备。

任务实施

一、实施流程

确定产品类型 → 查阅国标确定产品标准及检测方法 → 观察样品性状及包装 → 确定抽样方法 → 确定检测项目 → 确定检测所用的主要仪器 → 检测结论

二、撰写检测报告

检测报告参见表 1-11。

表 1-11　×××有限公司检测报告(供参考)

编号：　　　　　　　　　　　　　　　　　　　　　　　　共 1 页 第 1 页

产品名称	纯乳	型号规格	243 mL
		商标	—
送检单位	×××有限公司	检验类别	委托检测
生产单位	×××有限公司	样品性状及包装	液体，袋装
生产日期(批号)	年　月　日	抽样日期	×××年×××月×××日
抽样数量	6 瓶	抽样基数	9 970 瓶
抽样者	×××	检测日期	×××年×××月×××日～ ×××年×××月×××日
检测项目	蛋白质	检测依据	GB 25190—2010《食品安全国家标准 灭菌乳》
所用主要仪器	定氮蒸馏装置，…	实验环境条件	温度 20 ℃，湿度 75%
标准规定	≥2.8(g/100 g)	检测结果	2.95 (g/100 g)
检测结论	该批产品本次抽样按 GB 25190—2010《食品安全国家标准　灭菌乳》判定： 所检项目合格。 (检验报告专用章) 签发日期　　年　　月　　日		
备注			

批准：　　　　　　　　　审核：　　　　　　　　　主检：

三、技术提示

(1)填写内容要真实、完全、正确，记录方式简单明了。

(2)记录内容包括样品来源、名称、编号、采样地点、样品处理方式、包装与保管等情况、检验分析项目、采用的分析方法、检验依据(标准)。

(3)操作记录要记录操作要点、操作条件、试剂名称、纯度、浓度、用量、意外问题及处理。

(4)要求字迹清楚整齐，用钢笔填写，不允许随意涂改，只能修改，但一般不能超过 3 处。

任务评价

按表 1-12 检查工作任务的完成情况。

表 1-12　工作任务评价表

序号	任务实施步骤	工作内容	技能标准	分值
1	制订工作方案	查阅相关标准，制订检测的实验报告	(1)正确选用标准 (2)方案制订合理	20
2	准备工作	样品名称、样品状态及包装	采样、抽样方法选择正确	15
3	检测依据及项目	国家标准	符合国家标准实验要求	20
4	检验结果	国家标准	与国家标准要求比较得出结论	25

续表 1-12

序号	任务实施步骤	工作内容	技能标准	分值
5	工作单	(1)课前准备内容 (2)任务实施过程记录 (3)结果分析与讨论	(1)能查阅相关标准并回答问题 (2)能够对过程进行记录与分析 (3)对所完成任务归纳、分析及总结	20

模块小结

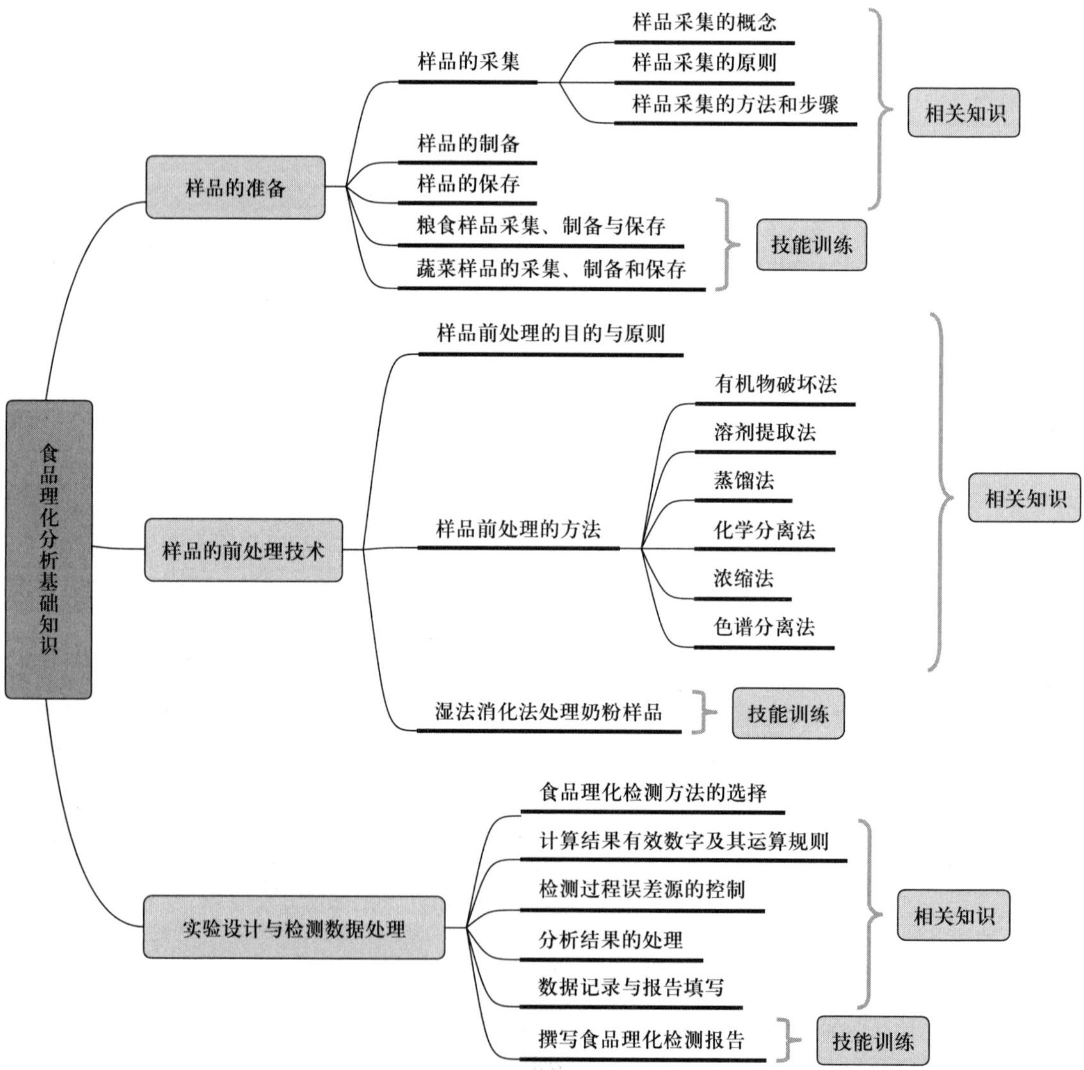

模块一　思考与练习

模块二

食品的物理检验

模块介绍

食品的物理检验法是根据食品的相对密度、折光率、旋光度等物理常数与食品的组成及含量之间的关系进行检验的一类方法。物理检验法是食品分析及食品工业生产中常用的检测方法之一。

本模块要求学生依据食品安全国家标准，利用现有工作条件，完成给定食品的相对密度、折光率、旋光度的测定，分析测定结果，完成检验报告，提交任务工作单。

本模块注重培养学生守护"舌尖安全"意识、爱国情怀、创新精神以及社会责任感。让学生认识到食品物理检验知识的重要性，引导学生树立良好的食品安全观、人生观和价值观。

项目一　食品相对密度的测定

食品的物理检验

【学习目标】

知识目标

1. 了解食品相对密度的测定意义。
2. 理解密度、相对密度的概念及测定原理。
3. 掌握密度计、密度瓶的结构和使用方法。

技能目标

1. 会解读相对密度测定的国家标准。
2. 会使用和维护密度瓶和密度计。
3. 能准确测定食品的相对密度。

思政目标

1. 引导学生树立良好的食品安全观。
2. 培养学生诚实守信、实事求是的职业道德。

【项目概述】

本项目包含3项相关知识和1项技能训练。相关知识包括密度与相对密度的概念、测定相对密度的意义、测定相对密度的依据和方法；技能训练为乳稠计法测定生牛乳的相对密度。目的是培养学习者对食品密度测定有一个全面认识和理解，为今后从事食品密度测定工作奠定坚实的理论和实践基础。

【思维导图】

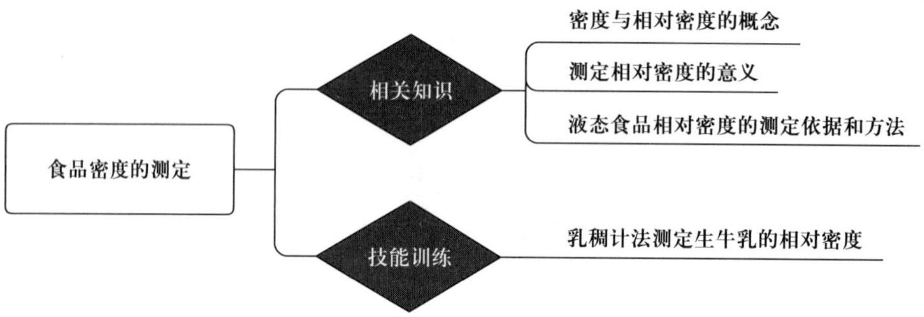

【相关知识】

一、密度与相对密度的概念

1. 密度

密度是指在一定温度下，单位体积物质的质量，以符号 ρ 表示，国际单位制和中国法定计量单位制中，密度的单位是 kg/m^3。

2. 相对密度

相对密度是指某一温度下物质的质量与同体积某一温度下水的质量之比，以符号 $d_{t_2}^{t_1}$ 表示。而液体的相对密度指液体在20 ℃的质量与同体积的水在4 ℃时的质量之比，以符号 d_4^{20} 表示。实际工作中，用密度计或密度瓶测定溶液的相对密度时，通常在同温度下测定较为方便，测定温度通常为20 ℃，即测得 d_{20}^{20}。它们之间的关系见式2-1。

$$d_4^{20}=d_{20}^{20}\times\rho_{20} \quad (式2\text{-}1)$$

式中：ρ_{20}——20 ℃时纯水的密度，数值为0.998 230。

二、测定相对密度的意义

相对密度是物质重要的物理常数，各种液态食品都有一定的相对密度，当其组成成分及浓度发生改变时，其相对密度也发生改变，故测定液态食品的相对密度可以检验食品的纯度和浓度。例如，全脂牛乳的相对密度为1.028～1.032。

三、液态食品相对密度的测定依据和方法

参照《食品安全国家标准　食品相对密度的测定》(GB 5009.2—2016)，液态食品相对密

度的测定方法有密度瓶法、相对密度计法。

(一)密度瓶法

1. 测定原理

在 20 ℃时分别测定充满同一密度瓶的水及试样的质量即可计算出相对密度，由水的质量可确定密度瓶的容积即试样的体积，根据试样的质量及体积即可计算密度。

2. 仪器

附温度计的密度瓶。如图 2-1 所示。

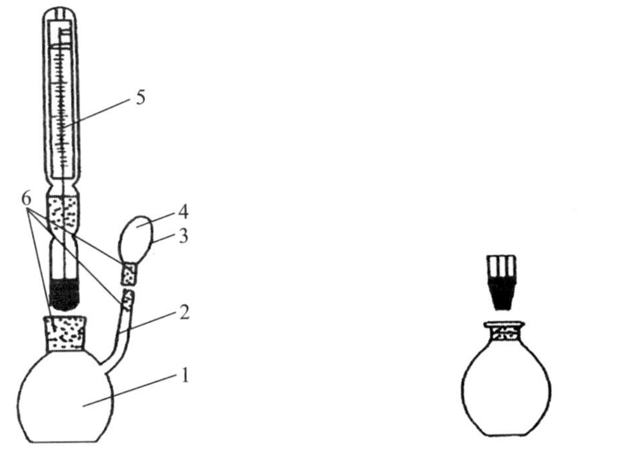

(a) 带温度计的精密密度瓶　　(b) 带毛细管的普通密度瓶

图 2-1　密度瓶

1. 密度瓶；2. 支管标线；3. 侧孔；4. 支管上小帽；5. 温度计；6. 玻璃磨口

3. 分析步骤

取洁净、干燥、准确称量的密度瓶，装满试样后，置 20 ℃水浴中浸 20 min，使内容物的温度达到 20 ℃，盖上瓶盖，并用细滤纸条吸去支管标线上的试样，盖好小帽后取出，用滤纸将密度瓶外擦干，立即称量。再将试样倾出，洗净密度瓶，装满水，重复上述操作。密度瓶内不能有气泡。

4. 分析结果的表述

试样在 20 ℃时的相对密度按式 2-2 计算：

$$d=\frac{m_2-m_0}{m_1-m_0} \qquad (式\ 2\text{-}2)$$

式中：d——液体试样在 20 ℃时的相对密度；

m_0——密度瓶的质量，g；

m_1——密度瓶和蒸馏水的质量，g；

m_2——密度瓶和样液的质量，g。

计算结果表示到称量天平的精度的有效数位。

在重复性条件下获得的两次独立测定结果的绝对差值不得超过算术平均值的 5%。

5. 技术提示

(1)测定挥发性的样液时，宜使用带温度计的精密密度瓶；测定较黏稠的样液时，宜使用带毛细管的普通密度瓶。

(2)液体必须装满密度瓶，并使液体充满毛细管，瓶内不得有气泡。

(3)恒温时要注意及时用细滤纸条吸去溢出的液体，不能让液体溢出到瓶壁上。

(4)拿取恒温后带毛细管的普通密度瓶时，不得用手直接接触，应戴隔热手套或用工具拿取。天平温度不得高于 20 ℃，避免液体受热膨胀流出。

玻璃浮计的使用方法

(5)水浴中的水必须清洁无油污，防止污染瓶外壁。

(6)擦干时小心吸干水分，不能用力擦，以免温度上升。

(二)相对密度计(比重计)法

1. 仪器

相对密度计：上部细管中有刻度标签，表示相对密度读数，下部球形内部装有汞或铅块。

2. 分析步骤

将相对密度计洗净擦干，缓慢放入盛有待测液体试样的适当量筒中，勿碰及容器四周及底部，保持试样温度在 20 ℃，待其静置后，再轻轻按下少许，然后待其自然上升，静置并无气泡冒出后，从水平位置观察与液面相交处的刻度，即为试样的相对密度。

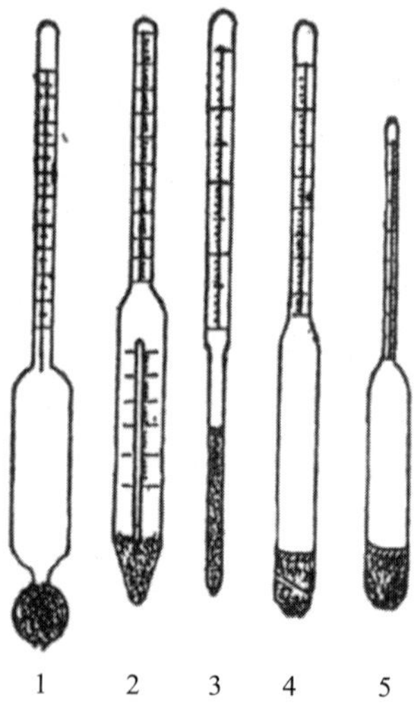

图 2-2 各种密度计

1.糖锤度计；2.附有温度计的糖锤度计；3、4.波美计；5.酒精计

3. 注释说明

密度计是根据阿基米德定律制成的。密度计的刻度是利用各种不同密度的液体标度的，所以从密度计上的刻度就可以直接读取相对密度的数值或某种溶质的百分含量。食品工业中常用的密度计按其标度方法的不同，可分为普通密度计、糖锤度计、乳稠计、酒精计、波美计等，见图 2-2。

(1)普通密度计　普通密度计是以 20 ℃时的相对密度值为刻度，以 20 ℃为标准温度。通常由几支刻度范围不同的密度计组成一套。刻度值小于 1 的(0.700～1.000)称为轻表，用于测定比水轻的液体；刻度值大于 1 的(1.000～2.000)称为重表，用于测定比水重的液体。

(2)糖锤度计　糖锤度计是专用于测定糖液浓度的密度计，是以蔗糖溶液中蔗糖的质量分数为刻度的，以°Bx 表示。其标度方法是以 20 ℃为标准温度，在蒸馏水中为 0°Bx，在 1%纯蔗糖溶液中为 1°Bx，在 2%纯蔗糖溶液中为 2°Bx，依此类推。糖锤度计的刻度范围有多种，常用的有 0～6°Bx，5～11°Bx，10～16°Bx，15～21°Bx 等。

若实测温度不是标准温度 20 ℃，则应进行温度校正。当测定温度高于 20 ℃时，因糖液体积膨胀导致相对密度减小，即锤度降低，故应加上相应的温度校正值，反之，则应减去相应的温度校正值。

(3)乳稠计　乳稠计是专用于测定牛乳相对密度的密度计，测量相对密度的范围为 1.015～1.045。刻度是将相对密度值减去 1.000 后再乘以 1 000，以度来表示，符号为°，刻度范围即为 15°～45°。乳稠计按其标度方法不同分为两种：一种是按 20°/4°标定的，另一种是按

15°/15°标定的。两者的关系是：$d_{15}^{15}=d_{4}^{20}+0.002$。

使用乳稠计时，若测定温度不是标准温度(20 ℃)，应将读数校正为标准温度下的读数。对于 20°/4°乳稠计，在 10～25 ℃ 范围内，温度每升高 1 ℃，乳稠计读数平均下降 0.2°，即相当于相对密度值平均减小 0.000 2。故当乳温高于标准温度 20 ℃时，每高 1°应在得出的乳稠计读数上加 0.2°；乳温低于 20 ℃时，每低 1 ℃应减去 0.2°。

(4)酒精计　酒精计是用来测量酒精浓度的密度计，用已知浓度的纯酒精溶液来标定刻度。其刻度的标定方法是以 20 ℃为标准温度，在蒸馏水中为 0，在 1%(体积分数)的酒精溶液中为 1，即 100 mL 酒精溶液中含乙醇 1 mL，可以从酒精计上直接读出酒精溶液的体积分数。

(5)波美计　波美计是以波美度(°Bé)来表示液体浓度大小的。按标度方法的不同分为多种类型，常用的波美计的刻度方法是以 20 ℃为标准，在蒸馏水中为 0 °Bé，在 15% NaCl 溶液中为 15 °Bé，在纯 H_2SO_4(相对密度为 1.842 7)中为 66 °Bé，其余刻度等距离划分。波美计也有轻表和重表之分，分别用于测定相对密度小于 1 和大于 1 的液体。波美度与相对密度之间存在着下列关系：

$$\text{轻表：°Bé}=\frac{145}{d_{20}^{20}}-145\text{，或 }d_{20}^{20}=\frac{145}{145+\text{°Bé}}$$

$$\text{重表：°Bé}=145-\frac{145}{d_{20}^{20}}\text{，或 }d_{20}^{20}=\frac{145}{145-\text{°Bé}}$$

【技能训练】

乳稠计法测定生牛乳的相对密度

任务导入

牛乳的相对密度是指牛乳在 20 ℃时单位体积的质量与 4 ℃时同体积水的质量之比，即用 20 ℃/4 ℃的乳稠计测定的数值。正常牛乳的相对密度范围在 1.028～1.032。牛乳的相对密度与其脂肪含量、总乳固体含量等因素有关，例如脱脂乳相对密度升高，掺水乳相对密度降低。

任务描述

查阅《食品安全国家标准 食品相对密度的测定》(GB 5009.2—2016)和密度计等仪器使用说明书，制订检验流程并实施，评价样品的相对密度是否符合要求。

任务准备

通过标准的解读，将生乳相对密度的测定所需仪器设备及化学试剂记入表 2-1、表 2-2 中。

表 2-1　所需仪器设备表

序号	仪器名称	规格
1	乳稠计	20 ℃/4 ℃
2	玻璃圆筒或量筒	玻璃圆筒：高度应大于乳稠计的长度，其直径大小应使在沉入乳稠计时其周边和圆筒内壁的距离不小于 5 mm 量筒：200～250 mL

表 2-2　所需化学试剂表

序号	试剂名称	规格
1		
2		

任务实施

一、实施流程

乳稠计洗净并擦干 → 缓缓放入盛有牛乳的量筒中，保持试样在 10～25 ℃ → 静置除去泡沫 → 轻轻按至 30°处 → 静置 2～3 min 后读数

二、操作要点

取混匀并调节温度为 10～25 ℃的试样，小心倒入玻璃圆筒内，勿使其产生气泡并测量试样温度。将密度计小心放入试样中，到相当刻度 30°处，然后让其自然浮动，但切勿与筒内壁接触。静置 2～3 min，眼睛平视生乳液面的高度，读取数值。根据试样的温度和乳稠计读数查表 2-3 换算成 20 ℃时度数。

表 2-3　乳稠计读数变为温度 20 ℃时的度数换算表

乳稠计读数	生牛乳温度/℃															
	10	11	12	13	14	15	16	17	18	19	20	21	22	23	24	25
25	23.3	23.5	23.6	23.7	23.9	24.0	24.2	24.4	24.6	24.8	25.0	25.2	25.4	25.5	25.8	26.0
26	24.2	24.4	24.5	24.7	24.9	25.0	25.2	25.4	25.6	25.8	26.0	26.2	26.4	26.6	26.8	27.0
27	25.1	25.3	25.4	25.6	25.7	25.9	26.1	26.3	26.5	26.8	27.0	27.2	27.5	27.7	27.9	28.1
28	26.0	26.1	26.3	26.5	26.6	26.8	27.0	27.3	27.5	27.8	28.0	28.2	28.5	28.7	29.0	29.2
29	26.9	27.1	27.3	27.5	27.6	27.8	28.0	28.3	28.5	28.8	29.0	29.2	29.5	29.7	30.0	30.2
30	27.9	28.1	28.3	28.5	28.6	28.8	29.0	29.3	29.5	29.8	30.0	30.2	30.5	30.7	31.0	31.2
31	28.8	28.0	29.2	29.4	29.6	29.8	30.0	30.3	30.5	30.8	31.0	31.2	31.5	31.7	32.0	32.2
32	29.3	30.0	30.2	30.4	30.6	30.7	31.0	31.2	31.5	31.8	32.0	32.3	32.5	32.8	33.0	33.3
33	30.7	30.8	31.1	31.2	31.5	31.7	32.0	32.2	32.5	32.8	33.0	33.3	33.5	33.8	34.1	34.3
34	31.7	31.9	32.1	32.3	32.5	32.7	33.0	33.2	33.5	33.8	34.0	34.3	34.4	34.8	35.1	35.3
35	32.6	32.8	33.1	33.3	33.5	33.7	34.0	34.2	34.5	34.7	35.0	35.3	35.5	35.8	36.1	36.3
36	33.5	33.8	34.0	34.3	34.5	34.7	34.9	35.2	35.6	35.7	36.0	36.2	36.5	36.7	37.0	37.3

三、分析结果的表述

相对密度(d_4^{20})与乳稠计刻度关系式见式 2-3：

$$d_4^{20}=\frac{X}{1\,000}+1.000 \qquad \text{（式 2-3）}$$

式中：d_4^{20}——样品的相对密度；

X——乳稠计读数。

当用 20 ℃/4 ℃乳稠计，温度在 20 ℃时，将读数代入公式，相对密度即可直接计算；不在 20 ℃时，要查表 2-3 换算成 20 ℃时度数，然后再代入式中计算。

四、数据记录及处理

数据记录参考表 2-4。

表 2-4 生牛乳相对密度的测定数据记录表

基本信息	样品名称		样品编号		
	检测项目		检测日期		
	检测依据		检测方法		
检测数据	样品编号	1	2	3	平均值
	实测样品的读数 α				
	测量时试样的温度 T/℃				
	校正：				
结果计算	计算公式				
结果讨论	乳样的相对密度为______ 根据标准判断是否符合要求				

五、技术提示

(1)量筒的选取要根据乳稠计的长度确定。

(2)量筒应放在水平台面上。

(3)向量筒倒入牛乳时要防止产生气泡。将乳稠计放入量筒中要静置 2～3 min 稳定后，再读取牛乳液面上的刻度。

(4)拿取乳稠计时要轻拿轻放，非垂直状态下或倒立时不能手持尾部，以免折断。

(5)放入乳稠计时应缓慢、轻放，切记勿使乳稠计碰及量筒底，也不要让乳稠计因下沉过快，将上部沾湿太多。

(6)读数时视线保持水平，并以观察样液的弯月面下缘最低点为准。

(7)牛乳温度不是 20 ℃时要校正。在 10～25 ℃ 范围内，当乳温高于 20 ℃时，每升高 1 ℃，要在读数上加 0.2°；当乳温低于 20 ℃时，每降低 1 ℃，应减去 0.2°。

任务评价

按表 2-5 检查工作任务的完成情况。

表 2-5 工作任务评价表

序号	任务实施步骤	工作内容	技能标准	分值
1	制订工作方案	查阅相关标准，制订生牛乳相对密度测定的实施方案	(1)正确选用标准 (2)方案制订合理	10
2	准备工作	乳稠计和量筒的洗涤和干燥	洗净乳稠计和量筒，晾干	5
3	采样与预处理	将样品混匀并调节温度为 10～25 ℃	(1)样品混合均匀 (2)样品温度的调节正确	10

续表 2-5

序号	任务实施步骤	工作内容	技能标准	分值
4	加乳样、测温度	将乳样小心注入 250 mL 量筒中，并测量试样温度	(1)能正确向量筒加入乳样 (2)温度测量方法正确	10
5	样品测定	利用乳稠计测定生乳相对密度	(1)乳稠计使用方法正确 (2)能正确读数	25
6	结果分析	生牛乳相对密度的计算	(1)能利用计算公式正确计算 (2)能正确保留有效数字	20
7	工作单	(1)课前准备内容 (2)任务实施过程记录 (3)结果分析与讨论	(1)能查阅相关标准并回答问题 (2)能够对操作过程进行记录与分析 (3)对所完成任务归纳、分析及总结	20

任务检测

一、名词解释

密度　相对密度　乳稠计

二、填空题

1. 已知测定蔗糖溶液的糖锤度为 32.8°Bx，则该糖液的质量百分比为＿＿＿＿＿＿。
2. 已知 17 ℃时测量牛乳的乳稠计读数为 32.6°，则 20 ℃时牛乳的相对密度为＿＿＿＿＿＿。
3. 正常牛乳的相对密度范围在＿＿＿＿＿＿＿。

三、选择题

1. 物质在某温度下的密度与物质在同一温度下对 4 ℃水的相对密度的关系是(　　)。
   A. 相等　　B. 数值上相同
   C. 可换算　　D. 无法确定
2. (　　)方法可测定糖液的浓度、酒精含量以及检验牛乳是否掺水及脱脂等。
   A. 折光率法　　B. 旋光法
   C. 密度法　　D. 黏度法
3. 液体食品相对密度的测定方法有(　　)。
   A. 密度瓶法　　B. 密度计法
   C. 密度天平法　　D. 折光法
4. 用普通比重计测出的是(　　)。
   A. 相对密度　　B. 质量分数
   C. 酒精浓度　　D. 糖液浓度
5. 乳稠计的读数为 20 时，相当于(　　)。
   A. 相对密度为 20　　B. 相对密度为 20%
   C. 相对密度为 1.020　　D. 相对密度为 0.20

四、判断题

1. 密度计是根据阿基米德定律制成的。(　　)
2. 普通密度计的轻表刻度在 1.000～2.000。(　　)
3. 液态食品的组成及其浓度与其相对密度有着密切关系。(　　)

4. 波美计是专门测定牛乳相对密度的。(　　)
5. 密度计测定液体食品相对密度,可以将密度计接触量筒内壁。(　　)

五、简答题

1. 什么是相对密度? 测定相对密度有何意义?
2. 如何用密度瓶测定液体的相对密度?
3. 密度计有哪些类型? 各有何用途? 如何正确使用密度计?
4. 密度瓶法和密度计法测定液体食品的密度,各有何优缺点?

六、计算题

1. 在 17 ℃时观测锤度为 22.00°Bx 那么该糖液中蔗糖的质量分数是多少?
2. 在 24 ℃时观测锤度为 16.00°Bx ,那么该糖液中蔗糖的质量分数是多少?
3. 16 ℃时 20°/4°乳稠计读数为 31°,换算为 20 ℃应为多少?

七、技能训练题

某乳品厂收购的鲜奶经感官检查发现乳汁稀薄、色泽发淡,厂家怀疑牛乳掺水,请设计一实验验证牛乳是否掺水。

项目二　食品折光率的测定

【学习目标】

知识目标

1. 了解食品可溶性固形物的测定意义。
2. 理解可溶性固形物、折光率的概念及测定原理。
3. 掌握阿贝折光计的结构和使用方法。

技能目标

1. 会解读可溶性固形物测定的国家标准。
2. 会使用和维护阿贝折光计。
3. 能准确测定液体食品的可溶性固形物。

思政目标

1. 培养学生食品安全意识和诚信意识。
2. 培养学生创新意识,提高对专业知识学习的能力。

【项目概述】

本项目包含 3 项相关知识和 1 项技能训练。相关知识包括光折射现象和折光率、测定折光率的意义、常用折光计及其使用等;技能训练为折光法测定杏仁露中可溶性固形物含量。目的是培养学习者对食品可溶性固形物测定有一个全面认识和理解,为今后从事食品可溶性固形物测定工作奠定坚实的理论和实践基础。

【思维导图】

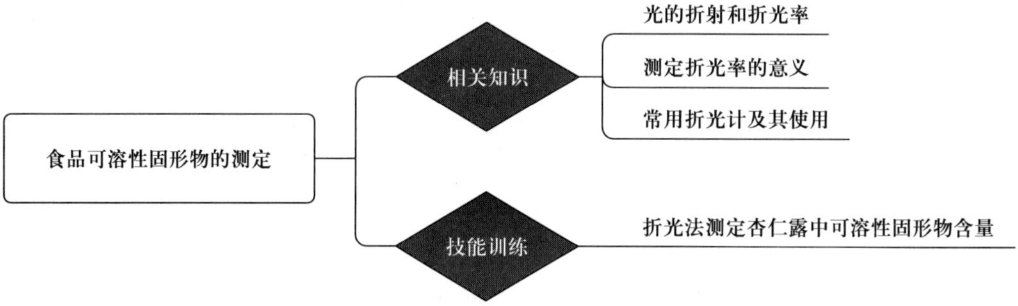

【相关知识】

一、光的折射和折光率

(一)光的折射现象

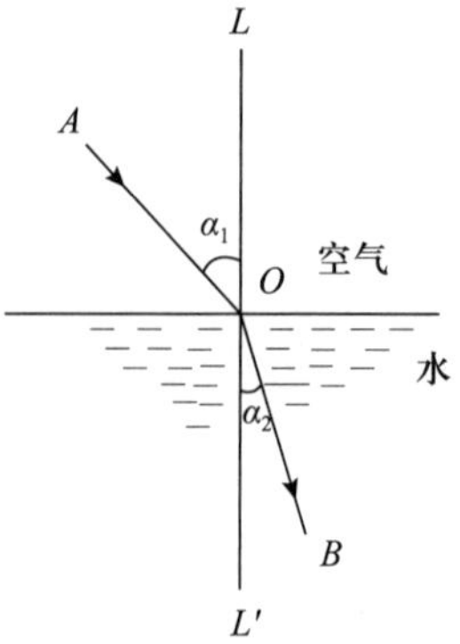

图 2-3 光的折射现象

当光线从一种介质射到另一种介质时,在分界面上,光线的传播方向发生了改变,一部分光线进入第二种介质,这种现象称为折射现象。如图 2-3 所示。

(二)折光率

发生折射时,入射角正弦与折射角正弦之比恒等于光在两种介质中的传播速度之比,即

$$\frac{\sin \alpha_1}{\sin \alpha_2}=\frac{v_1}{v_2}$$

光在真空中的速度 C 和在介质中的速度 v 之比叫作介质的绝对折射率。真空的绝对折射率为 1,空气的绝对折射率为 1.000 294,几乎等于 1,在实际应用中可将光线从空气中射入某物质的折射率称为绝对折射率。

折射率以 n 表示,则:

$$n=\frac{C}{v}$$

显然,

$$n_1=\frac{C}{v_1},n_2=\frac{C}{v_2}$$

所以,

$$\frac{\sin \alpha_1}{\sin \alpha_2}=\frac{n_2}{n_1}$$

其中,n_1——第一介质的绝对折射率;n_2——第二介质的绝对折射率。

折光率是物质的特征常数之一,大小取决于入射光的波长、介质的温度和溶质的浓度,用 $n_{\text{波长}}^{\text{温度}}$ 来表示。

对同一物质的溶液,折光率大小与其浓度成正比,故可以通过测定折光率来确定待测液的浓度。

二、测定折光率的意义

折光率是物质的一种物理性质。它是食品生产中常用的工艺控制指标，通过测定液态食品的折光率可以鉴别食品的组成，确定食品的浓度，判断食品的纯净程度及品质。

蔗糖溶液的折光率随浓度增大而升高。通过测定折光率可以确定糖液的浓度及饮料、糖水罐头等食品的糖度，还可以测定以糖为主要成分的果汁、蜂蜜等食品的可溶性固形物的含量。

各种油脂由其一定的脂肪酸构成，每种脂肪酸均有特定的折光率。含碳原子数目相同时不饱和脂肪酸的折光率比饱和脂肪酸的折光率大得多；不饱和脂肪酸分子量越大，折光率也越大；酸度高的油脂折光率低。因此测定折光率可以鉴别油脂的组成和品质。

正常情况下，某些液态食品的折光率有一定的范围，如正常牛乳乳清的折光率在 1.341 99～1.342 75，当这些液态食品因掺杂、浓度改变或品种改变等原因而引起食品的品质发生变化时，折光率常常会发生变化。所以测定折光率可以初步判断某些食品是否正常。如牛乳掺水，其乳清折光率降低，故测定牛乳乳清的折光率即可了解乳糖的含量，判断牛乳是否掺水。

必须指出的是：折光法测得的只是可溶性固形物含量，但对于番茄酱、果酱等个别食品，已通过实验编制了总固形物与可溶性固形物关系表，先用折光法测定可溶性固形物含量，即可查出总固形物的含量。

三、常用折光计及其使用

折光仪是利用临界角原理测定物质折光率的仪器，食品工业中最常用的是阿贝折光仪和手持式折光仪。

数显折光仪结构及使用

（一）阿贝折光仪

1. 结构

其光学系统由观测系统和读数系统两部分组成，如图 2-4，图 2-5 所示。

2. 原理

观测系统：光线由反光镜反射，经进光棱镜、折射棱镜及其间的样液薄层折射后射出。再经色散补偿器消除由折射棱镜及被测样品所产生的色散，然后由物镜将明暗分界线成像于分划板上，经目镜放大后成像于观测者眼中。

读数系统：光线由小反光镜反射，经毛玻璃射到刻度盘上，经转向棱镜及物镜将刻度成像于分划板上，通过目镜放大后成像于观测者眼中。当旋动旋钮时，使棱镜摆动，视野内明暗分界线通过十字交叉点，表示光线从棱镜入射角达到了临界角。当测定样液浓度不同时，折射率也不同，故临界角的数值亦不同。在读数镜筒中即可读取折射率 n，或糖液浓度，或固形物的含量。

在阿贝折光仪的望远目镜的金属筒上，有一个供校准仪器用的示值调节螺钉，通常用 20 ℃的水校正仪器(其折光率 ND20＝1.333 0)。也可用已知折光率的标准玻璃校正。

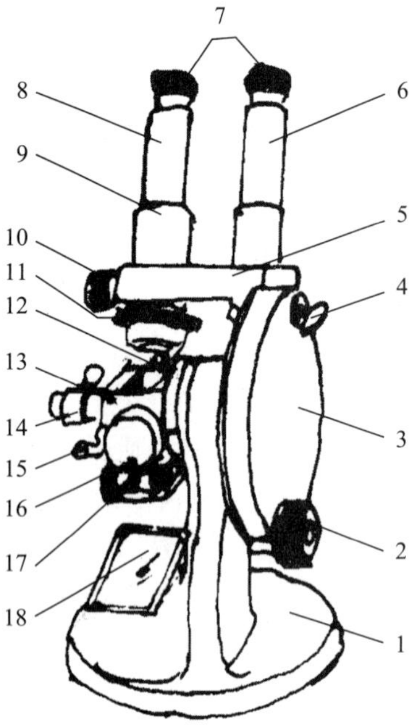

图 2-4　阿贝折光仪

1.底座;2.棱镜调节旋钮;3.圆盘组(内有刻度板);4.小反光镜;5.支架;6.读数镜筒;7.目镜;8.观察镜筒;9.分界线调节螺丝;10.消色调节旋钮;11.色散刻度尺;12.棱镜锁紧扳手;13.棱镜组;14.温度计插座;15.恒温器接头;16.保护罩;17.主轴;18.反光镜

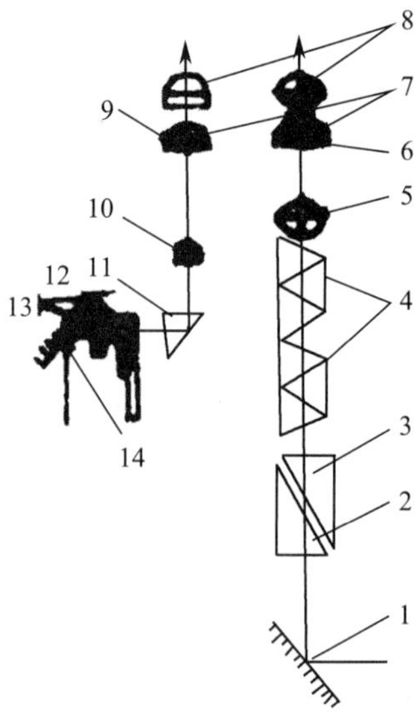

图 2-5　阿贝折光仪示意图

3. 阿贝折光仪的使用方法

(1)折光仪的校正　通常用测定蒸馏水折光率的方法进行校准,在 20 ℃下折光仪应表示出折光率为 1.332 99 或可溶性固形物为 0%。若校正时温度不是 20 ℃,应查出该温度下蒸馏水的折光率再进行核准。对于高刻度值部分,用具有一定折光率的标准玻璃块(仪器附件)校准。

校正方法是打开进光棱镜,在校准玻璃块的抛光面上滴一滴溴化萘,将其粘在折射棱镜表面,使标准玻璃块抛光的一端向下,以接受光线。测得的折射率应与标准玻璃块的折射率一致。校准时若有偏差,可先使读数指示于蒸馏水或标准玻璃块的折射率值,再调节分界线调节螺丝,使明暗分界线恰好通过十字线交叉点。

(2)使用方法

①以脱脂棉球蘸取酒精擦净棱镜表面,并拭干。滴加 1～2 滴样液于进光棱镜磨砂面上,迅速闭合两块棱镜,调节反光镜,使镜筒内视野最亮。

②由目镜观察,转动棱镜旋钮,使视野出现明暗两部分。

③旋转色散补偿器旋钮,使视野中只有黑白两色,无其他颜色。

④旋转棱镜旋钮,使明暗分界线在十字线交叉点。

⑤从读数镜筒中读取折光率或质量分数。

⑥测定样液温度,折光率一般在 20 ℃下测定,如果测定时温度不在 20 ℃,应按照实际温度进行校正。

⑦打开棱镜，用水、乙醇或乙醚擦净棱镜表面及其他各机件。在测定水溶性样品后，用脱脂棉吸水洗净，若为油类样品，须用乙醇或乙醚、二甲苯等擦拭。

阿贝折光计的折光率刻度范围为1.300 0～1.700 0，测量精确度可达±0.000 3，可测糖溶液浓度或固形物范围为0～95%，可测定温度为10～50 ℃的折光率。

(二)手提式折光仪

手提式折光仪，其光学原理与阿贝折光仪相同。该仪器操作简单，便于携带，常用于生产现场检验。

1. 手提式折光仪的构造

手提式折光仪主要由目镜(OK)、折光棱镜(P)和盖板(D)三部分组成，如图2-6所示。

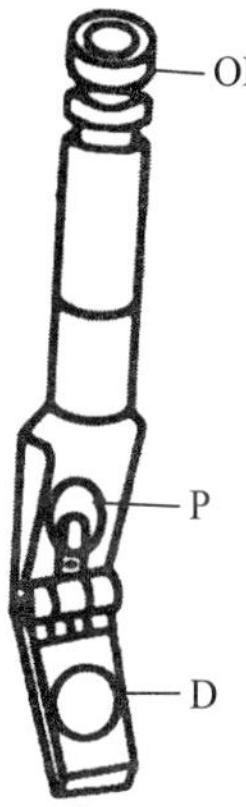

图2-6　手提式折光仪

2. 使用方法

使用时，先打开棱镜盖板D，用擦镜纸将折光棱镜P擦净，取一滴待测糖液置于折光棱镜P上，使溶液均匀涂布在棱镜表面，合上盖板D，将光窗对准光源，调节目镜OK，使视场内划线清晰可见。视场中明暗分界线相应读数即为糖溶液质量分数。

手提式折光仪的测定范围为0～90%，其刻度标准温度为20 ℃，若测量时在非标准温度时，则需进行温度校正。

3. 使用注意事项

(1)测量前将棱镜盖板、折光棱镜清洗干净并拭干。

(2)滴在折光棱镜面上的液体要均匀分布在棱镜面上，并保持水平状态，合上盖板。

(3)使用换挡旋钮时应旋到位，以免影响读数。

(4)要对仪器进行校正才能得到正确结果。

4. 说明

测量时若温度不是20 ℃，应进行数值修正，修正的情况分为两种：

(1)仪器在20 ℃调零，而在其他温度下进行测量时，则应进行校正，校正的方法是：温度高于20 ℃时，加上查"糖量计读数温度修正表"得出的相应校正值，即为糖液的准确浓度数值。温度低于20 ℃时，减去查"糖量计读数温度修正表"得出的相应校正值，即为糖液的准确浓度数值。

(2)仪器在测定温度下调零，则不需要校正。方法是：测试纯蒸馏水的折光率，看视场中的明暗分界线是否对正刻线0，若偏离，则可用小螺丝刀旋动校正螺钉，使分界线指示0处，然后对糖液进行测定，读取的数值即为正确数值。

【技能训练】

折光法测定杏仁露中可溶性固形物含量

任务导入

可溶性固形物是食品行业一个常用的技术参数，指液体或流体食品中所有溶解于水的化合物的总称，包括糖、酸、维生素、矿物质等可溶性物质。

总固形物是食品行业的一个技术指标，反映食品的可溶性固形物和不可溶性固形物的含量,理论上等同于干物质指标。

饮料中可溶性固形物含量与折光率在一定条件下成正比,通过测定饮料的折光率可求得饮料中可溶性固形物含量。

任务描述

查阅《饮料通用分析方法》(GB/T 12143—2008)及折光仪等仪器使用说明书,制订检验流程并实施,评价样品的可溶性固形物含量是否符合要求。

任务准备

通过标准的解读,将测定所需仪器设备及化学试剂记入表 2-6、表 2-7 中。

表 2-6 所需仪器设备表

序号	仪器名称	规格
1	阿贝折光仪	
2		

表 2-7 所需化学试剂表

序号	试剂名称	规格
1	无水乙醇	
2		

任务实施

一、实施流程

试液制备 → 仪器安装 → 校正 → 取 2~3 滴试液滴于棱镜面的中央 → 盖上盖板,静置 1 min → 目镜观察,读数 → 记录棱镜温度 → 仪器清洗

二、操作要点

1. 试液的制备

(1)透明液体制品　将试样充分混匀,直接测定。

(2)半黏稠制品(果浆、菜浆类)　将试样充分混匀,用四层纱布挤出滤液,弃去最初几滴,收集滤液供测试用。

(3)含悬浮物制品(果粒果汁类饮料)　将待测样品置于组织捣碎机中捣碎,用四层纱布挤出滤液,弃去最初的几滴,收集滤液供测试用。

本样品将试样充分混匀,直接测定。

2. 具体测定步骤按照折光仪说明书操作

三、分析结果的表述

如目镜读数标尺刻度为百分数,即为可溶性固形物含量(%);如目镜读数为折光率,则需换算为可溶性固形物含量(%)。

将上述百分含量按表 2-8 换算为 20 ℃时可溶性固形物含量(%)。同一样品两次测定值之差不应大于 0.5%,取两次测定的算术平均值作为结果。精确到小数点后一位。

表 2-8　20 ℃时可溶性固形物含量对温度校正表

温度/℃		可溶性固形物含量读数/%									
		5	10	15	20	25	30	40	50	60	70
应减去的校正值	15	0.29	0.31	0.33	0.34	0.34	0.35	0.37	0.38	0.39	0.40
	16	0.24	0.25	0.26	0.27	0.28	0.28	0.30	0.30	0.31	0.32
	17	0.18	0.19	0.20	0.21	0.21	0.21	0.22	0.23	0.23	0.24
	18	0.13	0.13	0.14	0.14	0.14	0.14	0.15	0.15	0.16	0.16
	19	0.06	0.06	0.07	0.07	0.07	0.07	0.08	0.08	0.08	0.08
应加入的校正值	21	0.07	0.07	0.07	0.07	0.08	0.08	0.08	0.08	0.08	0.08
	22	0.13	0.14	0.14	0.15	0.15	0.15	0.15	0.16	0.16	0.16
	23	0.20	0.21	0.22	0.22	0.23	0.23	0.23	0.24	0.24	0.24
	24	0.27	0.28	0.29	0.30	0.30	0.31	0.31	0.31	0.32	0.32
	25	0.35	0.36	0.37	0.38	0.38	0.39	0.40	0.40	0.40	0.40

四、数据记录及处理

数据记录及处理见表 2-9。

表 2-9　折光法测定杏仁露中可溶性固形物含量数据记录表

基本信息	样品名称			样品编号	
	检测项目			检测日期	
	检测依据			检测方法	
检测数据	样品编号	1	2	3	平均值
	可溶性固形物读数/%				
	20 ℃时可溶性固形物含量/%				
结果讨论	(与包装上标明的可溶性固形物含量比较,判断是否一致)				

五、技术提示

(1)本方法适用于透明液体、半黏稠、含悬浮物的饮料制品。

(2)折光仪上的刻度是在标准度 20 ℃下刻制的,如测定温度不是 20 ℃,应对测定结果进行温度校正。当测定温度高于 20 ℃时,应加上校正值;低于 20 ℃时则应减去校正值。

(3)对颜色较深的样品宜用反射光进行测定,以减少误差。方法是调整反光镜,使光线从折光棱镜的侧孔进入。

(4)仪器使用完毕后,应做好清洁工作,并放入储有干燥剂的箱内,放在干燥、空气流通的室内,防止光学零件受潮发霉。

任务评价

按表 2-10 检查工作任务的完成情况。

表 2-10 工作任务评价表

序号	任务实施步骤	工作内容	技能标准	分值
1	制订工作方案	查阅相关标准，制订饮料中可溶性固形物含量测定的实施方案	(1)正确选用标准 (2)方案制订合理	10
2	准备工作	折光仪校正	(1)设置 15～25 ℃温度环境 (2)洗净折光计棱镜面 (3)用蒸馏水进行校正	20
3	试样的准备	捣碎、过滤	试液均匀	10
4	试液折光率测定	利用折光仪测定样品的可溶性固形物含量，同一样品平行测定两次	(1)折光仪使用方法正确 (2)能正确读数	20
5	结果分析	可溶性固形物含量查表校正	(1)会查温度校正表 (2)能正确保留有效数字	15
6	工作单	(1)课前准备内容 (2)任务实施过程记录 (3)结果分析与讨论	(1)能查阅相关标准并回答问题 (2)能够对操作过程进行记录与分析 (3)对所完成任务归纳、分析及总结	25

任务检测

一、名词解释

折光率　可溶性固形物　折光法

二、填空题

1. 折光率是物质的________。折光率的大小与________、________和________有关。
2. 折光法适用于______________________类食品的测定，测得的成分是________含量。
3. 测定食品折光率常用的仪器有________、________、________等。
4. 使用阿贝折光仪读数时，明暗分界线一定要调到目镜的________。
5. 对于同一物质溶液来说，其折光率大小与其浓度成________。

三、选择题

1. 光的折射现象产生的原因是(　　)。
   A. 光在各种介质中行进方式不同造成的
   B. 光是直线传播的
   C. 两种介质不同造成的
   D. 光在各种介质中行进的速度不同造成的
2. 折光法测定的意义有(　　)。
   A. 测定样品的折光率，就可判断其均一程度和纯度
   B. 折光率用于油脂的纯度的测定
   C. 折光率用于糖纯度的测定
   D. 折光率用于乳品等食品的纯度的测定
3. 下列关于折光仪使用的注意事项，正确的是(　　)。
   A. 不能测定强酸液体
   B. 不能测定强碱液体

C. 不能测定有腐蚀性的液体

D. 不能测定对棱镜、保温套之间的胶粘剂有溶解性的液体

4. 折光法适用于(　　)饮料制品。

A. 透明液体制品　　B. 半黏稠制品

C. 含悬浮物的制品　　D. 固体食品

5. 目镜视野中黑白明暗分界线示意图中可以正确读数的是(　　)。

A. 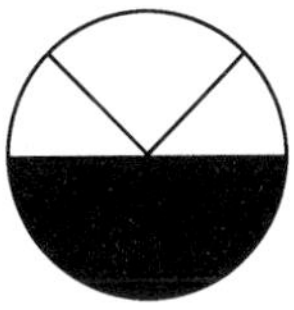

B. 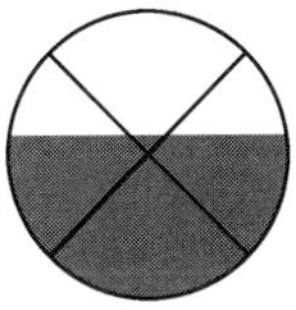

C. 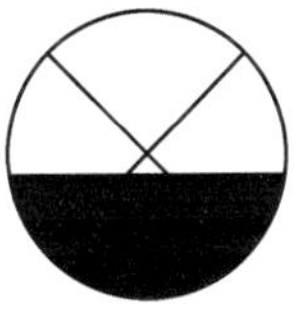

D. 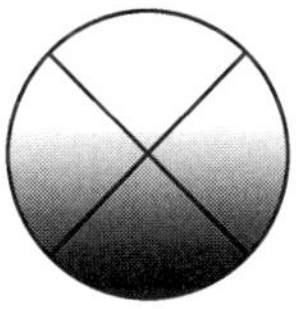

四、判断题

1. 测定可溶性固形物可以衡量水果成熟情况，以便确定采摘时间。(　　)

2. 通常的果汁可溶性固形物含量可以达到 9%左右。(　　)

3. 折光仪上的刻度是在标准度 20 ℃下刻制的，如测定温度不是 20 ℃，应对测定结果进行温度校正。(　　)

4. 饮料中可溶性固形物含量与折光率在一定条件下成反比。(　　)

5. 滴在进光棱镜面上的液体要均匀分布在棱镜面上，并保持水平状态，合上两棱镜，保证棱镜缝隙中充满液体。(　　)

五、简答题

1. 测定食品的可溶性固形物含量时，试样如何制备？

2. 如何使用阿贝折光仪测定样品中的可溶性固形物含量？

3. 折光仪应怎样维护？

六、计算题

请从下图读取 19 ℃可溶性固形物含量(%)测定数值，并校正标准温度下可溶性固形物含量。

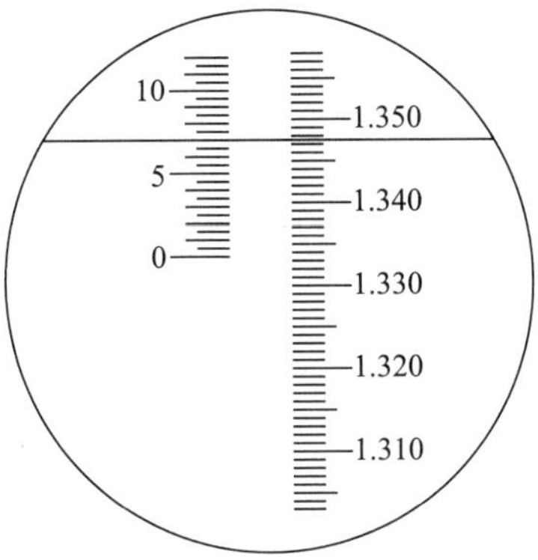

七、技能训练题

实验室现有阿贝折光仪1台，欲测定番茄酱中可溶性固形物含量，请设计实验方案。

项目三　食品旋光度的测定

【学习目标】

知识目标

1. 了解食品旋光度的测定意义。
2. 理解旋光现象、旋光度、比旋光度的概念及测定原理。
3. 掌握旋光仪的结构和使用方法。

技能目标

1. 会解读旋光度测定的国家标准。
2. 会使用和维护旋光仪。
3. 能准确测定食品的旋光度。

思政目标

1. 培养学生的自主学习能力、团队合作能力、语言表达能力。
2. 引导学生树立良好的食品安全观、人生观和价值观。

【项目概述】

本项目包含3项相关知识和1项技能训练。相关知识包括旋光现象、旋光度和比旋光度、旋光仪等；技能训练为旋光法测定味精中谷氨酸钠的含量。目的是培养学习者对食品旋光度测定有一个全面认识和理解，为今后从事食品旋光度测定工作奠定坚实的理论和实践基础。

【思维导图】

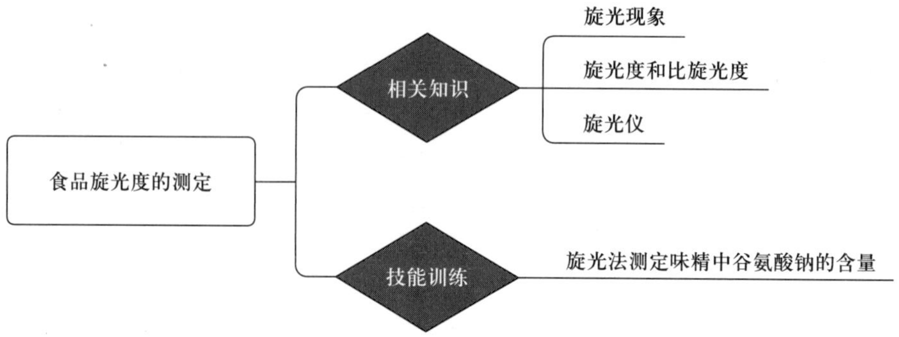

【相关知识】

一、旋光现象

应用旋光仪测量旋光性物质的旋光度以测定其含量的分析方法叫旋光法。

(一)自然光与偏振光

光是一种电磁波,光波的振动方向与其前进方向互相垂直。自然光有无数个与光的前进方向互相垂直的光波振动面。若光线前进的方向指向我们,则与之互相垂直的光波振动平面可表示为如图 2-7(a)所示,图中箭头表示光波振动的方向。若使自然光通过尼科耳棱镜,只有振动面与尼科尔棱镜的光轴平行的光波才能通过尼科尔棱镜,所以通过尼科尔棱镜的光,会一个与光的前进方向互相垂直的光波振动面,如图 2-7(b)所示。这种仅在一个平面上振动的光称为偏振光。

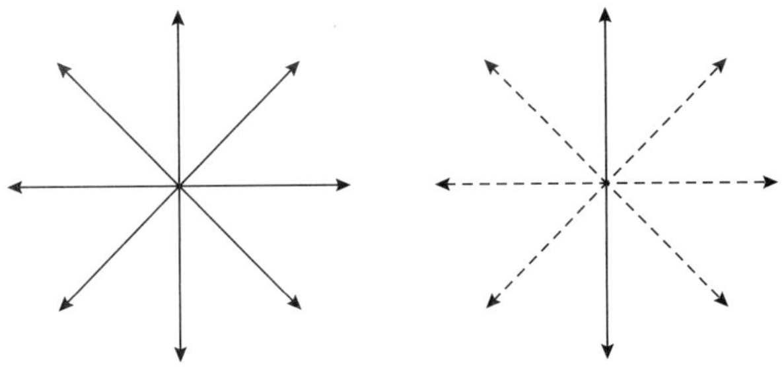

(a) 自然光　　(b) 偏振光(虚线部分)

图 2-7　自然光与偏振光

(二)偏振光的产生

1. 尼科尔棱镜

把一块方解石的菱形六面体末端的表面磨光,使镜角等于 68°,将之对角切成两半,把切面磨成光学平面后,再用加拿大树胶粘起来,便成为一个尼科耳棱镜。由于方解石的光学特性,当自然光 L 射入棱镜中时,发生双折射,产生两道振动面互相垂直的平面偏振光。其中 MO 称为寻常光线,MP 称为非常光线。方解石对它们的折射率不同。对寻常光线的折射率是 1.658;对非常光线的折射率是 1.486。加拿大树胶对两种光线的折射率都是 1.55。寻常光线由方解石到加拿大树胶是由光密介质到光疏介质,因其入射角(76°25′)大于临界角(69°12′),发生全反射而被涂黑的侧面吸收。非常光线由方解石到加拿大树胶是由光疏介质到光密介质,通过加拿大树胶发生折射,由棱镜的另一端面射出,从而产生了平面偏振光(图 2-8)。

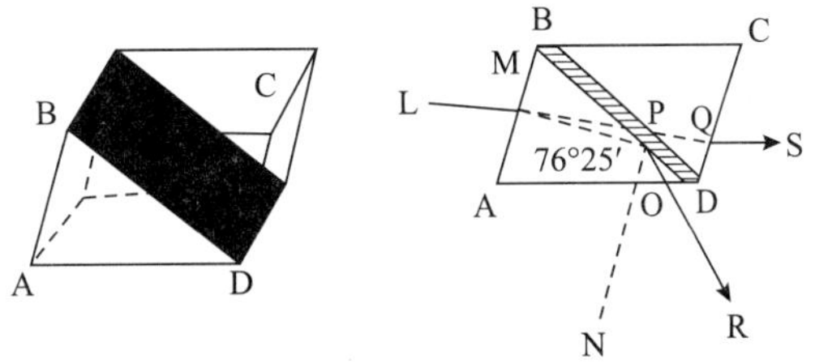

图 2-8　尼科耳棱镜示意图

2. 偏振片

它是利用某些双折射晶体(如电气石)的二色性,即可选择性吸收寻常光线,而让非常光线通过的特性，把自然光变成偏振光。

偏振光通过某些晶体或物质的溶液时，其振动面以光的传播方向为轴线发生旋转的现象，称为旋光现象。

二、旋光度和比旋光度

(一)旋光性、旋光性物质

当平面偏振光通过某种介质时，有的介质对偏振光没有作用，即透过介质的偏振光的偏振面保持不变，而有的介质却能使偏振光的偏振面发生旋转。这种能旋转偏振光的偏振面的性质叫作旋光性。具有旋光性的物质叫作旋光性物质或光活性物质。能使偏振光的偏振面向右旋的物质，叫作右旋物质，“＋”表示右旋；反之，叫作左旋物质，“－”表示左旋。

(二)旋光度、比旋光度

在实际工作中通常用旋光仪测定化合物的旋光性。一般旋光仪是由一个光源和两个棱镜组成的，在两个棱镜中间有一个盛放样品的旋光管。当平面偏振光通过盛有旋光性化合物的旋光管后，偏振面就会被旋转(向右或向左)一个角度，这时偏振光就不能通行无阻地穿过与起偏镜棱轴相平行的检偏镜。只有检偏镜也旋转(向右或向左)相同的角度(α 角度)，旋转了的平面偏振光才能完全通过。观察检偏镜上携带的刻度盘所旋转的角度，即为该旋光性物质的旋光度。

偏振光通过光学活性物质的溶液时，其振动平面所旋转的角度叫作该物质溶液的旋光度，以 α 表示。旋光度的大小与光源的波长、温度、旋光性物质的种类、溶液的浓度及液层的厚度有关。对于特定的光学活性物质，在光源波长和温度一定的情况下，其旋光度 α 与溶液的浓度 c 和液层的厚度 L 成正比。

即：
$$\alpha = KcL$$

当旋光性物质的浓度为 1 g/mL，液层厚度为 1 dm 时所测得的旋光度称为比旋光度，以 $[\alpha]_\lambda^t$ 表示。由上式可知：

$$[\alpha]_\lambda^t = K \times 1 \times 1 = K$$

即：
$$[\alpha]_\lambda^t = \frac{\alpha}{Lc}$$

式中：$[\alpha]_\lambda^t$——比旋光度，0；

t——温度，℃；

λ——光源波长，nm；

α——旋光度；

L——液层厚度或旋光管长度，dm；

c——溶液浓度，g/mL。

比旋光度与光的波长及测定温度有关。通常规定用钠光 D 线(波长 589.3 nm)在 20 ℃时测定，在此条件下，比旋光度用$[\alpha]_D^{20}$表示。

因在一定条件下比旋光度$[\alpha]_\lambda^t$ 是已知的，L 为一定，故测得了旋光度就可计算出旋光性物质溶液中的浓度 c。

(三)变旋光作用

具有光学活性的还原糖类(如葡萄糖、果糖、乳糖、麦芽糖等),在溶解之后,其旋光度起初迅速变化,然后渐渐变得较缓慢,最后达到恒定值,这种现象称为变旋光作用。

由于有的糖存在两种异构体,即 α 型和 β 型,它们的比旋光度不同。这两种环形结构及中间的开链结构在构成一个平衡体系过程中,即显示出变旋光作用。

因此,在用旋光法测定蜂蜜、商品葡萄糖等含有还原糖的样品时,样品配成溶液后,宜放置过夜再测定。若需立即测定,可将中性溶液(pH=7)加热至沸,或加几滴氨水后再稀释定容;若溶液已经稀释定容,则可加入碳酸钠干粉至石蕊试纸刚显碱性。在碱性溶液中,变旋光作用迅速,很快达到平衡。但微碱性溶液不宜放置过久,温度也不可太高,以免破坏果糖。

三、旋光仪

旋光仪又称旋光计,是一种能产生偏振光的仪器,可用来测定光学活性物质对偏振光旋转角度的方向和大小,从而进一步定性与定量。

1. WXG-4 型旋光仪的工作原理

旋光仪中放入盛有被测溶液的试管后,由于溶液具有旋光性,使平面偏振光旋转一个角度,零点视场便发生了变化,如图 2-9 所示。转动测量手轮(12)及检偏镜(7)一定角度,能再次出现亮度一致的视场,这个转角就是溶液的旋光度,它的数值通过读数放大镜(10)从读数度盘(11)及游标读出。

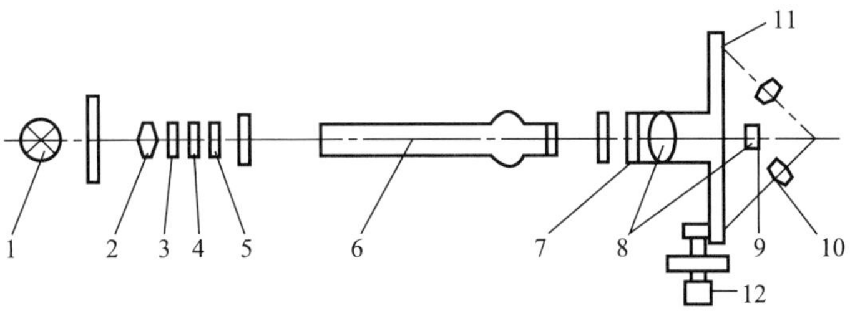

图 2-9　WXG-4 型旋光仪光路图

1. 钠光源;2. 聚光镜;3. 滤色镜;4. 起偏器;5. 半荫片;6. 旋光测定管;7. 检偏镜;8. 物镜、目镜组;9. 聚焦手轮;10. 放大镜;11. 读数度盘;12. 测量手轮

2. 旋光仪的使用方法

(1)将仪器接通 220 V 交流电源,开启电源开关,预热约 5 min 后,钠光灯正常发光,就可开始使用。

(2)检查仪器零点三分视场亮度是否一致,如果不一致,说明零点有误差,应在测量读数中加上或减去偏差值,或放松读数度盘盖背面 4 只螺钉,微微转动读数度盘进行校正(只能校正 0.5°左右误差)。

(3)选取适宜长度的旋光管,注满被测溶液,将旋光管中气泡赶入凸处,擦干两头残留溶液,放入镜筒中部空舱内后,闭合镜筒盖。

(4)转动度盘、检偏镜,在视场中寻得亮度一致的位置,再从读数度盘及游标上读数(右旋物质读数为正,左旋物质读数为负)。

(5)使用完毕,清洗旋光管,用柔软绒布擦干,放入箱内原位。

【技能训练】

旋光法测定味精中谷氨酸钠的含量

任务导入

味精的主要成分是谷氨酸钠，谷氨酸钠的结构中含有一个不对称碳原子，具有光学活性，能使偏正光面旋转一定角度，因此可用旋光仪测定旋光度，并换算谷氨酸钠的含量。

任务描述

查阅《食品安全国家标准　味精中谷氨酸钠含量的测定》GB 5009.43—2016 和旋光仪等仪器使用说明书，制订检验流程并实施，评价样品的含量是否符合要求。

任务准备

通过标准的解读，将测定所需仪器设备及化学试剂记入表 2-11、表 2-12 中。

表 2-11　所需仪器设备表

序号	仪器名称	规格
1	分析天平	感量 0.1 mg
2	容量瓶	容量瓶 100 mL
3	旋光仪	精度±0.010° 备有钠光灯(钠光谱 D 线 589.3 nm)

表 2-12　所需化学试剂表

序号	试剂名称	规格
1	盐酸(HCl)溶液	分析醇

任务实施

一、实施流程

称取样品→溶解→转移→加盐酸→混匀冷却至 20 ℃→定容→测定

二、操作要点

称取试样 10 g(精确至 0.000 1 g)，加少量水溶解并转移至 100 mL 容量瓶中，加盐酸 20 mL，混匀并冷却至 20 ℃，用水定容并摇匀。于 20 ℃用标准旋光角校正仪器；将试液置于旋光管中(不得有气泡)，观测其旋光度，同时记录旋光管中试样液的温度。

三、分析结果的表述

1. 样品中谷氨酸钠含量按式 2-4 计算：

$$X_2=\frac{\frac{\alpha}{L\times c}}{25.16+0.047(20-t)}\times 100 \qquad (式 2-4)$$

式中：X_2——样品中谷氨酸钠含量(含 1 分子结晶水)，g/100 g；

α ——实测试样液的旋光度；

L ——旋光管长度(液层厚度),dm;

c——1 mL 试样液中含谷氨酸钠的质量,g/mL;

25.16——谷氨酸钠的比旋光度;

t ——测定试液的温度,℃;

0.047——温度校正系数;

100 ——换算系数。

以重复性条件下获得的两次独立测定结果的算术平均值表示,结果保留 3 位有效数字。

2. 精密度

味精中谷氨酸钠含量的两个平行测定结果的相对误差不得大于 10%。

四、数据记录及处理

按表 2-13 记录测定数据。

表 2-13　味精中谷氨酸钠含量的测定数据记录表

<table>
<tr><td rowspan="3">基本信息</td><td>样品名称</td><td colspan="2"></td><td>样品编号</td><td></td></tr>
<tr><td>检测项目</td><td colspan="2"></td><td>检测日期</td><td></td></tr>
<tr><td>检测依据</td><td colspan="2"></td><td>检测方法</td><td></td></tr>
<tr><td rowspan="4">检测数据</td><td colspan="2">样品编号</td><td colspan="2">1</td><td>2</td></tr>
<tr><td colspan="2">实测样品的读数 α</td><td colspan="2"></td><td></td></tr>
<tr><td colspan="2">旋光管长度/dm</td><td colspan="2"></td><td></td></tr>
<tr><td colspan="2">样品的质量/g</td><td colspan="2"></td><td></td></tr>
<tr><td rowspan="2">结果计算</td><td colspan="2">计算公式</td><td colspan="3"></td></tr>
<tr><td colspan="2">味精中谷氨酸钠的含量</td><td colspan="2"></td><td></td></tr>
<tr><td>结果讨论</td><td colspan="5">味精中谷氨酸钠的含量平均值________________。
根据标准判断是否符合要求。</td></tr>
</table>

五、技术提示

(1)温度对旋光度有较大影响,如果测定时样品溶液的温度不是 20 ℃,应进行校正。

(2)旋光仪使用时间不宜超过 4 h。如果使用时间较长,中间应关闭 10～15 min,待钠光灯冷却后再继续使用。

(3)旋光管用后要及时将溶液倒出,用蒸馏水洗涤干净,擦干藏好。

任务评价

按表 2-14 检查工作任务的完成情况。

表 2-14　工作任务评价表

序号	任务实施步骤	工作内容	技能标准	分值
1	制订工作方案	查阅相关标准,制订味精中谷氨酸钠含量测定的实施方案	(1)正确选用标准 (2)方案制订合理	10
2	准备工作	容量瓶的洗涤和干燥	洗净容量瓶,晾干	5

续表 2-14

序号	任务实施步骤	工作内容	技能标准	分值
3	采样与预处理	样品制备并称量	(1)样品制备正确 (2)样品称量准确	10
4	样品溶解	将样品转移至 100 mL 锥形瓶中,并加入盐酸溶液	(1)能正确转移样品 (2)容量瓶使用方法正确	10
5	测定	装入旋光管	能正确读数	25
6	结果分析	味精中谷氨酸钠含量的计算	(1)能利用计算公式正确计算 (2)能正确保留有效数字	20
7	工作单	(1)课前准备内容 (2)任务实施过程记录 (3)结果分析与讨论	(1)能查阅相关标准并回答问题 (2)能够对操作过程进行记录与分析 (3)对所完成任务归纳、分析及总结	20

任务检测

一、名词解释

旋光现象　比旋光度　旋光法　变旋光作用

二、填空题

1. 具有旋光性的物质叫作旋光性物质。能使偏振光的________的物质,叫作右旋物质,“+”表示________;反之,叫作________,“−”表示________。

2. 偏振光的________________________________叫作旋光度,用“α”表示。

3. 旋光仪是________________________________的仪器。

三、选择题

1. 下列具有旋光性的物质是(　　)。

A. 食盐　　B. 食醋　　C. 蜂蜜　　D. 花生油

2. 下列不是影响谷氨酸钠旋光度测定值因素的是(　　)。

A. 检测温度　　B. 溶液浓度　　C. 旋光管长度　　D. 检测时间

3. 旋光度测定的意义是(　　)。

A. 计算比旋光度　　B. 检验化合物　　C. 溶液浓度　　D. 评价食品品质

4. 旋光仪的光源是(　　)。

A. 钨光灯　　B. 钠光灯　　C. 氘灯　　D. 其他

5. 市售味精纯度还可以用(　　)方法检测。

A. 高氯酸非水溶液滴定法　　B. 旋光法

C. 酸度计法　　D. 折光法

四、判断题

1. 旋光仪使用不用提前预热。(　　)

2. 谷氨酸钠是右旋光性物质。(　　)

3. 将试液置于旋光管中,旋光管不得有气泡。(　　)

4. 谷氨酸钠又称谷氨酸钠。(　　)

5. 旋光仪不能长时间使用。(　　)

6. 旋光仪读数为负，则物质为右旋物质。（　　）

五、简答题

1. 什么是旋光度？测定旋光度有何意义？
2. 判断旋光物质左右旋性的依据是什么？
3. 使用旋光仪需要注意哪些问题？
4. 为什么不能长时间使用旋光仪？
5. 为什么用蒸馏水校正旋光仪零点？

六、计算题

测定某葡萄糖样品溶液，旋光管长度为 2 dm，20 ℃测定的旋光度为＋5.094°，计算葡萄糖溶液浓度。（公式：$[\alpha]_D^t=\frac{\alpha}{L\times c}$，葡萄糖比旋光度：＋52.5°）

七、技能训练题

现需要测定某橙汁饮料的糖度，请设计实验对该饮料糖度测定。

模块小结

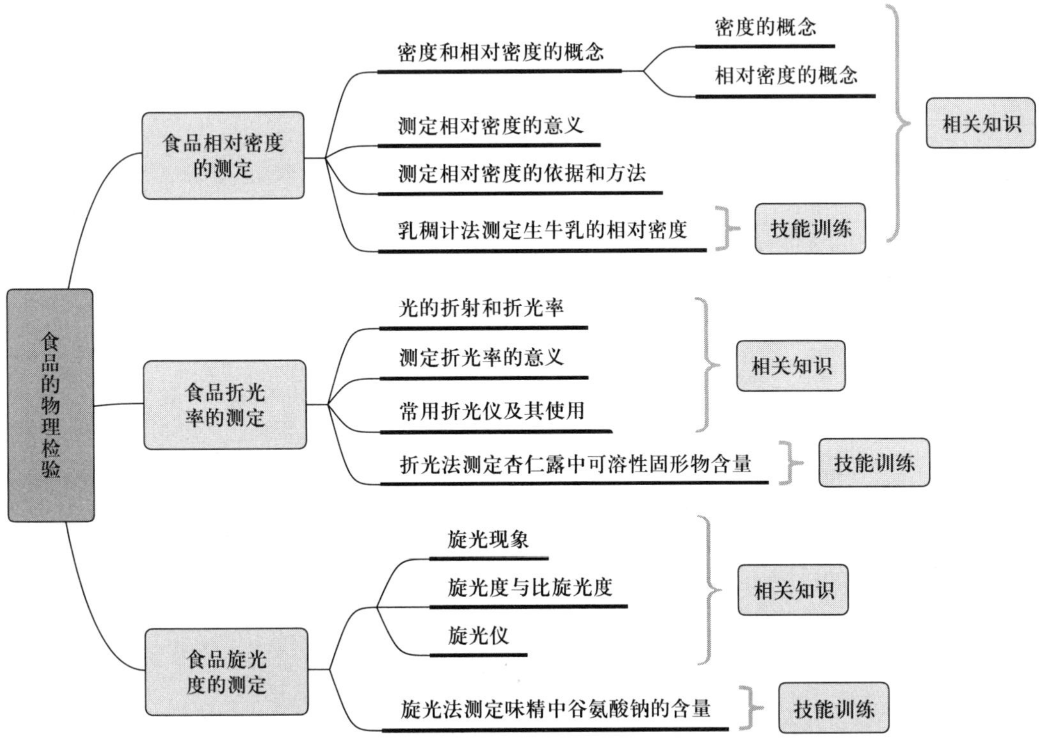

食品物性分析

思考与练习

模块三
食品中一般营养成分的测定

模块介绍

食品中一般营养成分的分析包括常见的七大营养素以及食品营养标签所注明的所有项目的检测。食品中营养成分的分析是食品理化分析的主要内容及经常性项目。

本模块要求学生依据食品安全国家标准，利用现有工作条件，完成给定食品的水分含量的测定、食品中灰分的测定、食品中酸度的测定、食品中脂类的测定、食品中糖类物质的测定、食品中蛋白质和氨基酸的测定、食品中维生素的测定，同时分析测定结果，完成检验报告，提交任务工作单。

本模块注重培养学生的家国意识，社会责任意识，法治意识，敬业精神和工匠精神。强化对学生不畏困难的工匠精神的培养，让学生认识到掌握食品中营养成分检测技术的重要性，引导学生立鸿鹄志，做奋斗者，激发学生守护"舌尖安全"的自觉性和主动性。

项目一　食品中水分的测定

【学习目标】

知识目标

1. 了解食品中水分含量测定的意义。
2. 理解食品中水分的存在形式。
3. 掌握常见的水分含量测定方法的基本原理和操作方法。

技能目标

1. 会解读食品中水分测定的国家标准。
2. 会使用和维护干燥恒重操作装置。
3. 掌握直接干燥法测定食品中水分的操作技能。

思政目标

1. 培养学生善于钻研、不畏困难的工匠精神。

2. 激发学生守护“舌尖安全”的自觉性和主动性。

【项目概述】

本项目包含3项相关知识和1项技能训练。相关知识包括测定水分含量的意义、食品中水分的存在形式、食品中水分测定的方法;技能训练为面粉中水分含量的测定。目的是培养学习者对食品中水分的测定有一个全面认识和理解,为今后从事食品中水分的测定工作奠定坚实的理论和实践基础。

【思维导图】

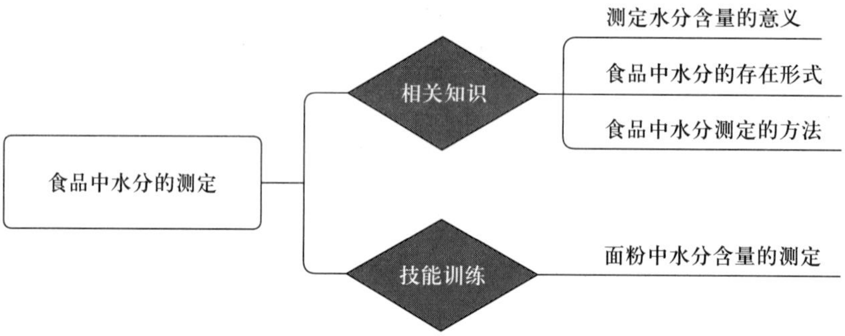

【相关知识】

一、测定水分含量的意义

水是生命活动不可缺少的物质之一,也是食品中的重要组成成分之一。食品中水的含量、分布和存在状态与食品的质地、外观、风味、结构、新鲜程度及商品价值等许多方面都有着极为重要的关系。只有将水分含量检测作为食品分析中的重要指标,才能控制食品中的水分含量,保持食品良好的感官性质,维持食品中各个组分的平衡关系,保证食品的稳定性。

食品中的水分含量是食品分析的重要检测项目,因为食品中的水分是引起食品化学性及生物性变质的重要原因之一,直接关系到食品的储藏特性。水是食品生产中的重要原料之一,食品加工用水的水质直接影响食品品质和加工工艺。此外,测定生产原料中的水分含量,对于加工原料的品质和保存、生产成本的核算、质量监督管理、提高经济效益等均有重大意义。如水果硬糖为了避免出现反砂和返潮现象,其水分应控制在3.0%;新鲜面包为了避免出现外观形态干瘪无光泽,其水分含量应控制在不低于28%;面粉水分含量控制在12%~14%,乳粉水分含量控制在2.5%~3.0%,可抑制微生物的生长繁殖,延长保存期。

二、食品中水分的存在形式

食品中的水分主要以自由水和结合水两种形式存在。

自由水又称游离水、非结合水,是指组织、细胞中容易结冰也能溶解溶质的这一部分水,如润湿水分、渗透水分、毛细管水分等。此类水分和组织结合松散,相对容易从样品中分离。在食品检测中所说的水分含量主要是自由水。

结合水又称束缚水、吸附水、结晶水,大部分的结合水以氢键的形式与蛋白质、碳水化合物等有机物的活性基团(—OH、═NH、—NH_2、—COOH、—$CONH_2$)相结合。此类水分不易结冰(冰点为－40 ℃),不能作为溶剂,较难从食品中分离出去,如果将其强行除去,会使食品质量发生变化,影响分析结果。假如在水分测定中不加限制地延长加热干燥时间,样品分子间的氢键会发生一定的化学变化,释放结合水,影响测定结果。因此在测定水分含量时,必须遵循一定的温度、时间和操作条件。

三、食品中水分测定的方法

食品中水分含量的测定方法有很多,通常可以分为两大类:直接法和间接法。

直接法是利用水分本身的物理化学性质来测定水分含量的方法,如直接干燥法、减压干燥法、蒸馏法和卡尔·费休法;间接法是利用食品的某些物理性质,如相对密度、折光率、电导率、介电常数等,与水分含量之间存在的函数关系来确定水分含量,一般不从试样中除去水分。直接法的准确度高于间接法。

目前,参照《食品安全国家标准 食品中水分的测定》(GB 5009.3—2016),食品中水分的测定方法有直接干燥法、减压干燥法、蒸馏法、卡尔·费休法。第一种直接干燥法,适用于在101～105 ℃条件下,蔬菜、谷物及其制品、水产品、豆制品、乳制品、肉制品、卤菜制品、粮食(水分含量<18%)、油料(水分含量<13%)、淀粉及茶叶类等食品中水分的测定;不适用于水分含量小于0.5 g/100 g的样品。第二种减压干燥法,适用于高温易分解的样品及水分较多的样品(如糖,味精等食品)中水分的测定;不适用于添加了其他原料的糖果(如奶糖、软糖等食品)中水分的测定,不适用于水分含量小于0.5 g/100 g的样品(糖和味精除外)。第三种蒸馏法,适用于含水较多又有较多挥发性成分的水果、香辛料及调味品、肉、肉制品等食品中水分的测定,不适用于水分含量小于1 g/100 g的样品。第四种卡尔·费休法,适用于食品中含微量水分的测定,不适用于含有氧化剂、还原剂、碱性氧化剂、氢氧化物、碳酸盐、硼酸等食品中水分的测定。卡尔·费休法适用于水分含量大于1.0×10^{-3} g/100 g的样品。

(一)直接干燥法

1. 测定原理

利用食品中水分的物理性质,在101.3 kPa,温度101～105 ℃时,采用挥发方法测定样品中干燥减失的重量,包括吸湿水、部分结晶水和该条件下能挥发的物质,再通过干燥前后的称量数值计算出水分的含量。

2. 试剂和材料

(1)盐酸(HCl)　分析纯。

(2)氢氧化钠(NaOH)　分析纯。

(3)海砂　配制盐酸溶液(6 mol/L):量取50 mL盐酸,加水稀释至100 mL。配制氢氧化钠溶液(6 mol/L):称取24 g氢氧化钠,加水溶解并稀释至100 mL。

海砂的制备:用水洗去泥土的海砂或河沙,先用盐酸(6 mol/L)煮沸0.5 h,用水洗至中性,再用氢氧化钠(6 mol/L)煮沸0.5 h,用水洗至中性,经105 ℃干燥备用。

3. 仪器和设备

(1)天平　感量为0.1 mg。

(2)干燥器　内附有效干燥剂。

(3)电热恒温　干燥箱。

(4)扁形铝制或玻璃制称量瓶。

4. 分析步骤

(1)固体试样的测定

①试样的制备。混合均匀的固态样品必须要磨碎至颗粒小于 2 mm 后混匀；不易研磨的样品应尽可能切碎。制备样品过程中动作要迅速，以防止样品在磨碎过程中水分含量的变化。制备好的样品保存于干燥洁净的磨口瓶中备用。

②称量瓶的准备。取洁净铝制或玻璃制的扁形称量瓶，置于 101～105 ℃干燥箱中，瓶盖斜支于瓶边，加热 1 h，取出盖好，置于干燥器内冷却 0.5 h，称量，并重复干燥至前后两次质量差不超过 2.0 mg，即为恒重。

③试样的测定。称取 2～10 g 试样(精确至 0.000 1 g)，放入干燥至恒重的称量瓶中，称量瓶中试样厚度不超过 5 mm，如为疏松的试样，称量瓶中试样厚度不超过 10 mm，加盖，精密称量后，置 101～105 ℃干燥箱中，瓶盖斜支于瓶边，干燥 2～4 h 后，盖好取出，放入干燥器内冷却 0.5 h 后称量。然后再放入 101～105 ℃干燥箱中干燥 1 h 左右，取出，放入干燥器内冷却 0.5 h 后再称量。重复以上操作至前后两次质量差不超过 2 mg，即为恒重。特别注意的是两次恒重值在最后计算中取质量较小的一次称量值来计算。

(2)半固体或液体试样的测定

①试样的制备。称取 5～10 g 试样(精确至 0.000 1 g)，置于称量瓶中，用小玻棒搅匀放在沸水浴上蒸干，并随时搅拌。

②称量瓶的准备。取洁净的称量瓶，内加 10 g 海砂(实验过程中可根据需要适当增加海砂的质量)及一根小玻璃棒，置于 101～105 ℃干燥箱中，干燥 1 h 后取出，放入干燥器内冷却 0.5 h 后称量，并重复干燥至恒重。

③试样的测定。将在沸水浴上蒸干的样品拿出，擦去称量瓶底部的水滴后，置于 101～105 ℃干燥箱中干燥 4 h 后盖好取出，放入干燥器内冷却 0.5 h 后称量。然后再放入 101～105 ℃干燥箱中干燥 1 h 左右，取出，放入干燥器内冷却 0.5 h 后再称量。重复以上操作至前后两次质量差不超过 2 mg，即为恒重。

5. 分析结果的表述

试样中水分含量的计算，按照式 3-1 进行：

$$X=\frac{m_1-m_2}{m_1-m_0}\times 100 \qquad (式 3\text{-}1)$$

式中：X——试样中水分含量，g/100 g；

m_1——干燥前称量瓶(加海砂、玻璃棒)和样品质量，g；

m_2——干燥后称量瓶(加海砂、玻璃棒)与样品质量，g；

m_0——称量瓶(加海砂、玻璃棒)的质量，g；

100——单位换算系数。

水分含量≥1 g/100 g 时，计算结果保留 3 位有效数字；水分含量＜1 g/100 g 时，计算结果保留两位有效数字。

实验精密度：在重复性条件下获得的两次独立测定结果的绝对差值不得超过算术平均值的 10％。

6. 技术提示(注意事项)

(1)直接干燥法为食品中水分的测定标准中的第一个方法，适用于不含或含其他挥发性物质甚微的谷物及其制品、水产品、豆制品、乳制品、肉制品及卤菜制品等食品中水分的测定，不适用于水分含量小于 0.5 g/100 g 的样品。

(2)测定时称样量一般控制在其干燥后的残留物质量在 1.5～3 g 为宜。当样品为水分含量较低的固态、浓稠态食品时，称样数量控制在 3～5 g，而对于水分含量较高的果汁、牛乳等液态食品，通常控制在 15～20 g 为宜。

(3)称量瓶一般分为玻璃称量瓶和铝质称量盒两种。玻璃称量瓶能耐酸碱，不受样品性质的限制，故常用于干燥法。铝质称量盒质量轻，导热性强，但对酸性食品不适宜，常用于减压干燥法。称量瓶规格的选择，以样品置于其中平铺后，厚度不超过瓶高的 1/3 为宜。

(4)对于各种形式的电热烘箱，一般使用强力循环通风式，其优点为风量较大，烘干大量试样时效率高，缺点为质量较轻的试样有时会被循环风吹散，若仅作测定水分含量用，最好采用风量可调节的烘箱。

(5)浓稠态样品直接加热干燥，其表面容易结硬壳焦化，内部水分蒸发受阻，在干燥测量前加入精制海砂搅拌均匀，可以防止食品结块，同时增大试样受热和蒸发面积，加速水分蒸发，缩短分析时间。

(二)减压干燥法

1. 测定原理

利用食品中水分的物理性质，在压力达到 40～53 kPa 后加热至(60±5)℃，采用减压烘干法去除试样中的水分，再通过烘干前后的称量数值计算出水分的含量。

2. 仪器和设备

(1)天平　感量为 0.1 mg。

(2)干燥器　内附有效干燥剂。

(3)真空干燥箱　一般包含干燥瓶、真空泵、安全瓶等附属设备。

(4)扁形铝制或玻璃制称量瓶。

3. 分析步骤

(1)试样的制备　粉末和结晶试样直接称取；较大块硬糖经研钵粉碎，混匀。制备好的样品保存于干燥洁净的磨口瓶中备用。

(2)称量瓶的准备　取洁净铝制或玻璃制的扁形称量瓶，置于 101～105 ℃干燥箱中，瓶盖斜支于瓶边，加热 1～2 h，取出盖好，置于干燥器内冷却 0.5 h，称量(精确到 0.1 mg)，并重复干燥至前后两次质量差不超过 2 mg，即为恒重。

(3)试样的测定　准确称取 2～10 g(精确至 0.000 1 g)试样，置于已烘干至恒重的称量瓶中，放入真空干燥烘箱内。将真空干燥箱连接真空泵，抽出真空干燥箱内空气至所需压力(一般 40～53.3 kPa)，并同时加热至所需温度(60±5)℃。关闭真空泵上的活塞，停止抽气，使真空干燥箱内保持一定的温度和压力。4 h 后打开活塞，使空气经干燥装置缓慢进入真空干燥箱内，待压力恢复正常后，再打开真空干燥箱取出称量瓶，放入干燥器中冷却 0.5 h 后称量。重复以上操作至前后两次质量差不超过 2 mg，即为恒重。

4. 分析结果的表述

试样中水分含量的计算按照直接干燥法中的式 3-1 计算。

5. 技术提示

(1)本方法适用于高温易分解的样品及水分较多的样品中水分的测定,如糖、味精等食品;不适用于添加了其他原料的糖果中水分的测定,如奶糖、软糖等食品,不适用于水分含量小于0.5 g/100 g 样品的测定,糖和味精除外。

(2)减压干燥时,真空烘箱内部压力降至规定真空度时,开始计算烘干时间,一般每次烘干时间为 2 h,但有的样品需 5 h;恒重一般以减量不超过 0.5 mg 时为标准,但对受热后易分解的样品则可以不超过 1~3 mg 的减量值为恒重标准。

(3)称量瓶首次使用求出恒重后。以后使用时,通常采用前一次的恒重值。试样为谷粒时,按照规定可重复使用 20~30 次,恒重值不变。

(三)蒸馏法

蒸馏法是采用专门的水分蒸馏器,将食品中的水分与比水轻同水互不相溶的溶剂如甲苯、无水汽油等有机溶剂共同蒸出,冷凝并收集馏液,由于密度不同,馏出液在接收管中分层,根据馏出液中水的体积,计算样品中水分含量。

1. 测定原理

利用食品中水分的物理化学性质,使用水分测定器将食品中的水分与甲苯或二甲苯共同蒸出,根据接收水的体积计算出试样中水分的含量。

2. 试剂和材料

(1)甲苯(C_7H_8) 分析纯。

(2)二甲苯(C_8H_{10}) 分析纯。

取甲苯或二甲苯,先以水饱和后,分去水层,进行蒸馏,收集馏出液备用。

3. 仪器和设备

(1)天平 感量为 0.1 mg。

(2)水分测定器 如图 3-1 所示(带可调电热套)。水分接收管容量 5 mL,最小刻度值 0.1 mL,容量误差小于 0.1 mL。

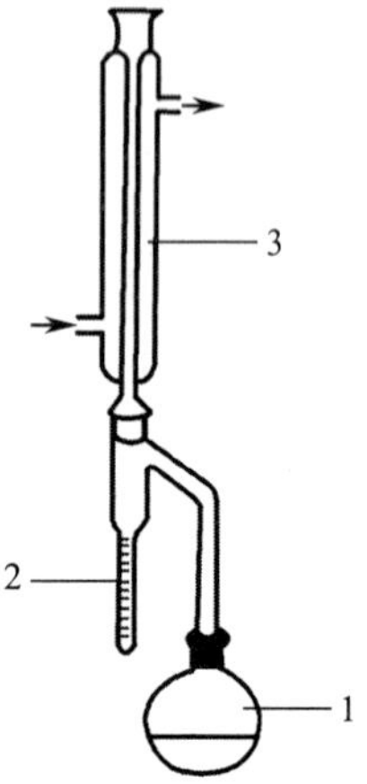

图 3-1 水分测定器

1. 250 mL 蒸馏瓶;
2. 水分接收管,有刻度;
3. 冷凝管

4. 分析步骤

(1)试样的制备 将准确称取的适量试样,放入水分测定器的 250 mL 蒸馏瓶中,再向 250 mL 蒸馏瓶中加入新蒸馏的甲苯或二甲苯 75 mL,具体加入量应以浸没样品为宜,连接冷凝管与水分接收管,从冷凝管顶端注入甲苯或二甲苯,装满水分接收管。特别要注意的是,加入的试样应使最终蒸出的水分在 2~5 mL,同时最多取样量不得超过 250 mL,即蒸馏瓶体积的 2/3。

(2)试样的测定 用可调电热套加热 250 mL 蒸馏瓶,慢慢蒸馏试样,调节电热套使每秒钟的馏出液为 2 滴;待大部分水分蒸馏出后,调节电热套加速蒸馏,每秒钟约 4 滴馏出液;当水分全部蒸出后,接收管内水分体积不再增加时,从冷凝管顶端注入少许甲苯或二甲苯冲洗内壁。如发现冷凝管壁或接收管上部附有水滴,可用附有小橡皮头的铜丝擦拭,再蒸馏片刻,直至接收管上部及冷凝管内壁无水滴附着,接收管水平面保持 10 min 不变为蒸馏终点,读取接收管水层的容积。

5. 分析结果的表述

试样中水分含量的计算，按照式 3-2 进行：

$$X=\frac{V-V_0}{m}\times 100 \qquad (式 3-2)$$

式中：X——试样中水分含量，单位为 mL/100 g(或者按水在 20 ℃的相对密度 0.998 2 g/mL 计算质量)；

V——接收管内水的体积，mL；

V_0——做试剂空白时接收管内水的体积，mL；

m——试样的质量，g；

100——单位换算系数。

以重复性条件下，获得的两次独立测定结果的算术平均值表示，结果保留 3 位有效数字。

实验精密度：在重复性条件下，获得的两次独立测定结果的绝对差值不得超过算术平均值的 10%。

6. 技术提示

(1)蒸馏法适用于含水较多又有较多挥发性成分的水果、香辛料及调味品、肉、肉制品等食品中水分的测定；不适用于水分含量小于 1 g/100 g 的样品。

(2)所用甲苯或二甲苯必须无水。可将甲苯或二甲苯经过氯化钙或无水硫酸钠浸泡除水后，过滤蒸馏，弃去最初馏液，收集澄清透明溶液即为无水甲苯或二甲苯。

(3)为避免接收器和冷凝管内壁附着水珠，仪器必须洗涤干净，使用前烘干。

(4)加热前应放入沸石　加热前期应缓慢升温，正确使用冷凝管；加热过程中温度不宜太高，温度太高时冷凝管上端有蒸气冒出，水汽难以全部回收。加热过程中要严防有机溶剂泄露，否则遇到明火有燃烧或爆炸的危险。

(5)不同类型的食品应选用不同的有机溶剂进行蒸馏　一般来说，香辛料用甲苯作蒸馏剂来测定，辣椒类、葱类、大蒜和其他含大量糖的香辛料可用己烷作蒸馏剂来测定水分含量；奶酪的含水量用正戊醇-二甲苯(129～134 ℃)1+1 混合溶剂来测定。对于香辛料，蒸馏法是目前唯一公认的水分含量测定的标准分析方法。

(6)样品为粉状或半流体时，先将瓶底铺满干燥洁净的海砂，再加入样品及甲苯或二甲苯，加速蒸馏。

(四)卡尔·费休法

卡尔·费休法，又称为费休法或 K-F 法，属于碘量法，是测定水分最为专一、也是测定水分最为准确的化学方法。

1. 测定原理

碘能与水和二氧化硫发生化学反应，在有吡啶和甲醇共存时，1 mol 碘只与 1 mol 水作用，反应式如下：

$$C_5H_5N\cdot I_2+C_5H_5N\cdot SO_2+H_2O+C_5H_5N+CH_3OH\longrightarrow 2C_5H_5N\cdot HI+C_5H_6N[SO_4CH_3]$$

卡尔·费休水分测定法又分为库仑法和滴定法。其中滴定法测定的碘是作为滴定剂加入的，滴定计中碘的浓度是已知的，根据消耗滴定剂的体积，计算消耗碘的量，从而计量出被测物质水的含量。

首先发生氧化还原反应，利用 I_2 氧化 SO_2 时需要有水参与反应：

$$I_2+SO_2+2H_2O \rightleftharpoons H_2SO_4+2HI$$

在此反应中，当生成物 H_2SO_4 浓度＞0.05 % 时，即发生可逆反应。实验证明，为了保证反应顺利向右进行；可在体系中应加入适量的碱性物质吡啶，以中和生成的酸。

$$I_2+SO_2+2H_2O+3C_5H_5N \longrightarrow 2C_5H_5NHI+C_5H_5NSO_3$$

硫酸酐吡啶很不稳定，与水发生副反应，形成干扰。若有甲醇存在，则可生成稳定的化合物甲基硫酸氢吡啶。这就可以使测定水的反应能够定量完成。由此可见，滴定操作所用的标准溶液是含有 I_2、SO_2、C_5H_5N 及 CH_3OH 的混合溶液，此溶液称为费休试剂。

滴定操作中可用库仑法和滴定法两种方法确定终点。库仑法是利用试剂本身所含的碘作为指示剂，用费休试剂滴定样品达到化学计量点时，再过量 1 滴费休试剂中的游离碘会使体系呈现浅黄甚至浅棕黄色，此时为滴定终点，适用于含有 1%以上水分的样品。滴定法也为双指示电极电流滴定法或永停滴定法。将两枚相似的微铂电极插在被滴样品溶液中，给两电极间施加 10～25 mV 电压，在开始滴定直至化学计量点前，因体系中只存留碘化物而无游离碘，电极间的极化作用使外电路中无电流通过（即微安表指针始终不动）；而过量 1 滴费休试剂滴入样品体系后，出现游离碘，使体系变为去极化，溶液开始导电，外电路有电流通过，微安表指针偏转至一定刻度并稳定不变，可视为滴定终点，此方法适用于测定深色样品及微量、痕量水分。

2. 试剂和材料

(1)卡尔・费休试剂。

(2)无水甲醇(CH_4O)　优级纯。

3. 仪器和设备

(1)天平　感量为 0.1 mg。

(2)卡尔・费休水分测定仪（主要部件包括自动注入式滴定管、磁力搅拌器、滴定杯和电位测定装置）。

4. 分析步骤

(1)试样的制备　可粉碎的固体样品要尽量粉碎，使之均匀。不易粉碎的样品可切碎。

(2)卡尔・费休试剂的标定（滴定法）　在反应瓶中加一定体积（浸没铂电极）的甲醇，搅拌，用卡尔・费休试剂滴定至终点。加入 10 mg 水（精确至 0.000 1 g），滴定至终点，并记录卡尔・费休试剂的用量(V)。卡尔・费休试剂的滴定度按式 3-3 计算：

$$T=\frac{m}{V} \qquad (式 3\text{-}3)$$

式中：T——卡尔・费休试剂的滴定度，mg/mL；

m——水的质量，g；

V——滴定水消耗的卡尔・费休试剂的用量，mL。

(3)试样的测定　于反应瓶中加一定体积的甲醇或卡尔・费休测定仪中规定的溶剂，浸没铂电极，搅拌，用卡尔・费休试剂滴定至终点。迅速将易溶于甲醇或卡尔・费休测定仪中规定的溶剂试样直接加入滴定杯中；对于不易溶解的试样，应采用对滴定杯进行加热或加入已测定水分的其他溶剂辅助溶解后，用卡尔·费休试剂滴定至终点。建议采用滴定法测定时，试样中的含水量应大于 100 μg。对于滴定时，平衡时间较长且引起漂移的试样，需要扣除其漂移量。

(4)漂移量的测定　在滴定杯中加入与测定样品一致的溶剂，并滴定至终点；放置不少于 10 min 后再滴定至终点，两次滴定的单位时间内的体积变化即为漂移量(D)。

5. 分析结果的表述

固体试样中水分含量的计算，按照式 3-4 进行：

$$X=\frac{(V_1-D\times t)\times T}{m}\times 100 \qquad (式 3\text{-}4)$$

液体试样中水分含量的计算，按照式 3-5 进行：

$$X=\frac{(V_1-D\times t)\times T}{V_2\rho}\times 100 \qquad (式 3\text{-}5)$$

式中：X——试样中水分含量，g/100 g；

V_1——滴定样品时卡尔·费休试剂体积，mL；

D——漂移量，mL/min；

t——滴定时所消耗的时间，min；

T——卡尔·费休试剂的滴定度，g/mL；

m ——样品的质量，g；

100——单位换算系数。

V_2——液体样品体积，mL；

ρ——液体样品的密度，g/mL。

水分含量≥1 g/100 g 时，计算结果保留 3 位有效数字；水分含量<1 g/100 g 时，计算结果保留两位有效数字。

实验精密度：在重复性条件下，获得的两次独立测定结果的绝对差值不得超过算术平均值的 10%。

6. 技术提示

(1)卡尔·费休法适用于食品中含微量水分的测定；不适用于含有氧化剂、还原剂、碱性氧化剂、氢氧化物、碳酸盐、硼酸等食品中水分的测定。卡尔·费休法适用于水分含量大于 1.0×10^{-3} g/100 g 的样品。

(2)样品粒度以能通过 40～50 目筛为好。样品处理过程中为防止水分损失，最好用破碎机代替研磨机。

(3)购买的或配制好的卡尔·费休试剂应避光、密封，置于阴凉干燥处保存。

(4)滴定操作过程中，加试剂的间隔时间应尽可能短。滴定时间较长的试样，需要扣除其漂移量。

【技能训练】

面粉中水分含量的测定

任务导入

小麦粉中水分含量高，对储存不利，易发热、发霉、变质、生虫，生产中应当严格执行国家标准，认真做好面粉中水分含量的测定，保证面粉质量安全。

任务描述

查阅《食品安全国家标准　食品中水分的测定》(GB 5009.3—2016)、《粮油检验　一般规则》(GB/T 5490—2010)、《小麦粉》(GB/T 1355—1986)等国家标准以及干燥箱、分析天平及干燥器等仪器设备的操作规范手册，制订检验流程并实施，评价面粉中水分含量是否符合要求。

任务准备

通过标准的解读，将直接干燥法测定面粉中水分含量所需仪器设备的名称、规格、数量记录于表 3-1 中。

表 3-1　所需仪器设备表

序号	仪器名称	规格
1	分析天平	感量为 0.1 mg
2	干燥器	
3	…	

任务实施

一、实施流程

称量瓶烘干至恒重 → 样品的制备 → 样品的称量，记录 → 干燥 → 冷却 → 称量 → 重复干燥、冷却，称量操作，直至恒重

二、操作要点

从干燥器中取出烘干至恒重并冷却的称量瓶，记下瓶盖与瓶子的编号，实验过程中瓶盖与瓶身不能弄混。用同一台天平称取空称量瓶的质量 m_0。直接在称量瓶中准确称取样品 2～10 g(精确至 0.000 1 g)，切记小心缓慢少量称取，使样品均匀平摊在称量瓶底部，记录干燥前总质量 m_1。将称量瓶置烘箱第一格中间位置，瓶盖打开斜支于瓶体，101～105 ℃，烘干 2～4 h。盖好称量瓶的盖子，用纸带取出称量瓶，置于干燥器中冷却 0.5 h 至室温。称量，记录干燥后总重量。再放入 101～105 ℃烘箱中干燥 1 h 左右，取出，放入干燥器中冷却 0.5 h 后再称量。如此重复，至前后两次质量差不超过 2 mg 为恒重 m_2。

三、分析结果的表述

面粉中水分含量的计算，按照式 3-6 进行：

$$X=\frac{m_1-m_2}{m_1-m_0}\times 100 \qquad \text{(式 3-6)}$$

式中：X——面粉中水分含量，g/100 g；

m_1——干燥前称量瓶和面粉质量，g；

m_2——干燥后称量瓶与面粉质量，g；

m_0——称量瓶的质量，g；

100——单位换算系数。

水分含量≥1 g/100 g时，计算结果保留3位有效数字；水分含量<1 g/100 g时，计算结果保留两位有效数字。

四、数据记录及处理

数据记录参考表3-2。

表3-2 面粉中的水分测定数据记录表

基本信息	样品名称		样品编号		
	检测项目		检测日期		
	检测依据		检测方法		
检测数据	样品编号	1	2	3	平均值
	烘干至恒重的称量瓶质量 m_0				
	干燥前称量瓶与样品的总质量 m_1				
	干燥后称量瓶与样品的总质量 m_2				
	测量值/%				
	平均值/%				
结果计算	计算公式				
结果讨论	面粉中水分的含量为______________。 根据标准判断是否符合要求____________。				

五、技术提示

(1)干燥恒重的称量瓶要用纸带拿取。

(2)在测定过程中，称量瓶从烘箱中取出后，应迅速放入干燥器中进行冷却，否则不易达到恒重。

(3)面粉较为疏松，在称量瓶中厚度不能超过10 mm。

任务评价

按表3-3检查工作任务的完成情况。

表3-3 工作任务评价表

序号	任务实施步骤	工作内容	技能标准	分值
1	制订工作方案	查阅相关标准，制订面粉中水分测定的实施方案	(1)正确选用标准 (2)方案制订合理	10
2	试剂与仪器	分析天平与干燥箱的调试与检查，干燥剂的检查及处理，称量瓶的准备	(1)所需的所有试剂与仪器设备 (2)干燥条件选择正确，称量瓶洁净干燥至恒重	10

续表 3-3

序号	任务实施步骤	工作内容	技能标准	分值
3	样品制备	将样品混匀，过筛 20～40 目	样品混合均匀	10
4	称量样品	从干燥器中取出事先烘干至恒重的称量瓶，记录编号，称取空瓶的质量 m_0，准确称取样品 2～10 g(精确至 0.000 1 g)，样品均匀平摊于称量瓶内，记录干燥前总质量 m_1	(1)掌握 1～2 种称量方法 (2)能按残留量要求正确计算所需称量样品量	10
5	样品测定	称量瓶瓶盖打开斜支于瓶体，101～105 ℃，干燥 2～4 h。盖好取出称量瓶，置干燥器中冷却 0.5 h 至室温。称量，记录总质量。重复干燥 1 h，冷却，称量。重复操作，至恒重 m_2	(1)能解决干燥过程中出现的一般问题 (2)能正确判断样品干燥至恒重	30
6	结果分析	面粉中水分的计算	(1)能利用计算公式正确计算 (2)能正确保留有效数字	10
7	工作单	(1)课前准备内容 (2)任务实施过程记录 (3)结果分析与讨论	(1)能查阅相关标准并回答问题 (2)能够对操作过程进行记录与分析 (3)对所完成任务归纳、分析及总结	20

任务检测

一、名词解释

蒸馏法　减压干燥法　卡尔·费休法

二、填空题

1. 采用二次干燥法测定食品中的水分的样品，水分含量应达到______________。
2. 直接干燥法，不适用于水分含量小于______________________的样品。
3. 卡尔·费休库伦法适用于水分含量__________(大于或小于)1.0×10^{-5} g/100 g 的样品。
4. 水分测定器主要包括________、________、________三部分。
5. 蒸馏法测定水分时，水分接收管下层的为__________。

三、选择题

1. 哪类样品在干燥之前，应加入精制海砂(　　)。

   A. 固体样品　　B. 液体样品

   C. 浓稠态样品　　D. 气态样品

2. 减压干燥装置中，真空泵和真空烘箱之间连接装有硅胶、苛性钠干燥其目的是(　　)。

   A. 用苛性钠吸收酸性气体，用硅胶吸收水分

   B. 用硅胶吸收酸性气体，苛性钠吸收水分

   C. 可确定干燥情况

   D. 可使干燥箱快速冷却

3. 可直接将样品放入烘箱中进行常压干燥的样品是(　　)。

   A. 乳粉　　B. 冰糖雪梨饮料　　C. 糖浆　　D. 酱油

4. 蒸馏法测定水分的实验中，常用的有机溶剂为(　　)。

A. 甲苯、二甲苯　　B. 四氯化碳、乙醚　　C. 氯仿、乙醇　　D. 乙醚、石油醚

5. 卡尔·费休法测定食品中水分时，下列哪些干扰测定(　　)。

A. 还原剂　　B. 氢氧化物　　C. 碳酸盐　　D. 以上都是

四、判断题

1. 在实验中观察到干燥器中硅胶的颜色为红色，说明干燥器可正常使用。(　　)

2. 在直接干燥的实验中，若为疏松的试样，称量瓶中试样厚度不超过 10 mm。(　　)

3. 蒸馏法操作时，为了快速完成实验，可以明火大火快速加热烧瓶。(　　)

4. 对于含有强还原性物质(如维生素 C)的样品不宜采用卡尔·费休法测定食品中水分。(　　)

5. 卡尔·费休法测定食品中水分时，对于不易溶解的试样，应采用对滴定杯进行加热或加入已测定水分的其他溶剂辅助溶解后用卡尔·费休试剂滴定至终点。(　　)

五、简答题

1. 为什么经加热干燥的铝盒要迅速放入干燥器内？为什么要冷却后再称量？

2. 减压干燥法测定食品的适用范围有哪些？

3. 蒸馏法与干燥法最大的差别为哪些？

4. 简述卡尔·费休法测定食品中水分的原理。

六、计算题

某工厂检验员要测定某种奶粉的水分含量，用干燥恒重为 22.360 8 g 的称量瓶称取样品 2.672 0 g，置于 100 ℃的恒温箱中干燥 3 h 后，置于干燥器内冷却称重为 24.805 3 g；重新置于 100 ℃的恒温箱中干燥 2 h，完毕后取出置于干燥器冷却后称重为 24.762 8 g；再置于 100 ℃的恒温箱中干燥 2 h，完毕后取出置于干燥器冷却后称重为 24.763 5 g。问被测定的奶粉水分含量为多少？

七、技能训练题

随着生活节奏的加快，方便面已经是人们生活中常见的快餐食品。制作方便面企业为了供给老百姓合格的方便面，在抽检过程中怀疑一批方便面不合格，不合格的主要原因是方便面中的水分含量超标。请设计实验验证方便面水分是否超标。

项目二　食品中灰分的测定

【学习目标】

灰分的测定

知识目标

1. 了解食品灰分相关概念。
2. 理解食品中灰分的测定内容。
3. 掌握食品中灰分的测定方法。

技能目标

1. 会解读食品中灰分测定的国家标准。
2. 会使用和维护测定灰分的操作装置。
3. 能掌握食品中灰分测定的操作技能。

思政目标

1. 培养学生在检测技术上的创新意识，提高对专业学习的能力。
2. 培养学生家国意识，树立人人争当食品安全小卫士的社会责任感。

【项目概述】

本项目包含 4 项相关知识和 1 项技能训练。相关知识包括食品中的灰分、灰分的测定内容、测定灰分的意义、灰分测定的方法。技能训练为芝麻酱中总灰分的测定。目的是培养学习者对食品中灰分的测定有一个全面认识和理解，为今后从事食品中灰分的测定工作奠定坚实的理论和实践基础。

【思维导图】

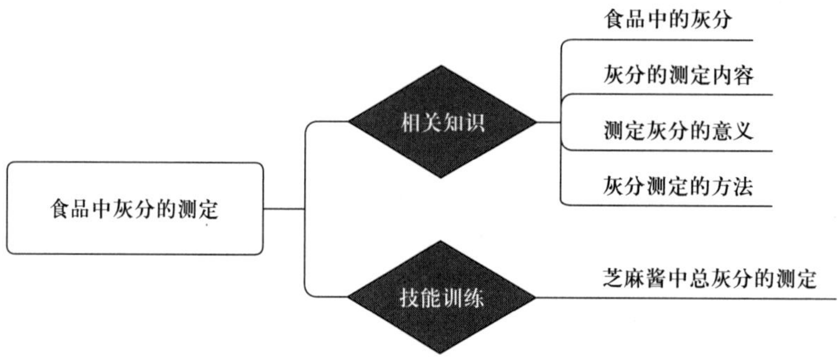

【相关知识】

一、食品中的灰分

食品经灼烧后所残留的残渣（主要为无机盐和氧化物），称为灰分。

食品中的灰分与其中存在的无机成分在数量和组成上并不完全相同，因为食品在灰化过程中，某些易挥发元素，如氯、碘、铅等挥发散失，或者如磷、硫等以含氧酸的形式挥发散失，这使测定的灰分中的无机成分与真实相比减少。同时某些金属氧化物会吸收有机物分解产生的二氧化碳而形成碳酸盐，使无机成分增多。

二、灰分的测定内容

一般来说，将食品经高温灼烧后的残留物称之为粗灰分或总灰分。食品的灰分按其溶解性还可以分为水溶性灰分、水不溶性灰分、酸不溶性灰分。水溶性灰分是一些可溶性碱金属或碱土金属的氧化物及盐类；水不溶性灰分多是灰尘、泥沙和铁、铝等氧化物及碱土金属的碱式磷酸盐；酸不溶性灰分则是水不溶性灰分中一些含硅的物质。

三、测定灰分的意义

测定灰分具有十分重要的意义。灰分是某些食品重要的质量控制指标，也是食品中常规的检测项目之一。

(1)食品中的灰分含量可以作为评判食品品质的重要依据。例如，生产面粉时，其加工精度可由灰分含量来表示，面粉的加工精度越高灰分含量越低，面粉等级越高。当灰分≤0.70%时，面粉为特制一等，特制二等粉的灰分≤0.85%。生产果胶、明胶等胶质食品时，灰分是这些制品胶冻性能的标志。

(2)食品中的灰分含量是评判食品营养价值的一项指标。总灰分含量代表食品中总的矿物质含量。灰分是食品成分全分析的项目之一，又是直接用于食品营养评估分析的一部分。

(3)测定食品灰分可以判断食品受污染的程度。不同的食品，因所用原料、加工方法及测定条件的不同，各种灰分的组成和含量也不相同，但当一种食品的各种条件确定后，其灰分会稳定在一定范围内。假如灰分含量超过了正常范围，则说明食品生产中出现了不合乎卫生标准要求的原料或食品添加剂，或食品在加工、贮运过程中受到了污染。

四、灰分测定的方法

参照《食品安全国家标准 食品中灰分的测定》(GB 5009.4—2016)，测定食品中的总灰分，水溶性灰分和水不溶性灰分、酸不溶性灰分。

(一)总灰分的测定——直接灰化法

1. 测定原理

食品经灼烧后所残留的无机物质称为灰分。灰分数值用灼烧、称重后计算得出。

2. 试剂和材料

(1)乙酸镁[$(CH_3COO)_2Mg \cdot 4H_2O$]。

(2)浓盐酸(HCl)。

乙酸镁溶液(80 g/L)：称取 8.0 g 乙酸镁加水溶解并定容至 100 mL，混匀。乙酸镁溶液(240 g/L)：称取 24.0 g 乙酸镁加水溶解并定容至 100 mL，混匀。10%盐酸溶液：量取 24 mL 分析纯浓盐酸用蒸馏水稀释至 100 mL。

3. 仪器设备

(1)高温炉　最高使用温度≥950 ℃。

(2)分析天平　感量为 0.1 mg、1 mg、0.1 g。

(3)石英坩埚或瓷坩埚。

(4)干燥器(内有干燥剂)。

(5)电热板。

(6)恒温水浴锅　控温精度±2 ℃。

4. 分析步骤

(1)坩埚预处理

①含磷量较高的食品和其他食品。取大小适宜的石英坩埚或瓷坩埚置高温炉中，在(550±25)℃下灼烧 30 min，冷却至 200 ℃左右，取出，放入干燥器中冷却 30 min，准确称量。重复灼烧至前后两次称量相差不超过 0.5 mg 为恒重。

②淀粉类食品。先用沸腾的稀盐酸洗涤，再用大量自来水洗涤，最后用蒸馏水冲洗。将洗净的坩埚置于高温炉内，在(900±25)℃下灼烧 30 min，并在干燥器内冷却至室温，称重，精确至 0.000 1 g。

(2)称量样品

①含磷较高的食品和其他食品。灰分大于或等于 10 g/100 g 的试样称取 2～3 g(精确至 0.000 1 g);灰分小于或等于 10 g/100 g 的试样称取 3～10 g(精确至 0.000 1 g,对于灰分含量更低的样品可适当增加称样量)。

②淀粉类食品。迅速称取样品 2～3 g(马铃薯淀粉、小麦淀粉以及大米淀粉至少称 5 g,玉米淀粉和木薯淀粉称 10 g),精确至 0.000 1 g,将样品均匀分布在坩埚内,不要压紧。

(3)样品测定

①含磷量较高的豆类及其制品、肉禽及其制品、蛋及其制品、水产及其制品、乳及乳制品。

称取试样后,加入 1.00 mL 乙酸镁溶液(240 g/L)或 3.00 mL 乙酸镁溶液(80 g/L),使试样完全润湿。放置 10 min 后,在水浴上将水分蒸干,在电热板上以小火加热使试样充分碳化至无烟,然后置于高温炉中,(550±25)℃下灼烧 4 h。冷却至 200 ℃左右,取出,放入干燥器中冷却 30 min。称量前如发现灼烧残渣有炭粒时,应向试样中滴入少许水湿润,使结块松散,蒸干水分再次灼烧至无炭粒,即表示灰化完全,方可称量。重复灼烧至前后两次称量相差不超过 0.5 mg 为恒重。

吸取 3 份与试样中相同浓度和体积的乙酸镁溶液。做 3 次试剂空白实验。当 3 次试验结果的标准偏差小于 0.003 g 时,取算术平均值作为空白值。若标准偏差大于或等于 0.003 g 时,应重新做空白值试验。

②淀粉类食品。将坩埚置于高温炉口或电热板上,半盖坩埚盖。小心加热使样品在通气情况下完全碳化至无烟,即刻将坩埚放入高温炉内,将温度升高至(900±25)℃,保持此温度直至剩余的碳全部消失为止,一般 1 h 可灰化完毕,冷却至 200 ℃左右,取出,放入干燥器中冷却 30 min,称量前如发现灼烧残渣有碳粒时,应向试样中滴入少量水湿润,使结块松散,蒸干水分再次灼烧至无碳粒,既表示灰化完全,方可称量。重复灼烧至前后两次称量相差不超过 0.5 mg 为恒重。

③其他食品。液体和半固体试样应先在沸水浴上蒸干。固体或蒸干后的试样,先在电热板上以小火加热,使试样充分碳化至无烟,然后置于高温炉中,(550±25)℃下灼烧 4 h。冷却至 200 ℃左右,取出,放入干燥器中冷却 30 min。称量前如发现灼烧残渣有碳粒时,应向试样中滴入少量水湿润,使结块松散,蒸干水分再次灼烧至无炭粒,既表示灰化完全,方可称量。重复灼烧至前后两次称量相差不超过 0.5 mg 为恒重。

5. 分析结果的表述

(1)以试样质量计

①试样中灰分的含量,加入乙酸镁溶液的试样,按照式 3-7 进行:

$$X_1=\frac{m_1-m_2-m_0}{m_3-m_2}\times 100 \quad \text{(式 3-7)}$$

式中:X_1——加了乙酸镁溶液试样中灰分的含量,g/100 g;

m_1——坩埚和灰分的质量,g;

m_2——坩埚的质量,g;

m_0——氧化镁(乙酸镁灼烧后生成物)的质量,g;

m_3——坩埚和试样的质量,g;

100——单位换算系数。

②试样中灰分的含量，未加入乙酸镁溶液的试样，按照式 3-8 进行：

$$X_2=\frac{m_1-m_2}{m_3-m_2}\times 100 \qquad \text{（式 3-8）}$$

式中：X_2——未加乙酸镁溶液试样中灰分的含量，g/100 g；

m_1——坩埚和灰分的质量，g；

m_2——坩埚的质量，g；

m_3——坩埚和试样的质量，g；

100——单位换算系数。

(2)以干物质计

①加了乙酸镁溶液的试样中灰分的含量，按照式 3-9 进行：

$$X_1=\frac{m_1-m_2-m_0}{(m_3-m_2)\times\omega}\times 100 \qquad \text{（式 3-9）}$$

式中：X_1——加了乙酸镁溶液试样中灰分的含量，g/100 g；

m_1——坩埚和灰分的质量，g；

m_2——坩埚的质量，g；

m_0——氧化镁（乙酸镁灼烧后生成物）的质量，g；

m_3——坩埚和试样的质量，g；

ω——试样干物质含量（质量分数），%；

100——单位换算系数。

②未加乙酸镁溶液的试样中灰分的含量，按照式 3-10 进行：

$$X_2=\frac{m_1-m_2}{(m_3-m_2)\times\omega}\times 100 \qquad \text{（式 3-10）}$$

式中：X_2——未加乙酸镁溶液的试样中灰分的含量，g/100 g；

m_1——坩埚和灰分的质量，g；

m_2——坩埚的质量，g；

m_3——坩埚和试样的质量，g；

ω——试样干物质含量（质量分数），%；

100——单位换算系数。

试样中灰分含量≥10 g/100 g 时，计算结果保留 3 位有效数字；灰分含量＜10 g/100 g 时，计算结果保留两位有效数字。

实验精密度：在重复性条件下获得的两次独立测定结果的绝对差值不得超过算术平均值的 5%。

6. 技术提示

(1)取样量　取样量根据待检样品的种类和性状，最终以灼烧后得到的灰分量为 10～100 mg 来决定。

(2)灰化容器　灰化容器包括素烧瓷坩埚、铂坩埚、石英坩埚等，个别情况下也可使用蒸发皿。素烧瓷坩埚最常用，内壁光滑，可耐高温（1 200 ℃），也可以耐稀酸，价格低廉，但耐碱性能较差。当灰化碱性食品（如水果、蔬菜、豆类等）时，瓷坩埚内壁的釉层会部分溶解，难以恒重。铂坩埚可耐高温（1 773 ℃），可以抗碱金属碳酸盐及氟化氢的腐蚀，导热性能好，吸湿性小，但价格昂贵。

（3）灰化温度　灰化温度过高，容易引起钾、钠、氯等元素的挥发损失，而且磷酸盐、硅酸盐类也会熔融，将碳粒包藏起来，使碳粒无法氧化；灰化温度过低，灰化速度较慢、时间长，不易灰化完全。

（4）灰化时间　一般以灼烧至灰分呈白色或浅灰色，无碳粒存在并达到恒重为止。通常根据经验灰化一定时间后，观察残灰的颜色，以确定第一次取出时间。但是有些样品，即使灰分完全，残灰也不一定呈白色或浅灰色，如铁含量高的食品，残灰呈褐色；锰、铜含量高的食品，残灰呈蓝绿色。

（5）对于难灰化的样品加速灰化的方法主要有改变操作方法、添加灰化助剂、添加过氧化镁、碳酸钙等惰性不熔物质　灰化助剂主要有硝酸、过氧化氢、碳酸铵等物质，在灼烧后完全消失，不致增加残留灰分的重量。注意惰性不熔物质与灰分混杂在一起，使碳微粒不被覆盖，应同时做空白试验。

（二）水溶性灰分和水不溶性灰分的测定

1. 原理

用热水提取总灰分，经无灰滤纸过滤、灼烧、称量残留物，测得水不溶性灰分，由总灰分和水不溶性灰分的质量之差，计算水溶性灰分。

2. 试剂和材料

GB/T 6682—2008《分析实验室用水规格和试验方法》规定的三级水。

3. 仪器和设备

（1）高温炉　最高温度≥950 ℃。

（2）分析天平　感量为 0.1 mg，1 mg，0.1 g。

（3）石英坩埚或瓷坩埚。

（4）干燥器（内有干燥剂）。

（5）无灰滤纸。

（6）恒温水浴锅　控温精度±2 ℃。

（7）漏斗。

（8）表面皿　直径 6 cm。

（9）烧杯（高型）　容量 100 mL。

4. 分析步骤

取测定总灰分所得的残留物，用约 25 mL 热蒸馏水分次将总灰分从坩埚中洗入 100 mL 烧杯中。盖上表面皿，用小火加热至微沸，防止溶液溅出。趁热用无灰滤纸过滤，并用热蒸馏水分次洗涤杯中残渣，直至滤液和洗涤体积约达 150 mL 为止。将滤纸连同残渣移入原坩埚内，放在沸水浴锅上小心蒸去水分，然后将坩埚烘干并移入高温炉内，（550±25）℃下灼烧至无碳粒（一般需 1 h）。待炉温降至 200 ℃时，放入干燥器内，冷却至室温，称重（准确至 0.000 1 g）。再放入高温炉内以（550±25）℃灼烧 30 min，如前冷却并称重。如此重复操作。直至连续两次称重之差不超过 0.5 mg 为止，记下最低质量。

5. 分析结果的表述

(1)以试样质量计

①试样中水不溶性灰分含量的计算,按照式 3-11 进行:

$$X_1=\frac{m_1-m_2}{m_3-m_2}\times 100 \qquad (式 3-11)$$

式中:X_1——水不溶性灰分的含量,g/100 g;

m_1——坩埚和水不溶性灰分的质量,g;

m_2——坩埚的质量,g;

m_3——坩埚和试样的质量,g;

100——单位换算系数。

②试样中水溶性灰分含量的计算,按照式 3-12 进行:

$$X_2=\frac{m_4-m_5}{m_0}\times 100 \qquad (式 3-12)$$

式中:X_2——水溶性灰分的质量,g/100 g;

m_0——试样的质量,g;

m_4——总灰分的质量,g;

m_5——水不溶性灰分的质量,g;

100——单位换算系数。

(2)以干物质计

①水不溶性灰分的含量,按照式 3-13 进行:

$$X_1=\frac{m_1-m_2}{(m_3-m_2)\times \omega}\times 100 \qquad (式 3-13)$$

式中:X_1——水不溶性灰分的含量,g/100 g;

m_1——坩埚和水不溶性灰分的质量,g;

m_2——坩埚的质量,g;

m_3——坩埚和试样的质量,g;

ω ——试样干物质含量(质量分数),%;

100——单位换算系数。

②试样中水溶性灰分含量的计算,按照式 3-14 进行:

$$X_2=\frac{m_4-m_5}{m_0\times \omega}\times 100 \qquad (式 3-14)$$

式中:X_2——水溶性灰分的质量,g/100 g;

m_0——试样的质量,g;

m_4——总灰分的质量,g;

m_5——水不溶性灰分的质量,g;

ω——试样干物质含量(质量分数),%;

100——单位换算系数。

试样中灰分含量≥10 g/100 g 时，计算结果保留 3 位有效数字；灰分含量＜10 g/100 g 时，计算结果保留两位有效数字。

实验精密度：在重复性条件下获得的两次独立测定结果的绝对差值不得超过算术平均值的 5%。

6. 技术提示

①对于液态的、取样量较大，加热易膨胀的样品及灰分含量低的样品，需选用稍大些的坩埚，或选用蒸发皿；但灰化容器过大会使称量误差增大。

②操作过程中特别要注意，样品经初步灼烧冷却后，从灰化容器边缘缓慢加入少量无离子水（不可直接洒在残灰上，以防残灰飞扬），使水溶性盐类溶解，将包裹的碳粒暴露出来，以便再次灰化。

③再次灰化时，应充分去除水分，以防加热沸腾使残灰飞散。

④从干燥器内取出坩埚时，因温度降低，内部形成真空，开盖恢复常压时，应注意使空气缓缓流入，以防残灰飞散。

（三）酸不溶性灰分和酸溶性灰分的测定

1. 原理

用盐酸溶液处理总灰分，过滤、灼烧、称量残留物。

2. 试剂和材料

（1）GB/T 6682—2008 规定的三级水。

（2）浓盐酸（HCl）。

10%盐酸溶液，24 mL 分析纯浓盐酸，用蒸馏水稀释至 100 mL。

3. 仪器和设备

见水溶性灰分和水不溶性灰分的测定。

4. 分析步骤

取测定总灰分所得的残留物，加入 25 mL 的 10%盐酸溶液，将总灰分分次洗入 100 mL 烧杯中。盖上表面皿，在沸水浴上小心加热，当溶液由浑浊变为透明时，继续加热 5 min。趁热用无灰滤纸过滤。用沸蒸馏水少量反复洗涤烧杯和滤纸上的残留物，直至中性（约 150 mL）。将滤纸连同残渣移入原坩埚内。在沸水浴上小心蒸去水分，移入高温炉内，以（550±25）℃灼烧至无碳粒，一般需 1 h。待炉温降至 200 ℃时，取出坩埚放入干燥器内。冷却至室温。称重（准确至 0.000 1 g）。再放入高温炉内以（550±25）℃灼烧 30 min。如前冷却并称重，直至连续两次称重，差值不超过 0.5 mg 为止，记下最低质量。

5. 分析结果的表述

（1）以试样质量计，酸不溶性灰分含量的计算，按照式 3-15 进行：

$$X_1=\frac{m_1-m_2}{m_3-m_2}\times 100 \qquad (式\ 3\text{-}15)$$

式中：X_1——酸不溶性灰分的含量，g/100 g；

m_1——坩埚和酸不溶性灰分的质量，g；

m_2——坩埚的质量，g；

m_3——坩埚和试样的质量，g；

100——单位换算系数。

(2)以干物质计，酸不溶性灰分含量的计算，按照式 3-16 进行：

$$X_1=\frac{m_1-m_2}{(m_3-m_2)\times\omega}\times 100 \quad (式 3\text{-}16)$$

式中：X_1——酸不溶性灰分的含量，g/100 g；

m_1——坩埚和酸不溶性灰分的质量，g；

m_2——坩埚的质量，g；

m_3——坩埚和试样的质量，g；

ω——试样干物质含量(质量分数)，%；

100——单位换算系数。

酸溶性灰分＝总灰分(%)－酸不溶性灰分(%)

灰分含量≥10 g/100 g 时，计算结果保留 3 位有效数字；灰分含量＜10 g/100 g 时，计算结果保留两位有效数字。

实验精密度：在重复性条件下获得的两次独立测定结果的绝对差值不得超过算术平均值的 5%。

6. 技术提示

①灼烧后的坩埚应冷却到 200 ℃以下再移入干燥器中。因热的对流作用，易造成残灰飞散，且冷却速度慢，冷却后干燥器内形成较多真空，盖子不易打开。

②灰化后所得残渣可留作 Ca、P、Fe 等成分的分析。

③用过的坩埚经初步洗刷后，可用粗盐酸或废盐酸浸泡 10～20 min，再用水冲刷洁净。

【技能训练】

芝麻酱中总灰分的测定

任务导入

合格的芝麻酱为黄褐色，质地细腻，味美，具有芝麻固有的浓郁香气。芝麻酱富含蛋白质、脂肪及多种维生素和矿物质，有很高的营养价值，深受人们的喜爱。应当严格执行国家标准，对芝麻酱中灰分含量等指标监测，保证食品品质。

任务描述

查阅《食品安全国家标准 食品中灰分的测定》(GB 5009.4—2016)、《芝麻酱》(LS/T 3220—2017)、《绿色食品 芝麻及其制品》(NY/T 1509—2017)等国家标准以及高温炉、电热板、恒温水浴锅、分析天平、干燥器等仪器设备的操作规范手册，制订检验流程并实施，评价芝麻酱中灰分含量是否符合要求。

任务准备

通过标准的解读，将测定芝麻酱中灰分含量所需仪器设备的名称、规格、数量和试剂的名称、规格级别记录于表 3-4 和表 3-5 中。

表 3-4 所需仪器设备表

序号	仪器名称	规格
1	分析天平	感量为 0.1 mg、1 mg、0.1 g
2	高温炉	(550±25)℃
3	电热板	/
4	恒温水浴锅	控温精度±2 ℃
5	干燥器	内有干燥剂
6	石英坩埚	或瓷坩埚

表 3-5 所需化学试剂表

序号	试剂名称	规格
1	乙酸镁[$(CH_3COO)_2Mg\cdot 4H_2O$]	分析纯
2	浓盐酸(HCl)	分析纯

任务实施

一、实施流程

配制试剂→样品的制备→坩埚预处理→称量样品→样品测定→空白试验→重复干燥、冷却、称量操作,直至恒重

二、操作要点

(1)坩埚预处理 洁净的石英坩埚在高温炉中灼烧时间为 30 min,冷却至 200 ℃左右,取出,放入干燥器中冷却 30 min,准确称量,并重复灼烧至恒重。

(2)称量样品 试样称取 3~10 g,精确至 0.000 1 g。

(3)样品测定 称取试样后,从坩埚内壁加入 3.00 mL 乙酸镁溶液(80 g/L),使试样完全润湿。蒸干水分与碳化过程中小心热源,谨防样品飞溅,若有飞溅则实验失败。高温炉阶梯升温,以防灰分包裹碳粒。冷却称量前发现灼烧残渣有炭粒时,应向试样中滴入少许水湿润,使结块松散。蒸干水分后,可再次灰化。

三、分析结果的表述

试样中灰分含量的计算,加入乙酸镁溶液的试样,按照式 3-17 进行:

$$X_1=\frac{m_1-m_2-m_0}{m_3-m_2}\times 100 \quad \text{(式 3-17)}$$

式中:X_1——加了乙酸镁溶液试样中灰分的含量,g/100 g;

m_1——坩埚和灰分的质量,g;

m_2——坩埚的质量,g;

m_0——氧化镁(乙酸镁灼烧后生成物)的质量,g;

m_3——坩埚和试样的质量,g;

100——单位换算系数。

试样中灰分含量≥10 g/100 g 时,计算结果保留 3 位有效数字;灰分含量<10 g/100 g

时，计算结果保留两位有效数字。

实验精密度：在重复性条件下获得的两次独立测定结果的绝对差值不得超过算术平均值的 5%。

四、数据记录及处理

数据记录参考表 3-6。

表 3-6　芝麻酱中灰分测定数据记录表

<table>
<tr><td rowspan="3">基本信息</td><td>样品名称</td><td colspan="2"></td><td>样品编号</td><td></td></tr>
<tr><td>检测项目</td><td colspan="2"></td><td>检测日期</td><td></td></tr>
<tr><td>检测依据</td><td colspan="2"></td><td>检测方法</td><td></td></tr>
<tr><td rowspan="7">检测数据</td><td>样品编号</td><td>1</td><td>2</td><td>3</td><td></td></tr>
<tr><td>坩埚质量 m_2</td><td></td><td></td><td></td><td></td></tr>
<tr><td>灼烧前坩埚加样品质量 m_3</td><td></td><td></td><td></td><td></td></tr>
<tr><td>灼烧后坩埚加灰分质量 m_1</td><td></td><td></td><td></td><td></td></tr>
<tr><td>空白值氧化镁的质量 m_0</td><td></td><td></td><td></td><td></td></tr>
<tr><td>测量值 g/100 g</td><td></td><td></td><td></td><td></td></tr>
<tr><td>平均值 g/100 g</td><td colspan="4"></td></tr>
<tr><td>结果计算</td><td>计算公式</td><td colspan="4"></td></tr>
<tr><td>结果讨论</td><td colspan="5">芝麻酱中灰分的含量为________。
根据标准判断是否符合要求________。</td></tr>
</table>

五、技术提示

(1)把坩埚放入高温炉或从炉中取出时，应放在炉口停留片刻，使坩埚预热或冷却，防止因温度剧变而使坩埚破裂。

(2)样品碳化时要避免热源升温太快，防止产生大量泡沫溢出坩埚或急剧干馏时灼热物的局部产生大量气体而使微粒飞失爆燃。

任务评价

按表 3-7 检查工作任务的完成情况。

表 3-7　工作任务评价表

序号	任务实施步骤	工作内容	技能标准	分值
1	制订工作方案	查阅相关标准，制订芝麻酱中灰分测定的实施方案	(1)正确选用标准 (2)方案制订合理	10
2	试剂与仪器	准备并检查实训材料与仪器	(1)所需的所有试剂的配制 (2)检查所需仪器是否正常	10
3	坩埚预处理	(550±25)℃下灼烧 30 min，冷却称重，重复操作	(1)能正确操作使用高温炉 (2)能熟练使用坩埚钳	10

续表 3-7

序号	任务实施步骤	工作内容	技能标准	分值
4	称量样品	从干燥器中取出事先烘干至恒重的坩埚，记录编号，称取空坩埚的质量，准确称取样品 3～10 g(精确至 0.000 1 g)，记录干燥前总质量重量	(1)能正确操作分析天平 (2)能按残留量要求正确计算所需称量样品量	10
5	样品测定	加入乙酸镁溶液，水浴蒸干水分，电热板小火碳化，高温炉灼烧，冷却称量。重复操作至恒重 3 次空白试验，算数平均值为空白值	(1)掌握样品碳化的方法 (2)能解决碳化、灰化过程中出现的一般问题 (3)能正确判断灰化是否完全	30
6	结果分析	芝麻酱中灰分的计算	(1)能利用计算公式正确计算 (2)能正确保留有效数字	10
7	工作单	(1)课前准备内容 (2)任务实施过程记录 (3)结果分析与讨论	(1)能查阅相关标准并回答问题 (2)能够对操作过程进行记录与分析 (3)对所完成任务归纳、分析及总结	20

任务检测

一、名词解释

灰分　水溶性灰分　总灰分

二、填空题

1. 测定灰分时一般以灼烧后得到的灰分量为__________来决定取样量。
2. 灰分测定时恒重的标准是前后两次质量差不超过__________。
3. 食品中的灰分含量可以作为__________重要依据，是评判__________的一项指标，测定食品灰分可以判断食品受污染的程度。
4. 灰分数值系用________、______后计算得出。
5. 食品中除含有大量有机物质外，还含有较丰富的__________。

三、选择题

1. 再次灰化时，应充分去除水分，以防(　　)。
   A. 加热沸腾使残灰飞散　　B. 防止碳化不完全
   C. 防止碳化时发生燃烧　　D. 以上都对
2. 富含脂肪的食品在测定灰分前应先除去脂肪的目的是(　　)。
   A. 防止碳化不完全　　B. 防止碳化时发生燃烧
   C. 防止脂肪挥发　　D. 防止脂肪包裹碳粒
3. 固体食品应粉碎后再进行碳化的目的是(　　)。
   A. 使炭化过程更易进行、更完全　　B. 使炭化过程中易于搅拌
   C. 使炭化时燃烧完全　　D. 使炭化时容易观察
4. 耐碱性好的灰化容器是(　　)。
   A. 瓷坩埚　　B. 蒸发皿　　C. 石英坩埚　　D. 铂坩埚
5. 正确判断灰化完全的方法是(　　)。

A. 一定要灰化至白色或浅灰色

B. 一定要高温炉温度达到 500～600 ℃时计算时间 5 h

C. 灼烧至灰分呈白色或浅灰色，无碳粒存在并达到恒重为止

D. 加入助灰剂使其达到白灰色为止

四、判断题

1. 灰分实验中不需要用到天平。(　　)

2. 食品的灰分与食品中存在的无机成分在数量和组成上并不完全相同。(　　)

3. 灰分操作时，为了快速完成实验，可以快速加热灰化。(　　)

4. 测定灰分可以判断食品受污染的程度。(　　)

5. 水不溶性灰分反映的是污染的灰尘、泥沙和铁、铝等氧化物及碱土金属的碱式磷酸盐的含量。(　　)

五、简答题

1. 灰化测定条件的选择包括哪些内容？

2. 简述灰化温度过高、过低对灰化结果的影响。

3. 简述灰化前为什么要碳化？

4. 简述坩埚的预处理方法？

六、计算题

第三方检测公司需要测定鲜肉灰分含量，称取样品 3.976 0 g，置于干燥恒重为 45.358 5 g 的坩埚中，小心碳化完毕，再于 550 ℃的高温炉中灼烧 4 h 后，置于干燥器内冷却称重为 45.384 1 g；重新置于 550 ℃高温炉中灼烧 1 h，冷却称重为 45.382 6 g；再置于 550 ℃高温炉中灼烧 1 h，冷却称重为 45.382 5 g。问以试样质量计算被测定鲜肉的灰分含量为多少？

七、技能训练题

请设计实验验证茶叶中灰分是否超标。

项目三　食品中酸度的测定

【学习目标】

知识目标

1. 了解测定食品酸度的意义。

2. 理解食品各种酸度的概念。

3. 掌握食品总酸度的测定方法。

技能目标

1. 会解读食品中酸度测定的国家标准。

2. 会使用和维护测定酸度的操作装置。

3. 能掌握食品中总酸度及有效酸度测定的操作技能。

思政目标

1. 培养学生“干一行、爱一行、专一行”的工匠精神。

2. 引导学生立鸿鹄志，做奋斗者，激发学生守护“舌尖安全”的自觉性和主动性。

【项目概述】

本项目包含3项相关知识和2项技能训练。相关知识包括测定食品酸度的意义、食品酸度的分类、酸度测定的方法(总酸度的测定、挥发酸的测定、有效酸度的测定)。技能训练为食醋总酸度的测定、食品中有效酸度的测定。目的是培养学习者对食品中酸度的测定有一个全面认识和理解,为今后从事食品中酸度的测定工作奠定坚实的理论和实践基础。

【思维导图】

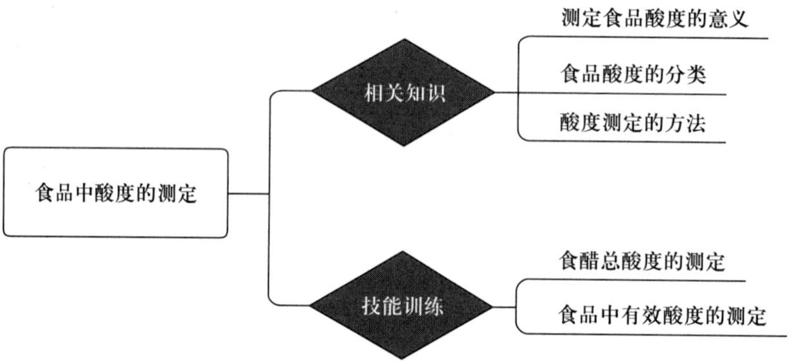

【相关知识】

一、测定食品酸度的意义

食品中的酸性物质可以作为食品中的酸味成分,也可以在食品的加工、贮运及质量管理等方面起到重要作用,所以测定食品中的酸度具有非常重要的意义。

1. 测定果蔬酸度可以判断果蔬的成熟度,确定加工产品的配方及工艺条件

食品中的酸类物质对食品的色、香、味及成熟度都有影响。有机酸在果蔬中的含量,因其成熟度及生长条件不同而异,一般随成熟度的升高,有机酸含量下降,糖含量增加,糖酸比增大。故测定酸度可判断某些果蔬的成熟度,对于确定果蔬收获期,同时对加工工艺条件有指导意义。

2. 测定食品中的酸度,可反映食品的质量指标

挥发酸含量的高低,是衡量水果发酵制品质量好坏的一项重要指标。例如:牛乳及其制品、番茄制品、啤酒、饮料类食品中,当总酸含量过高时,也说明这些制品已酸败;当果产品中醋酸含量在0.1%以上时,就说明制品已腐败;在油脂工业中,通过测定油脂酸度(以酸价表示),可以鉴别油脂的品质和新鲜程度;对鲜肉中有效酸度的测定,可以判断肉的品质。如新鲜肉的pH通常为5.7~6.2,若pH>6.7,则说明肉已变质。

二、食品酸度的分类

食品中的酸性物质可分为有机酸和无机酸两类,但主要为有机酸,无机酸含量很少。有机酸在食品中的分布极不均衡,果蔬中所含有机酸种类较多,酿造食品(如酱油、果酒、食醋)中也

含多种有机酸，动物性食品原料中可以检出的有机酸较少，但大多数的新鲜肉及其制品中均发现游离存在的乳酸。

食品中酸的量用酸度表示，食品中的酸度通常用总酸度（滴定酸度）、有效酸度（pH）和挥发酸表示。

总酸度是指食品中所有酸性成分的总量。总酸包括已解离的酸的浓度和未解离的酸的浓度，色泽较浅的溶液其大小可借标准碱溶液滴定来测定，并以样品中主要代表酸的含量或质量分数表示，故总酸度也称可滴定酸度。

有效酸度（pH）是指被测溶液中 H^+ 的浓度（严格地说应该是 H^+ 的活度），所反映的是已解离酸的浓度，常用 pH 表示。pH 是溶液中 H^+ 活度（近似认为浓度）的负对数，其大小说明了食品介质的酸碱性。

挥发酸是指食品中易挥发的有机酸，如醋酸、甲酸及丁酸等低碳链的直链脂肪酸，其大小可通过水蒸气蒸馏法分离挥发酸，然后再通过标准碱溶液滴定来测定。

三、酸度测定的方法

参照《食品安全国家标准 食品酸度的测定》（GB 5009.239—2016）、《水果和蔬菜产品中挥发性酸度的测定方法》（GB/T 10467—1989），测定食品中的总酸度，挥发酸度、有效酸度。

（一）总酸度的测定（酚酞指示剂法）

1. 测定原理

试样经过处理后，以酚酞作为指示剂，用 0.100 0 mol/L 氢氧化钠标准溶液滴定至中性，根据消耗氢氧化钠溶液的体积数，经计算确定试样的酸度。

2. 试剂和材料

（1）氢氧化钠（NaOH）。

（2）七水硫酸钴（$CoSO_4 \cdot 7H_2O$）。

（3）酚酞。

（4）95%乙醇。

（5）乙醚。

（6）氮气：纯度为 98%。

（7）三氯甲烷（$CHCl_3$）。

氢氧化钠标准溶液（0.100 0 mol/L）：称取 0.75 g 已于 105～110 ℃电烘箱中干燥至恒重的工作基准试剂邻苯二甲酸氢钾，加 50 mL 无二氧化碳的水溶解，加 2 滴酚酞指示液（10 g/L）。用配制好的氢氧化钠溶液滴定至溶液呈粉红色，并保持 30 s。同时做空白实验。

参比溶液：将 3 g 七水硫酸钴溶解于水中，并定容至 100 mL。

酚酞指示液：称取 0.5 g 酚酞溶于 75 mL 体积分数为 95%的乙醇中，并加入 20 mL 水，然后滴加 0.100 0 mol/L 氢氧化钠溶液至微粉色，再加入水定容至 100 mL。

中性乙醇-乙醚混合液：取等体积的乙醇、乙醚混合后，加 3 滴酚酞指示剂，以 0.100 0 mol/L 氢氧化钠溶液滴至微红色。

不含二氧化碳的蒸馏水：将水煮沸 15 min，逐出二氧化碳，冷却，密闭。

3. 仪器设备

（1）分析天平　感量为 0.001 g。

(2)碱式滴定管　容量 10 mL,最小刻度 0.05 mL。

(3)碱式滴定管　容量 25 mL,最小刻度 0.1 mL。

(4)水浴锅。

(5)锥形瓶　100 mL,150 mL,250 mL。

(6)具塞磨口锥形瓶　250 mL。

(7)粉碎机　可使粉碎的样品 95%以上通过 CQ6 筛[相当于孔径 0.425 mm(40 目)],粉碎样品时,磨膛不应发热。

(8)振荡器　往返式,振荡频率为 100 次/min。

(9)中速定性滤纸。

(10)移液管　10 mL,20 mL。

(11)量筒　50 mL,250 mL。

(12)玻璃漏斗和漏斗架。

4. 分析步骤

(1)乳粉。

①试样制备。将样品全部移入约 2 倍于样品体积的洁净干燥容器中(带密封盖),立即盖紧容器,反复旋转振荡,使样品彻底混合。在此操作过程中,应尽量避免样品暴露在空气中。

②测定。称取 4 g 样品(精确到 0.01 g)于 250 mL 锥形瓶中。用量筒量取 96 mL 约 20 ℃的不含二氧化碳的蒸馏水。使样品复溶,搅拌,然后静置 20 min。

向一只装有 96 mL 约 20 ℃的不含二氧化碳的蒸馏水的锥形瓶中,加入 2 mL 参比溶液,轻轻转动,使之混合,得到标准参比颜色。如果要测定多个相似的产品,则此参比溶液可用于整个测定过程,但时间不得超过 2 h。

向另一装有样品溶液的锥形瓶中加入 2 mL 酚酞指示液,轻轻转动,使之混合。用 25 mL 碱式滴定管向该锥形瓶中滴加氢氧化钠溶液,边滴加边转动烧瓶,直到颜色与参比溶液的颜色相似,且 5 s 内不消退,整个滴定过程应在 45 s 内完成。滴定过程中,向锥形瓶中吹氮气,防止溶液吸收空气中的二氧化碳。记录所用氢氧化钠溶液的毫升数(V_1),精确至 0.05 mL,代入式 3-18 计算。

③空白滴定。用 96 mL 不含二氧化碳的蒸馏水作空白实验,读取所消耗氢氧化钠标准溶液的毫升数(V_0)。空白实验所消耗的氢氧化钠的体积应不小于零,否则应重新制备和使用符合要求的蒸馏水。

(2)乳及其他乳制品。

①制备参比溶液。向装有等体积相应溶液的锥形瓶中加入 2 mL 参比溶液,轻轻转动,使之混合,得到标准参比颜色。如果要测定多个相似的产品,此参比溶液可用于整个测定过程,时间不得超过 2 h。

②巴氏杀菌乳、灭菌乳、生乳、发酵乳。称取 10 g(精确到 0.001 g)已混匀的试样,置于 150 mL 锥形瓶中,加 20 mL 新煮沸冷却至室温的水,混匀,加入 2 mL 酚酞指示液,混匀后用氢氧化钠标准溶液滴定,边滴定边转动烧瓶。直到颜色与参比溶液的颜色相似,且 5 s 内不消退,整个滴定过程应在 45 s 内完成。滴定过程中,向锥形瓶中吹氮气,防止溶液吸收空气中的二氧化碳。记录所用氢氧化钠溶液的毫升数(V_2),代入式 3-19 计算。

③奶油。称取 10 g(精确到 0.001 g)已混匀的试样,置于 250 mL 锥形瓶中,加 30 mL 中

性乙醇-乙醚混合液，混匀，加入 2 mL 酚酞指示液，混匀后用氢氧化钠标准溶液滴定，边滴定边转动烧瓶。直到颜色与参比溶液的颜色相似，且 5 s 内不消退，整个滴定过程应在 45 s 内完成。滴定过程中，向锥形瓶中吹氮气，防止溶液吸收空气中的二氧化碳。记录所用氢氧化钠溶液的毫升数(V_2)，代入公式(3-19)计算。

④炼乳。称取 10 g(精确到 0.001 g)已混匀的试样，置于 250 mL 锥形瓶中，加 60 mL 新煮沸冷却至室温的水，混匀，加入 2 mL 酚酞指示液，混匀后，用氢氧化钠标准溶液滴定，边滴定边转动烧瓶。直到颜色与参比溶液的颜色相似，且 5 s 内不消退，整个滴定过程应在 45 s 内完成。滴定过程中，向锥形瓶中吹氮气，防止溶液吸收空气中的二氧化碳。记录所用氢氧化钠溶液的毫升数(V_2)，代入式 3-19 计算。

⑤干酪素。称取 5 g(精确到 0.001 g)经研磨混匀的试样于锥形瓶中，加入 50 mL 不含二氧化碳的蒸馏水，于室温下(18～20 ℃)放置 4～5 h，或在水浴锅中加热到 45 ℃，并在此温度下保持 30 min，再加 50 mL 不含二氧化碳的蒸馏水，混匀后，通过干燥的滤纸过滤。吸取滤液 50 mL 于锥形瓶中，加入 2 mL 酚酞指示液，用氢氧化钠标准溶液滴定，边滴定边转动烧瓶。直到颜色与参比溶液的颜色相似，且 5 s 内不消退，整个滴定过程应在 45 s 内完成。滴定过程中向锥形瓶中吹氮气，防止溶液吸收空气中的二氧化碳。记录所用氢氧化钠溶液的毫升数(V_3)，代入式 3-20 计算。

⑥空白滴定。用等体积的不含二氧化碳的蒸馏水做空白实验，读取耗用氢氧化钠标准溶液的毫升数(V_0)(适用于②、④、⑤样品)。用 30 mL 中性乙醇-乙醚混合液做空白实验，读取耗用氢氧化钠标准溶液的毫升数(V_0)(适用于③样品)。空白实验所消耗的氢氧化钠的体积应不小于零，否则应重新制备和使用符合要求的蒸馏水或中性乙醇-乙醚混合液。

(3)淀粉及其衍生物。

①样品预处理。样品应充分混匀。

②称量样品。称取样品 10 g(精确至 0.1 g)，移入 250 mL 锥形瓶内，加入 100 mL 水，振荡并混合均匀。

③滴定。向一只装有 100 mL 约 20 ℃水的锥形瓶中加入 2.0 mL 参比溶液，轻轻转动使之混合，得到标准参比溶液。如果要测定多个相似的产品，则此参比溶液可用于整个测定过程，但时间不得超过 2 h。

向装有样品的锥形瓶中，加入 2～3 滴酚酞指示剂，混匀后用氢氧化钠标准溶液滴定，边滴加边转动烧瓶，直到颜色与参比溶液的颜色相似，且 5 s 内不消退，整个滴定过程应在 45 s 内完成。滴定过程中，向锥形瓶中吹氮气，防止溶液吸收空气中的二氧化碳。记录所用氢氧化钠溶液的毫升数(V_4)，代入式 3-21 计算。

④空白滴定。用 100 mL 不含二氧化碳的蒸馏水作空白实验，读取耗用氢氧化钠标准溶液的毫升数(V_0)。空白实验所消耗的氢氧化钠的体积应不小于零，否则应重新制备和使用符合要求的蒸馏水。

(4)粮食及制品。

①试样制备。取混合均匀的样品 80～100 g，用粉碎机粉碎，粉碎细度要求 95%以上通过 CQ16 筛[孔径 0.425 mm(40 目)]，粉碎后的全部筛分样品充分混合，装入磨口瓶中，制备好的样品应立即测定。

②测定。称取试样 15 g，置入 250 mL 具塞磨口锥形瓶，加不含二氧化碳的蒸馏水

150 mL(V_{51})。先加少量水与试样混合成稀糊状，再全部加入。滴入三氯甲烷 5 滴，加塞后摇匀，在室温下放置提取 2 h。每隔 4～5 min 摇动一次或置于振荡器上振荡 70 min。浸提完毕后静置数分钟，用中速定性滤纸过滤，用移液管吸取滤液 10 mL(V_{52})，注入 100 mL 锥形瓶中，再加不含二氧化碳的蒸馏水 20 mL 和酚酞指示剂 3 滴，混匀后用氢氧化钠标准溶液滴定，边滴加边转动烧瓶，直到颜色与参比溶液的颜色相似，且 5 s 内不消退，整个滴定过程应在 45 s 内完成。滴定过程中，向锥形瓶中吹氮气，防止溶液吸收空气中的二氧化碳。记录所用氢氧化钠溶液的毫升数(V_5)，代入式 3-22 计算。

③空白滴定。用 30 mL 不含二氧化碳的蒸馏水做空白实验，记录所消耗的氢氧化钠标准溶液毫升数(V_0)。

5. 分析结果的表述

(1)乳粉试样中的酸度数值以(°T)表示，按照式 3-18 进行计算：

$$X_1=\frac{c_1\times(V_1-V_0)\times 12}{m_1\times(1-\omega)\times 0.1} \tag{式 3-18}$$

式中：X_1——试样的酸度，°T(以 100 g 干物质为 12%的复原乳所消耗的 0.1 mol/L 氢氧化钠毫升数计，mL/100 g)；

c_1——氢氧化钠标准溶液的浓度，mol/L；

V_1——滴定时所消耗氢氧化钠标准溶液的体积，mL；

V_0——空白实验所消耗氢氧化钠标准溶液的体积，mL；

12——12 g 乳粉相当 100 mL 复原乳(脱脂乳粉为 9，脱脂乳清粉为 7)；

m_1——称取样品的质量，g；

ω——试样中水分的质量分数，g/100 g；

$1-\omega$——试样中乳粉的质量分数，g/100 g；

0.1——酸度理论定义氢氧化钠的摩尔浓度，mol/L。

(2)巴氏杀菌乳、灭菌乳、生乳、发酵乳、奶油和炼乳试样中的酸度数值以(°T)表示，按照式 3-19 进行：

$$X_2=\frac{c_2\times(V_2-V_0)\times 100}{m_2\times 0.1} \tag{式 3-19}$$

式中：X_2——试样的酸度，°T(以 100 g 样品所消耗的 0.1 mol/L 氢氧化钠毫升数计，mL/100 g)；

c_2——氢氧化钠标准溶液的浓度，mol/L；

V_2——滴定时所消耗氢氧化钠标准溶液的体积，mL；

V_0——空白实验所消耗氢氧化钠标准溶液的体积，mL；

m_2——试样的质量，g；

100——100 g 试样；

0.1——酸度理论定义氢氧化钠的摩尔浓度，mol/L。

(3)干酪素试样中的酸度数值以(°T)表示，按照式 3-20 进行：

$$X_3=\frac{c_3\times(V_3-V_0)\times100\times2}{m_3\times0.1} \qquad (式\ 3\text{-}20)$$

式中：X_3——试样的酸度，°T（以 100 g 样品所消耗的 0.1 mol/L 氢氧化钠毫升数计，mL/100 g）；

c_3——氢氧化钠标准溶液的浓度，mol/L；

V_3——滴定时所消耗氢氧化钠标准溶液的体积，mL；

V_0——空白实验所消耗氢氧化钠标准溶液的体积，mL；

m_3——试样的质量，g；

100——100 g 试样；

2——试样的稀释倍数；

0.1——酸度理论定义氢氧化钠的摩尔浓度，mol/L。

（4）淀粉以其衍生物试样中的酸度数值以（°T）表示，按照式 3-21 进行：

$$X_4=\frac{c_4\times(V_4-V_0)\times10}{m_4\times0.1000} \qquad (式\ 3\text{-}21)$$

式中：X_4——试样的酸度，°T（以 10 g 样品所消耗的 0.1 mol/L 氢氧化钠毫升数计，mL/10 g）；

c_4——氢氧化钠标准溶液的浓度，mol/L；

V_4——滴定时所消耗氢氧化钠标准溶液的体积，mL；

V_0——空白实验所消耗氢氧化钠标准溶液的体积，mL；

m_4——试样的质量，g；

10——10 g 试样；

0.100 0——酸度理论定义氢氧化钠的摩尔浓度，mol/L。

（5）粮食及制品试样中的酸度数值以（°T）表示，按照式 3-22 计算。

$$X_5=(V_5-V_0)\times\frac{V_{51}}{V_{52}}\times\frac{c_5}{0.1000}\times\frac{10}{m_5} \qquad (式\ 3\text{-}22)$$

式中：X_5——试样的酸度，°T（以 10 g 样品所消耗的 0.1 mol/L 氢氧化钠毫升数计，mL/10 g）；

c_5——氢氧化钠标准溶液的浓度，mol/L；

V_5——试样滤液消耗的氢氧化钠标准溶液的体积，mL；

V_0——空白实验所消耗氢氧化钠标准溶液的体积，mL；

V_{51}——浸提试样的水体积，mL；

V_{52}——用于滴定的试样滤液体积，mL；

m_5——试样的质量，g；

10——10 g 试样；

0.100 0——酸度理论定义氢氧化钠的摩尔浓度，mol/L。

结果表示：

以重复性条件下获得的两次独立测定结果的算术平均值表示，结果保留 3 位有效数字。

在重复性条件下获得的两次独立测定结果的绝对差值不得超过算术平均值的 10%。

6. 技术提示（注意事项）

（1）本方法适用于生乳及乳制品、淀粉及其衍生物、粮食及制品酸度的测定。

(2)试验中样品浸渍、稀释所用水均应为不含 CO_2 的蒸馏水，因为 CO_2 溶于水会生成 H_2CO_3，影响滴定终点时酚酞颜色变化。

(3)样品中存在的 CO_2 对测定也有干扰，故对含有 CO_2 的饮料、啤酒等样品在测定之前须除去 CO_2。可采用减压振摇几分钟的方式除去 CO_2。

(4)各类食品的总酸度都以主要酸表示。一般情况下，分析葡萄及其制品时，用酒石酸表示，K=0.075；分析柑橘类果实及其制品时，用柠檬酸表示，K=0.06 或 0.070(带一分子结晶水)；分析仁果、苹果、桃、李等及其制品时，用苹果酸表示，K=0.067；分析乳品、肉类、水产品及其制品时，用乳酸表示，K=0.090；分析酒类、调味品时，用乙酸表示，K=0.060。但是部分食品(如面包、乳品等)的酸度也可以用中和 100 g(mL)样品所需 1 mol/L(面包)或 0.1 mol/L(乳品)NaOH 溶液体积表示。例如：鲜牛乳的酸度为 16～18 °T，面包酸度一般为 3～9 °T。

(二)挥发酸的测定

1. 定义

挥发性酸度：所有低分子量的脂肪酸。国标规定方法测定的挥发性酸度，以每 100 mL 或 100 g 制品中乙酸克数表示。

2. 原理

试样经酒石酸酸化后，用水蒸气蒸馏带出挥发性酸类。以酚酞为指示剂，用氢氧化钠标准溶液滴定馏出液。

3. 试剂和材料

(1)磷酸溶液　100 g/L。称取 10.0 g 磷酸，用不含二氧化碳的蒸馏水溶解并稀释至 100 mL。

(2)酚酞　称取 1 g 酚酞，溶解在 100 mL 95%(V/V)乙醇溶液中。

(3)氢氧化钠　0.1 mol/L 标准溶液。

(4)不含二氧化碳的蒸馏水。

(5)酒石酸。

(6)鞣酸。

(7)氢氧化钙　澄清的饱和溶液。

氢氧化钙稀溶液：1 体积饱和氢氧化钙溶液加 4 体积水。

4. 仪器和设备

(1)蒸馏装置见图 3-2：从左到右包括蒸气发生器、起泡器、分馏柱、连接器、冷凝管。

(2)高速组织捣碎机。

(3)滴定管　25 mL，分刻度 0.1 mL。

(4)分析天平。

(5)移液管　20 mL。

(6)锥形瓶　500 mL。

5. 样品制备

(1)新鲜果蔬样品(苹果、橘子、冬瓜等)　取待测样品适量，洗净，沥干。可食用部分按四分法取样，在捣碎机中加定量不含二氧化碳的蒸馏水捣成匀浆。多汁果蔬类可直接捣烂。

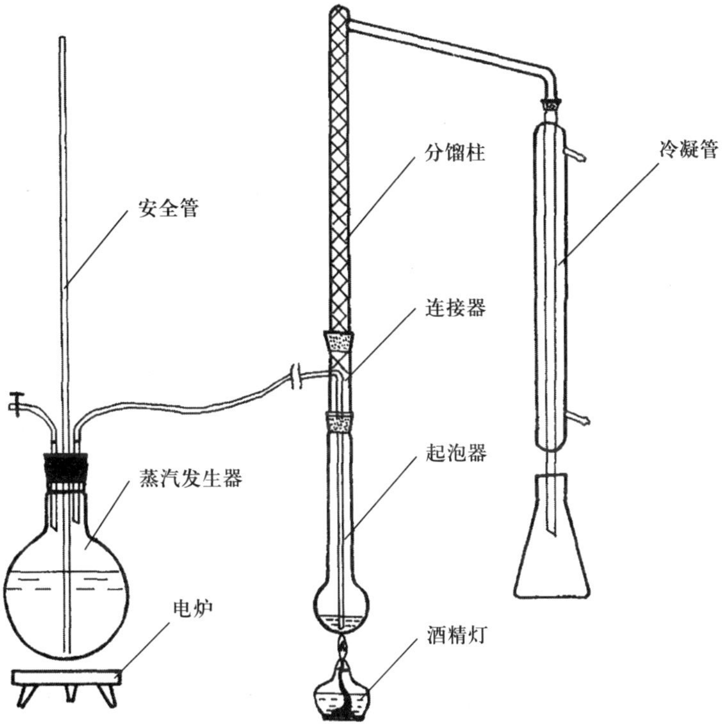

图 3-2　蒸馏装置图

(2)液体制品和容易分离出液体的制品(果汁、糖浆、水、泡菜水等)　将样品充分混匀,若样品有固体颗粒,可以过滤分离。

(3)黏稠或固态制品(橘酱、果酱、干果等)　必要时除去果核、果籽,加定量不含二氧化碳的蒸馏水软化后于捣碎机中捣成匀浆。

(4)冷冻制品(速冻马蹄、青刀豆等)　将冷冻制品于密闭容器中解冻后,定量转移至捣碎机中捣碎均匀。

6. 分析步骤

(1)取样　液体样品:用移液管吸取 20 mL 试样于起泡器中,如样品挥发性酸度强,可少取,但需加不含二氧化碳的蒸馏水至容量 20 mL。

黏稠的或固态的或冷冻制品:称取试样(10±0.01)g 于起泡器中,加不含二氧化碳的蒸馏水至容量 20 mL。

(2)蒸馏　将氢氧化钙稀释溶液注入蒸汽发生器至其容积的 2/3,加 0.5 g 酒石酸和约 0.2 g 鞣酸于起泡器里的试样中。连接蒸馏装置,加热蒸汽发生器和起泡器。若起泡器内容物最初的容量超过 20 mL,调节加热量使容量浓缩到 20 mL,在整个蒸馏过程中,使起泡器内容物保持恒定 20 mL,蒸馏时间为 15～20 min。

(3)滴定　在 250 mL 馏出液中滴加 2 滴酚酞指示剂,用氢氧化钠标准溶液滴定至呈现淡粉红色,保持 15 s 不褪色。

7. 分析结果的表述

(1)挥发性酸度以每 100 mL 样品中乙酸克数表示,按照式 3-23 进行:

$$X_1=\frac{c\times V\times 0.06\times 100}{V_0} \quad \text{（式 3-23）}$$

式中：X_1——每 100 mL 样品中乙酸克数，g/100 mL；

c——氢氧化钠标准溶液浓度，mol/L；

V——滴定样品时消耗氢氧化钠标准溶液的体积，mL；

V_0——试样的体积，mL；

0.06——与 c=1.000 mol/L 的 1.00 mL 的氢氧化钠标准溶液相当的乙酸克数。

（2）挥发性酸度以每 100 g 样品中乙酸克数表示，按照式 3-24 进行：

$$X_2=\frac{c\times V\times 0.06\times 100}{m} \quad \text{（式 3-24）}$$

式中：X_2——每 100 g 样品中乙酸克数，g/100 g；

m——试样的质量，g；

c——氢氧化钠标准溶液浓度，mol/L；

V——滴定样品时消耗氢氧化钠标准溶液的体积，mL；

0.06——与 c=1.000 mol/L 的 1.00 mL 的氢氧化钠标准溶液相当的乙酸克数。

若重复性符合要求，取连续两次测定值的算术平均值作为结果。

实验重复性：对同一操作者，连续两次测定结果之差，每 100 mL 或 100 g 样品中乙酸相差不得超过 12 mg。

8. 技术提示

①制品含挥发性酸防腐剂的特殊情况。若制品含二氧化硫、山梨酸、苯甲酸、甲酸等防腐剂，则测定馏出液中防腐剂的量，以校正其滴定结果。

②液体制品和容易分离出液体的制品。若样品在发酵过程中含有二氧化碳，用量筒量取约 100 mL 样品于 500 mL 长颈瓶中，在减压下振摇 2～3 min，除去二氧化碳。为避免形成泡沫，可在样品中加入少量消泡剂，比如 50 mL 样品中加入 0.2 g 鞣酸。

③滴定前将馏出液加热至 60～65 ℃，能加速反应速度，缩短滴定时间，减少溶液与空气的接触，提高测定精度。

④蒸馏前，蒸汽发生器内的水须预先煮沸 10 min，以除去 CO_2。并用蒸气冲洗整个蒸馏装置。且整个装置应密封不能漏气。

⑤试样中加入磷酸，主要作用是促使结合态的挥发酸变成游离态而易于蒸馏出。

⑥若试样中含 SO_2，则要去除它对测定的干扰。方法是：在已用标准碱液滴定过的蒸馏液中加入 5 mL 25% H_2SO_4 酸化，以淀粉溶液作指示剂，用 0.02 mol/L 碘液滴定至蓝色，10 s 不褪色为终点。从计算结果中扣除此滴定量（以醋酸计）。

（三）有效酸度的测定（pH 计法）

1. 原理

中和试验溶液至 pH 为 8.30 所消耗的 0.100 0 mol/L 氢氧化钠体积，经计算确定其酸度。

2. 试剂和材料

（1）国标 GB/T 6682—2008 规定的三级水。

(2)氢氧化钠标准溶液：0.100 0 mol/L。

(3)氮气　纯度为98%。

(4)不含二氧化碳的蒸馏水。

3. 仪器和设备

(1)分析天平　感量为0.001 g。

(2)碱式滴定管　分刻度0.1 mL，可准确至0.05 mL。或者自动滴定管满足同样的使用要求。

(3)pH计　带玻璃电极和适当的参比电极。

(4)磁力搅拌器。

(5)高速搅拌器　如均质器。

(6)恒温水浴锅。

4. 分析步骤

(1)试样准备　将样品全部移入约2倍于样品体积的洁净干燥带密封盖的容器中，立即盖紧容器，反复旋转振荡，使样品彻底混合。再次操作时，应尽量避免样品暴露在空气中。

(2)测定　称取4 g样品(精确到0.01 g)于250 mL锥形瓶中。用量筒量取96 mL约20 ℃的不含二氧化碳的蒸馏水，使样品复溶，搅拌，然后静置20 min。

用滴定管向锥形瓶中滴加0.100 0 mol/L的氢氧化钠标准溶液，直到pH稳定在8.3±0.01处4～5 s。滴定过程中，始终使用磁力搅拌器进行搅拌，同时向锥形瓶中吹氮气，防止溶液吸收空气中的二氧化碳，整个滴定过程应在1 min内完成。记录所用氢氧化钠溶液的毫升数(V_6)，精确至0.05 mL，代入公式(3-25)计算。

(3)空白滴定　用100 mL不含二氧化碳的蒸馏水做空白实验，读取所消耗氢氧化钠标准溶液的毫升数(V_0)。

5. 分析结果的表述

乳粉试样中的酸度数值以(°T)表示，按照式3-25进行：

$$X_6=\frac{c_6\times(V_6-V_0)\times 12}{m_6\times(1-\omega)\times 0.1} \quad \text{(式 3-25)}$$

式中：X_6——试样的酸度，°T；

c_6——氢氧化钠标准溶液的浓度，mol/L；

V_6——滴定时所消耗氢氧化钠标准溶液的体积，mL；

V_0——空白实验所消耗氢氧化钠标准溶液的体积，mL；

12——12 g乳粉相当100 mL复原乳(脱脂乳粉为9，脱脂乳清粉为7)；

m_6——称取样品的质量，g；

ω——试样中水分的质量分数，g/100 g；

$1-\omega$——试样中乳粉的质量分数，g/100 g；

0.1——酸度理论定义氢氧化钠的摩尔浓，mol/L。

结果表示：

以重复性条件下获得的两次独立测定结果的算术平均值表示，结果保留3位有效数字。

在重复性条件下获得的两次独立测定结果的绝对差值不得超过算术平均值的10%。

6. 技术提示(注意事项)

①pH计电极的玻璃泡易破碎，取下电极套后，切忌玻璃泡不要与硬物接触。擦拭、冲洗

时均应轻轻操作。

②新电极或很久未使用的干燥电极，必须预先在 3 mol/L 氯化钾溶液中浸泡 24 h 以上。连续使用间隙应浸泡在蒸馏水中。

③电极不用时，及时套上电极套，套内放少量 3 mol/L 氯化钾溶液以保持电极湿润。

④标准缓冲溶液的配制、保存、使用应严格按规定进行。

⑤每换一次样液，需将电极用蒸馏水清洗一次，擦干再用。

⑥仪器定位后，不得更换电极，如果电极必须要更换，需要重新定位。长期连续使用，也应定期定位，如发现斜率有所降低，可将电极下端浸泡在氢氟酸溶液(4%)中 3～5 s，用蒸馏水冲洗后，再用 0.1 mol/L 盐酸溶液浸泡，使之活化。

【技能训练】

任务一　食醋总酸度的测定

任务导入

我国酿造醋有两千多年的悠久历史，品种繁多，由于酿造的地理环境、原料与工艺不同，也就出现不同地区及不同风味的食醋，深受人们的喜爱。总酸度是食醋的重要指标之一。对食醋中的总酸含量进行测定，保证食醋品质。

任务描述

查阅《食品安全国家标准　食醋》(GB 2719—2018)、《食品安全国家标准 食品酸度的测定》(GB 5009.239—2016)、《食醋卫生标准的分析方法》(GB/T 5009.41—2003)等国家标准以及分析天平、电位滴定仪、恒温水浴锅、碱式滴定管等的操作规范手册，制订检验流程并实施，评价食醋中总酸含量是否符合要求。

任务准备

通过标准的解读，将测定食醋中总酸度含量所需仪器设备的名称、规格、数量和试剂的名称、规格级别记录于表 3-8 和表 3-9 中。

表 3-8　所需仪器设备表

序号	仪器名称	规格
1	酸度计	带玻璃电极和适当的参比电极
2	分析天平	0.001 g
3	碱式滴定管	分刻度 0.1 mL，可准确至 0.05 mL

表 3-9　所需化学试剂表

序号	试剂名称	规格
1	氮气	纯度为 98%
2	蒸馏水	不含二氧化碳
3	氢氧化钠标准溶液	0.050 mol/L

续表 3-9

序号	试剂名称	规格
4		
5		
6		
7		

任务实施

一、实施流程

配制试剂 → 仪器的调适 → 样品的制备 → 样品测定 → 空白试验 → 数据记录与处理

二、操作要点

(1)原理　食醋中主要成分为乙酸，含有少量其他有机酸，用氢氧化钠标准溶液滴定，以酸度计测定 pH 8.2 为终点，结果以乙酸表示。

(2)样品制备　吸取 10.0 mL 试样置于 100 mL 容量瓶中，加水至刻度，混匀。

(3)样品测定　吸取 20.0 mL，置于 200 mL 烧杯中，加 60 mL 水。开动磁力搅拌器，用氢氧化钠标准溶液 0.050 mol/L，滴定至酸度计指示 pH 为 8.2，记录消耗的氢氧化钠标准溶液毫升数，计算总酸含量。同时做空白试验。

三、分析结果的表述

试样中总酸的含量(以加入乙酸计)，按式 3-26 进行计算：

$$X=\frac{(V_1-V_2)\times c\times 0.060}{V\times 10/100}\times 100 \qquad (式 3\text{-}26)$$

式中：X——试样中总酸的含量(以乙酸计)，g/100 mL；

V_1——测定用试样稀释液消耗氢氧化钠标准滴定溶液的体积，mL；

V_2——试剂空白消耗氢氧化钠标准滴定溶液的体积，mL；

c——氢氧化钠标准滴定溶液的浓度，mol/L；

0.060——与 1.00 mL 氢氧化钠标准溶液[c(NaOH)＝1.000 mol/L]相当的乙酸的质量，g；

V——试样体积，mL。

计算结果保留 3 位有效数字。

实验精密度：在重复性条件下获得的两次独立测定结果的绝对差值不得超过算术平均值的 10%。

四、数据记录及处理

数据记录参考表 3-10。

表 3-10 食醋中总酸测定数据记录表

<table>
<tr><td rowspan="3">基本信息</td><td>样品名称</td><td colspan="2"></td><td>样品编号</td><td></td></tr>
<tr><td>检测项目</td><td colspan="2"></td><td>检测日期</td><td></td></tr>
<tr><td>检测依据</td><td colspan="2"></td><td>检测方法</td><td></td></tr>
<tr><td rowspan="7">检测数据</td><td>样品编号</td><td>1</td><td>2</td><td>3</td><td></td></tr>
<tr><td>测定用试样稀释液消耗氢氧化钠标准滴定溶液的体积</td><td></td><td></td><td></td><td></td></tr>
<tr><td>试剂空白消耗氢氧化钠标准滴定溶液的体积</td><td></td><td></td><td></td><td></td></tr>
<tr><td>试样体积</td><td></td><td></td><td></td><td></td></tr>
<tr><td>氢氧化钠标准滴定溶液浓度</td><td></td><td></td><td></td><td></td></tr>
<tr><td>测量值</td><td></td><td></td><td></td><td></td></tr>
<tr><td>平均值</td><td colspan="4"></td></tr>
<tr><td>结果计算</td><td>计算公式</td><td colspan="4"></td></tr>
<tr><td>结果讨论</td><td colspan="5">食醋中总酸的含量为________。
根据标准判断是否符合要求________。</td></tr>
</table>

五、技术提示

(1)配制溶液过程中,如果溶液液面高于容量瓶刻度线,试样溶液必须重新配制。

(2)磁力搅拌器磁子必须与溶液相匹配,磁子过大过小对搅拌均匀均有影响。

(3)酸度计按照说明书或操作规程使用。

任务评价

按照操作水平,按表 3-11 检查工作任务的完成情况。

表 3-11 工作任务评价表

序号	任务实施步骤	工作内容	技能标准	分值
1	制订工作方案	查阅相关标准,制订食醋中总酸测定的实施方案	(1)正确选用标准 (2)方案制订合理	15
2	试剂与仪器	准备并检查实训材料与仪器	(1)所需的所有试剂的配制 (2)检查所需仪器是否正常	10
3	样液预处理	吸取 10.0 mL 试样置于 100 mL 容量瓶中,加水至刻度,混匀	(1)能正确配制溶液	10
4	样品测定	准确吸取上述制备液 20.00 mL 置于 200 mL 烧杯中,加入 60 mL 水,开动磁力搅拌器,用 0.05 mol/L NaOH 标准溶液滴定至电位滴定仪指示 pH=8.2 为终点。记录消耗的 NaOH 标准溶液的体积。同时做试剂空白试验	(1)能正确熟练使用移液管 (2)能熟练规范进行滴定操作 (3)能规范正确进行滴定读数和数据记录 (4)能正确使用电位滴定仪	35
5	结果分析	食醋中总酸的计算	(1)能利用计算公式正确计算 (2)能正确保留有效数字	10

续表 3-11

序号	任务实施步骤	工作内容	技能标准	分值
6	工作单	(1)课前准备内容 (2)任务实施过程记录 (3)结果分析与讨论	(1)能查阅相关标准并回答问题 (2)能够对操作过程进行记录与分析 (3)对所完成任务归纳、分析及总结	20

任务二　食品中有效酸度的测定

任务导入

乳粉主要指用冷冻或加热的方法，除去乳中几乎全部的水分，干燥后成粉末。乳粉可以分为：全脂乳粉、脱脂乳粉、速溶乳粉、配方乳粉、加糖乳粉、其他乳粉等。乳粉应用广泛，深受人们喜爱，为了确保乳粉品质，应当严格按照国家标准，对乳粉中的有效酸含量进行测定。

任务描述

查阅《食品安全国家标准 乳粉》(GB 19644—2010)、《食品安全国家标准 食品酸度的测定》(GB 5009.239—2016)等国家标准以及分析天平、pH 计等的操作规范手册，制订检验流程并实施，评价乳粉中有效酸酸度的含量是否符合要求。

任务准备

通过标准的解读，将测定乳粉中有效酸酸度含量所需仪器设备的名称、规格、数量和试剂的名称、规格、级别记录于表 3-12 和表 3-13 中。

表 3-12　所需仪器设备表

序号	仪器名称	规格
1	酸度计	带玻璃电极和适当的参比电极
2	分析天平	0.001 g
3	碱式滴定管	分刻度 0.1 mL，可准确至 0.05 mL

表 3-13　所需化学试剂表

序号	试剂名称	规格
1	氮气	纯度为 98%
2	蒸馏水	
3	氢氧化钠标准溶液	0.100 00 mol/L

任务实施

一、实施流程

配制试剂 → 仪器的调适 → 试样的制备 → 样品测定 → 空白试验 → 数据记录与处理

二、操作要点

(1)将试样全部移入约 2 倍于试样体积的洁净干燥、带密封盖的容器中，为避免样品暴露在空气中，立即盖紧并反复旋转、振荡容器，使样品彻底混合。

(2)称取 4 g 样品于 250 mL 锥形瓶中。用量筒量取 96 mL 约 20 ℃的不含二氧化碳的蒸馏水，使样品复溶，搅拌，静置 20 min。

用滴定管向锥形瓶中滴加 0.100 0 mol/L 的氢氧化钠标准溶液，直到 pH 稳定在 8.3±0.01 处 4～5 s。滴定全程搅拌、吹氮气，整个滴定过程应在 1 min 内完成。记录所用氢氧化钠溶液的毫升数(V_6)，精确至 0.05 mL。

(3)用 100 mL 不含二氧化碳的蒸馏水做空白实验，读取所消耗氢氧化钠标准溶液的毫升数(V_0)。

三、分析结果的表述

乳粉试样中的酸度数值以(°T)表示，按照式 3-27 进行：

$$X_6=\frac{c_6\times(V_6-V_0)\times 12}{m_6\times(1-\omega)\times 0.1} \qquad (式 3\text{-}27)$$

式中：X_6——试样的酸度，°T；

c_6——氢氧化钠标准溶液的浓度，mol/L；

V_6——滴定时所消耗氢氧化钠标准溶液的体积，mL；

V_0——空白实验所消耗氢氧化钠标准溶液的体积，mL；

12——12 g 乳粉相当 100 mL 复原乳(脱脂乳粉为 9，脱脂乳清粉为 7)；

m_6——称取样品的质量，g；

ω——试样中水分的质量分数，g/100 g；

$1-\omega$——试样中乳粉的质量分数，g/100 g；

0.1——酸度理论定义氢氧化钠的摩尔浓度，mol/L。

结果表示：

以重复性条件下获得的两次独立测定结果的算术平均值表示，结果保留 3 位有效数字。

在重复性条件下获得的两次独立测定结果的绝对差值不得超过算术平均值的 10%。

四、数据记录及处理

数据记录参考表 3-14。

表 3-14 乳粉中有效酸酸度测定数据记录表

<table>
<tr><td rowspan="3">基本信息</td><td>样品名称</td><td colspan="2"></td><td>样品编号</td><td></td></tr>
<tr><td>检测项目</td><td colspan="2"></td><td>检测日期</td><td></td></tr>
<tr><td>检测依据</td><td colspan="2"></td><td>检测方法</td><td></td></tr>
<tr><td rowspan="6">检测数据</td><td>样品编号</td><td>1</td><td>2</td><td>3</td><td>平均值</td></tr>
<tr><td>滴定消耗氢氧化钠标准溶液的体积</td><td></td><td></td><td></td><td></td></tr>
<tr><td>试剂空白消耗氢氧化钠标准滴定溶液的体积</td><td></td><td></td><td></td><td></td></tr>
<tr><td>称取样品的质量</td><td></td><td></td><td></td><td></td></tr>
<tr><td>氢氧化钠标准滴定溶液浓度</td><td></td><td></td><td></td><td></td></tr>
<tr><td>试样中水分的质量分数</td><td></td><td></td><td></td><td></td></tr>
<tr><td>结果计算</td><td>计算公式</td><td colspan="4"></td></tr>
<tr><td>结果讨论</td><td colspan="5">乳粉中有效酸的含量为＿＿＿＿＿＿。
根据标准判断是否符合要求＿＿＿＿＿＿。</td></tr>
</table>

五、技术提示

(1)在称量样品的过程中特别注意精确到 0.01 g。

(2)所用酸度计型号不同时，操作方法会有所不同，应按说明书严格操作。

(3)样品测定中，应注意控制氮气的流速，防止太大造成液滴飞溅。

任务评价

按表 3-15 检查工作任务的完成情况。

表 3-15　工作任务评价表

序号	任务实施步骤	工作内容	技能标准	分值
1	制订工作方案	查阅相关标准，制订乳粉中有效酸测定的实施方案	(1)正确选用标准 (2)方案制订合理	10
2	试剂与仪器	准备并检查实训材料与仪器	(1)所需的所有试剂的配制 (2)检查所需仪器是否正常	10
3	试样制备	将样品全部移入约 2 倍于样品体积的洁净干燥带密封盖的容器中，立即盖紧容器，反复旋转振荡，使样品彻底混合	能正确制备试样	10
4	称量	称取 4 g 样品与 250 mL 锥形瓶中	掌握 1～2 种称量方法	10
5	样品测定	量筒量取 96 mL 约 20 ℃不含二氧化碳的蒸馏水，使样品复溶，搅拌，然后静置 20 min 用滴定管向锥形瓶中滴加 0.100 0 mol/L 的氢氧化钠标准溶液，直到 pH 稳定在 8.3±0.01 处 4～5 s。滴定过程中，始终搅拌及吹氮气，1 min 内完成滴定。记录数据。同时做试剂空白试验	(1)能正确熟练配制溶液 (2)能熟练规范进行滴定操作 (3)能规范正确进行滴定读数和数据记录 (4)能正确使用 pH 计	30
6	结果分析	乳粉中有效酸酸度的计算	(1)能利用计算公式正确计算 (2)能正确保留有效数字	10
7	工作单	(1)课前准备内容 (2)任务实施过程记录 (3)结果分析与讨论	(1)能查阅相关标准并回答问题 (2)能够对操作过程进行记录与分析 (3)对所完成任务归纳、分析及总结	20

任务检测

一、名词解释

总酸　有效酸　挥发酸

二、填空题

1. 牛乳酸度是指__________，其大小可用__________来测定。

2. 酸奶的酸度为 16.52°T 表示____________________________。

3. 在测定样品的酸度时，所使用的蒸馏水不能含有 CO_2，因为__________。

4. 测定葡萄的总酸度，其测定结果一般以____________来表示。测定鲜肉的总酸度，其测定结果一般以____________来表示。

5. 酚酞指示剂法要求以____________作为指示剂，用____________标准溶液滴定至中性，消耗的标准溶液体积数经计算确定试样的酸度。

6. pH 计法适用于____________的测定。

7. 电位滴定仪法适用于____________的测定。

三、选择题

1. 酚酞指示剂法滴定过程中，要求滴定颜色与参比溶液的颜色相似，且(　　)不褪色。

A. 5 s　　B. 10 s　　C. 30 s　　D. 45 s

2. 酚酞指示剂法主要用于(　　)的测定。

A. 生乳及其乳制品　　B. 粮食及其制品

C. 淀粉及其衍生物　　D. 以上都对

3. 不含二氧化碳的蒸馏水是指(　　)。

A. 煮沸 15 min 逐出二氧化碳的冷却、密闭蒸馏水

B. 国标 GB/T 6682 规定的三级水

C. 随便煮煮的纯净水

D. 以上都不对

4. 实验中对参比溶液的要求有(　　)。

A. 测定多个相似产品，参比溶液可用于整个测定过程，时间不得超过 2 h

B. 测定多个相似产品，参比溶液可用于整个测定过程，时间不得超过 3 h

C. 测定不相似产品，参比溶液可用于整个测定过程，时间不得超过 3 h

D. 测定不相似产品，参比溶液可用于整个测定过程，时间不得超过 2 h

5. 食品中的挥发酸主要有(　　)。

A. 醋酸　　B. 甲酸

C. 丁酸　　D. 以上都对

四、判断题

1. 电位滴定仪法要求的水为不含二氧化碳的蒸馏水。(　　)

2. 电位滴定法的原理是中和 100 g 试样至 pH 为 8.3 所消耗的 0.100 0 mol/L 氢氧化钠体积，经计算确定其酸度。(　　)

3. 空白滴定过程中，所消耗的氢氧化钠的体积可以小于零。(　　)

4. 试样的制备工程中，应尽量避免样品暴露在空气中。(　　)

5. pH 法测定时，可以进行手工滴定，也可以使用电位滴定。(　　)

6. 电位滴定仪法中，奶油酸度的测定与炼乳酸度的测定方法相同。(　　)

7. 酚酞指示剂法滴定过程中，边滴加边转动烧瓶的目的是使溶液混合均匀。(　　)

8. 酚酞指示剂法滴定过程中，向锥形瓶中吹氮气，是为了防止溶液吸收空气中的二氧化碳。(　　)

五、简答题

1. 酚酞指示剂法测定条件的选择包括哪些内容？

2. 食品的酸度有哪几种表示方法？它们之间有什么关系？

3. 写出标定 0.1 mL/L NaOH 标准溶液的原理，操作步骤及注意问题。

4. 简述测定水果中挥发性酸度的原理。

5. 酚酞试剂法滴定过程中为什么要通氮气？

六、计算题

称取 120 g 固体 NaOH(AR)，100 mL 水溶解冷却后置于聚乙烯塑料瓶中，密封数日澄清后，取上层清液 5.60 mL，用煮沸过并冷却的蒸馏水定容至 1 000 mL。然后称取 0.300 0 g 邻苯二甲酸氢钾放入锥形瓶中，用 50 mL 水溶解后，加入酚酞指示剂后用上述氢氧化钠溶液滴定至终点耗去 15.00 mL。现用此氢氧化钠标准液测定其饮料的总酸度。先将饮料中的色素用活性炭脱色后，再加热除去 CO_2，取饮料 10.00 mL，用稀释 10 倍标准碱液滴定至终点耗去 12.25 mL，该健力宝饮料的总酸度(以柠檬酸计 $K=0.070$)为多少？

七、技能训练题

有一葡萄酒样，欲测试其总酸，因终点难以判断，拟采用电位滴定法，请问应如何进行？请写出操作步骤。

项目四　食品中脂类的测定

【学习目标】

知识目标

1. 了解食品脂类测定意义。
2. 理解脂类的概念及测定原理。
3. 掌握索氏抽提器的结构和使用方法。

技能目标

1. 会解读脂类测定的国家标准。
2. 会使用和维护脂类测定相关仪器设备。
3. 能准确测定食品的脂类含量。

思政目标

1. 培养学生高尚的职业信仰及良好的职业素养。
2. 培养学生遵守职业道德和职业规范。

脂肪的测定

【项目概述】

本项目包含 2 项相关知识和 2 项技能训练。相关知识包括食品中脂类测定的意义和食品中脂类测定的依据与方法；技能训练为坚果中粗脂肪的测定和花生油中脂肪酸含量的测定。目的是培养学习者对食品脂肪测定有一个全面认识和理解，为今后从事食品脂肪测定工作奠定坚实的理论和实践基础。

【思维导图】

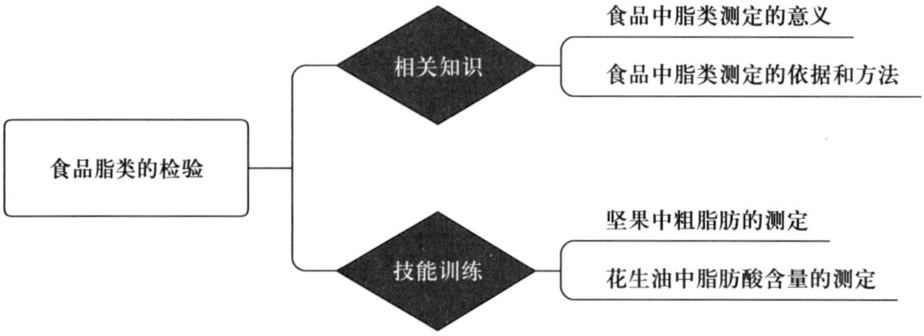

【相关知识】

一、食品中脂类测定的意义

脂类是食品中重要的营养成分之一，为人体提供必需脂肪酸，是脂溶性维生素良好溶剂，脂蛋白参与人体代谢；脂肪是一种富含热能的营养素，每克脂肪在体内可提供 37.62 kJ (9 kcal) 热能，是食物中能量最高的营养素；在食品加工生产过程中，原料、半成品、成品的脂类含量对产品风味、组织结构、品质、外观、口感等都有直接影响，所以脂肪含量是一项重要控制指标。

有关脂类的小知识

二、食品中脂类测定的依据与方法

参照《食品安全国家标准 食品中脂肪的测定》(GB 5009.6—2016)，具体方法有：索氏抽提法、酸水解法、碱酸水解法。

(一)索氏提取法

1. 原理

脂肪易溶于有机溶剂。试样直接用无水乙醚或石油醚等溶剂抽提后，蒸发除去溶剂，干燥，得到游离态脂肪的含量(图 3-3)。

2. 测定方法

(1)设备和材料　石英砂、脱脂棉、索氏抽提器、恒温水浴锅、分析天平、电热鼓风干燥箱、干燥器、滤纸筒、蒸发皿。

(2)试剂　无水乙醚、石油醚。

(3)检测程序　样品制备→索氏抽提器的清洗→称样、烘干→抽提→溶剂回收→烘干、称量→复烘→……→恒重→数据记录→结果计算。

(4)操作步骤

①试样处理　固体试样，称取充分混匀后的试样 2～5 g，准确至 0.001 g，全部移入滤纸筒内。液体或半固体试样，称取混匀后的试样 5～10 g，精确至 0.001 g，置于蒸发皿中，加入约 20 g 石英砂，于沸水浴上蒸干后，在电热鼓风干燥箱中于(100±5)℃干燥 30 min 后，取出，研细，全部移入滤纸筒内，蒸发皿及黏有试样的玻璃棒，均用沾有乙醚的脱脂棉擦净，并将棉花放入滤纸筒内。

②抽提。将滤纸筒放入索氏抽提器的抽提筒内，连接已干燥至恒重的接收瓶，由抽提器冷凝管上端加入无水乙醚或石油醚至瓶内容积的 1/3 处，于水浴上加热，使无水乙醚或石油醚不断回流抽提（6～8 次/h），一般抽提 6～10 h。提取结束时，用磨砂玻璃棒接取 1 滴提取液，磨砂玻璃棒上无油斑表明提取完毕。

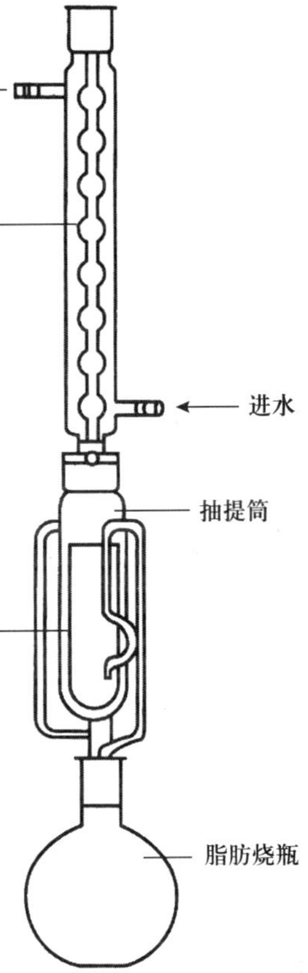

图 3-3　索氏抽提器

③称量。取下接收瓶，回收无水乙醚或石油醚，待接收瓶内溶剂剩余 1～2 mL 时在水浴上蒸干，再于（100±5）℃干燥 1 h，放干燥器内冷却 0.5 h 后称重。重复以上操作直至恒重（两次称量的差不超过 2 mg）。

3. 结果与报告

试样中脂肪的含量按式 3-28 计算：

$$X=\frac{m_1-m_0}{m_2}\times 100 \qquad \text{（式 3-28）}$$

式中：X——试样中脂肪的含量，g/100 g；

m_1——恒重后接收瓶和脂肪的质量，g；

m_0——接收瓶的质量，g；

m_2——试样的质量，g；

100——换算系数。

计算结果表示到小数点后一位。

精密度：在重复性条件下获得的两次独立测定结果的绝对差值不得超过算术平均值的 10%。

（二）酸水解法

1. 原理

食品中的结合态脂肪必须用强酸使其游离出来，游离出的脂肪易溶于有机溶剂。试样经盐酸水解后用无水乙醚或石油醚提取，除去溶剂即得游离态和结合态脂肪的总含量。

2. 测定方法

（1）设备和材料　蓝色石蕊试纸、脱脂棉、滤纸、恒温水浴锅、电热板、锥形瓶、分析天平、电热鼓风干燥箱。

（2）试剂　盐酸、乙醇、无水乙醚、石油醚、碘、碘化钾。

（3）检测程序　样品制备→称样→酸水解→抽提→溶剂回收→烘干、称量→复烘→……→恒重→数据记录→结果计算。

（4）操作步骤

①试样酸水解。根据总脂肪含量的估计值，称取混匀后的试样 25～50 g，准确至 0.1 g，倒入烧杯并加入 100 mL 水。将 100 mL 盐酸缓慢加到 200 mL 水中，并将该溶液在电热板上煮沸后加入样品液中，加热此混合液至沸腾并维持 5 min，停止加热后，取几滴混合液于试管中，待冷却后加入 1 滴碘液，若无蓝色出现，可进行下一步操作。若出现蓝色，应继续煮沸混合液，并用上述方法不断地进行检查，直至确定混合液中不含淀粉为止，再进行下一步操作。

将盛有混合液的烧杯罩于水浴锅(70～80 ℃)中 30 min，不停地搅拌，以确保温度均匀，使脂肪析出。用滤纸过滤冷却后的混合液，并用干滤纸片取出黏附于烧杯内壁的脂肪。为确保定量的准确性，应将冲洗烧杯的水进行过滤。在室温下用水冲洗沉淀和干滤纸片，直至滤液用蓝色石蕊试纸检验不变色，将含有沉淀的滤纸和干滤纸片折叠后，放置于大表面皿上，在 100 ℃±5 ℃的电热恒温干燥箱内干燥 1 h。

②抽提。将干燥后的试样装入滤纸筒内，连接已干燥至恒重的接收瓶，由抽提器冷凝管上端加入无水乙醚或石油醚至瓶内容积的 1/3 处，于水浴上加热，使无水乙醚或石油醚不断回流抽提(6～8 次/h)，一般抽提 6～10 h。提取结束时，用磨砂玻璃棒接取 1 滴提取液，磨砂玻璃棒上无油斑表明提取完毕。

③称量。取下接收瓶，回收无水乙醚或石油醚，待接收瓶内溶剂剩余 1～2 mL 时在水浴上蒸干，再于(100±5)℃干燥 1 h，放干燥器内冷却 0.5 h 后称重。重复以上操作直至恒重(两次称量的差不超过 2 mg)。

3. 结果与报告

试样中脂肪的含量按式 3-29 计算：

$$X=\frac{m_1-m_0}{m_2}\times 100 \qquad (式 3\text{-}29)$$

式中：X——试样中脂肪的含量，g/100 g；

m_1——恒重后接收瓶和脂肪的含量，g；

m_0——接收瓶的质量，g；

m_2——试样的质量，g；

100——换算系数。

计算结果表示到小数点后一位。

精密度：在重复性条件下获得的两次独立测定结果的绝对差值不得超过算术平均值的10%。

(三)碱水解法

1. 原理

用无水乙醚和石油醚抽提样品的碱(氨水)水解液，通过蒸馏或蒸发去除溶剂，测定溶于溶剂中抽提物的质量。

2. 测定方法

(1)设备和材料　分析天平、离心机、电热鼓风干燥箱、恒温水浴锅、干燥器、抽脂瓶。

(2)试剂　淀粉酶、氨水、乙醇、无水乙醚、石油醚、刚果红、盐酸、碘。

(3)检测程序　样品制备→称样→碱水解→抽提→离心→冲洗→二次抽提→冲洗→三次抽提→称量→数据记录→结果计算。

(4)操作步骤(图 3-4)

①试样碱水解。称取充分混匀试样 10 g(精确至 0.000 1 g)于抽提瓶中。加入 2.0 mL 氨水，充分混合后立即将抽脂瓶放入(65±5)℃的水浴中，加热 15～20 min，不时取出振荡。取出后，冷却至室温。静置 30 s。

②抽提。加入 10 mL 乙醇，温和但彻底地进行混合，避免液体太接近瓶颈。如果需要，可加入 2 滴刚果红溶液。加入 25 mL 乙醚，塞上瓶盖，将抽脂瓶保持在水平位置，小球的延伸部

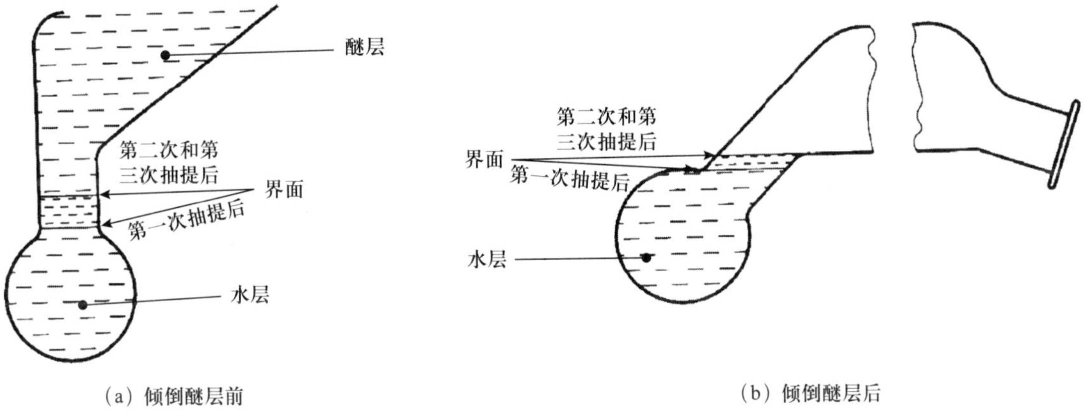

图 3-4 操作示意图

分朝上夹到摇混器上，按约 100 次/min 振荡 1 min，也可采用手动振摇方式。但均应注意避免形成持久乳化液。抽脂瓶冷却后小心地打开塞子，用少量的混合溶剂冲洗塞子和瓶颈，使冲洗液流入抽脂瓶。加入 25 mL 石油醚，塞上重新湿润的塞子，按约 100 次/min，轻轻振荡 30 s。将加塞的抽脂瓶放入离心机中，在 500～600 r/min 下离心 5 min，否则将抽脂瓶静置至少 30 min，直到上层液澄清，并明显与水相分离。小心地打开瓶塞，用少量的混合溶剂冲洗塞子和瓶颈内壁，使冲洗液流入抽脂瓶。如果两相界面低于小球与瓶身相接处，则沿瓶壁边缘慢慢地加入水，使液面高于小球和瓶身相接处，以便于倾倒。

将上层液尽可能地倒入已准备好的加入沸石的脂肪收集瓶中，避免倒出水层。用少量混合溶剂冲洗瓶颈外部，冲洗液收集在脂肪收集瓶中。应防止溶剂溅到抽脂瓶的外面。向抽脂瓶中加入 5 mL 乙醇，用乙醇冲洗瓶颈内壁，温和但彻底地进行混合，避免液体太接近瓶颈。重复操作，多次抽提。空白试验与样品检验同时进行，采用 10 mL 水代替试样，使用相同步骤和相同试剂。

(5)称量　合并所有提取液，既可采用蒸馏的方法除去脂肪收集瓶中的溶剂，也可于沸水浴上蒸发至干来除掉溶剂。将脂肪收集瓶放入(100±5)℃的烘箱中干燥 1 h，取出后置于干燥器内冷却 0.5 h 后称量。重复以上操作直至恒重(两次称量的差不超过 2 mg)。

3. 结果与报告

试样中脂肪的含量按式 3-30 计算：

$$X=\frac{(m_1-m_2)-(m_3-m_4)}{m}\times 100 \qquad (式 3-30)$$

式中：X——试样中脂肪的含量，g/100 g；

m_1——恒重后脂肪收集瓶和脂肪的含量，g；

m_2——脂肪收集瓶的质量，g；

m_3——空白试验中，恒重后脂肪收集瓶和抽提物的质量，g；

m_4——空白试验中脂肪收集瓶的质量，g；

m——样品的质量，g；

100——换算系数。

结果保留 3 位有效数字。

精密度：

当样品中脂肪含量≥15%时，两次独立测定结果之差≤0.3 g/100 g；

当样品中脂肪含量在5%～15%时，两次独立测定结果之差≤0.2 g/100 g；

当样品中脂肪含量≤5%时，两次独立测定结果之差≤0.1 g/100 g。

【技能训练】

任务一 坚果中粗脂肪的测定

任务导入

坚果脂肪含量比较高，一般为44%～70%，但坚果中的脂肪酸主要为不饱和脂肪酸，有利于提高血液中高密度脂蛋白胆固醇的含量、对预防心血管疾病有很大帮助；坚果中的维生素含量也很多，有助于减缓身体衰老增加自身免疫力。虽然营养价值高，但因其脂肪含量高，每天摄入应尽量限制在30 g内。

任务描述

查阅《食品安全国家标准 食品中脂肪的测定》(GB 5009.6—2016)和索氏抽提器等仪器使用方法，制订检验流程并实施，测定坚果样品的脂肪含量。

任务准备

通过标准的解读，将坚果中粗脂肪的测定所需的主要仪器设备及化学试剂记入表3-16、表3-17中。

表3-16 所需仪器设备表

序号	仪器名称	规格
1	索氏抽提器	/
2	恒温水浴锅	/
3	分析天平	感量0.001 g、0.000 1 g
4	电热鼓风干燥箱	/

表3-17 所需化学试剂表

序号	试剂名称	规格
1	无水乙醚	/
2	石油醚	沸程为30～60 ℃

任务实施

一、实施流程

样品制备→索氏抽提器的清洗→称样、烘干→抽提→溶剂回收→烘干至恒重→数据记录→结果计算

二、操作要点

(1)试样处理 称取粉碎后充分混匀的试样2～5 g，准确至0.001 g，全部移入滤纸筒内。

(2)抽提　将滤纸筒放入索氏抽提器的抽提筒内，连接已干燥至恒重的接收瓶，由抽提器冷凝管上端加入无水乙醚或石油醚至瓶内容积的 1/3 处，于水浴上加热，使无水乙醚或石油醚不断回流抽提(6～8 次/h)，一般抽提 6～10 h。

(3)称量　取下接收瓶，回收无水乙醚或石油醚，待接收瓶内溶剂剩余 1～2 mL 时在水浴上蒸干，再于(100±5)℃干燥 1 h，放干燥器内冷却 0.5 h 后称重。重复以上操作直至恒重(两次称量的差不超过 2 mg)。

三、分析结果的表述

试样中脂肪的含量按式 3-31 计算：

$$X=\frac{m_1-m_0}{m_2}\times 100 \qquad (式 3-31)$$

式中：X——试样中脂肪的含量，g/100 g；

m_1——恒重后接收瓶和脂肪的质量，g；

m_0——接收瓶的质量，g；

m_2——试样的质量，g；

100——换算系数。

计算结果表示到小数点后一位。

精密度：在重复性条件下获得的两次独立测定结果的绝对差值不得超过算术平均值的 10%。

四、数据记录及处理

数据记录参考表 3-18。

表 3-18　坚果中脂肪的测定数据记录表

基本信息	样品名称		样品编号		
	检测项目		检测日期		
	检测依据		检测方法		
检测数据	样品编号	1	2	3	
	试样的质量 m_2/g				
	恒重后接收瓶和脂肪的质量 m_1/g				
	接收瓶的质量 m_0/g				
结果计算	计算公式				
结果讨论	坚果中的脂肪含量为________。 根据标准判断是否符合要求。				

五、技术提示

(1)测定用样品、抽提器、抽提用有机溶剂都需要进行脱水处理，否则抽提溶剂不易渗入细胞组织内部，不易将脂肪抽提干净，影响抽提效率。

(2)滤纸要事先干燥，并存放在干燥器内备用，操作过程中动作要快，以免滤纸吸湿造成误差。滤纸筒应严密，试样则应低于虹吸管上口下沿。筒内样品松紧要适度，否则乙醚不易充分抽提试样脂肪造成结果偏低而产生误差。

(3)有机溶剂乙醚的加入量以接收瓶体积的 2/3 为宜。加溶剂经过一次虹吸，然后再加 1/3，保证试验不断循环。提取过程中若溶剂蒸发损耗太多可从冷凝器上部小心加入适量的新溶剂补充。

(4)抽提时水浴温度一般控制在乙醚刚开始沸腾即可。在恒温水浴中抽提，控制每分钟滴下乙醚 80～150 滴，或每小时回流 8～12 次，并视含量高低抽提 6～12 h。测定脂肪含量大的样品可先将样品先回流 1～2 次，然后浸泡在溶剂中过夜，次日再继续抽提，可明显缩短抽提时间。

花生油中脂肪酸含量的测定

(5)在抽提时，冷凝管上端最好连接一个氯化钙干燥管，这样可防止空气中水分进入，也可避免乙醚挥发在空气中，如无此装置可塞一团干燥的脱脂棉球。

(6)试验试样中脂肪是否抽提完全，可用被回流的乙醚滴在滤纸上，根据乙醚挥发干后有无油迹来判断，无油迹证明脂肪已被抽提完全。

(7)乙醚和石油醚（沸点 30～60 ℃）都是易燃易爆且挥发性强的物质，因此在挥发乙醚或石油醚时，切忌直接用明火加热，应该用电热套、电水浴等。另外，乙醚具有麻醉作用，在使用乙醚时应注意室内通风换气，空气流畅。

任务检测

一、名词解释

脂肪　索氏抽提　恒重　脂肪酸

二、填空题

1. 脂肪的测定方法有________、________、________、________。

2. 索氏抽提时，加入无水乙醚或石油醚的量应为抽提器容积的________，然后于水浴上加热回流________h，回流的频次应为________次/h，提取结束时，用________接取提取液，无油斑即表明提取完毕。

3. 索氏提取法提取油脂所用的有机溶剂是________或________；测脂肪时，乙醚中不能含有过氧化物的原因是________，用________可检查乙醚中是否含有过氧化物。

三、选择题

1. 索氏提取法测定食品中脂肪含量时，若滤纸筒超过回流弯管，会造成测定结果(　　)。

A. 偏大　B. 偏小　C. 不变　D. 无法确定

2. 豆制品中脂肪含量用(　　)方法测定。

A. 索氏抽提　B. 酸水解　C. 罗兹-哥特里　D. 巴布科克

3. 索氏抽提法测定粗脂肪含量要求样品(　　)。

A. 水分含量小于 10%　B. 水分含量小于 2%

C. 样品先干燥　D. 无要求

4. 用乙醚抽取测定脂肪含量时，要求样品(　　)。

A. 含有一定量水分　B. 尽量少含有蛋白质

C. 颗粒较大以防被氧化　D. 经低温脱水干燥

5. 用乙醚提取脂肪时，加热方法是(　　)。

A. 电炉加热　　B. 水浴加热　　C. 油浴加热　　D. 电热套加热

四、判断题

1. 食品中脂肪的测定通常采用索氏抽提法，它属于挥发法。（　　）

2. 索氏提取时，脂肪的恒重与水分测定时样品恒重方法不同，应于 90～91 ℃干燥，直至恒重。（　　）

3. 索氏提取法是分析食品中脂类含量的一种常用方法，可以测定出食品中的游离脂肪和结合态脂肪，故此法测得的脂肪也称为粗脂肪。（　　）

4. 乙醚中含有水，能将试样中糖及无机物抽出，造成测量脂肪含量偏高的误差。（　　）

5. 采用罗兹-哥特里法测定乳制品中的乳脂肪含量，需利用氨-乙醇溶液破坏乳的胶体性状及脂肪球膜。（　　）

五、简答题

1. 简述索氏提取法的适用范围、工作原理及注意事项。

2. 罗兹-哥特里法测定奶粉脂肪含量时，加入氨水、乙醇、乙醚及石油醚的作用分别是什么？

3. 测定脂肪时常用的提取剂有哪些？各自的特点如何？

六、计算题

称取大米样品 10.0 g，抽提前抽提瓶重 113.123 0 g，抽提后抽提瓶重 113.280 8 g，残留物重 0.157 8 g，则样品中脂肪含量为多少？

七、技能训练题

某市抽样检验中发现该市某超市出售的某品牌方便面中有一批脂肪含量不符合相关标准的规定，但该方便面公司化验室自检合格，请设计实验验证该批方便面脂肪含量是否合格。

项目五　食品中糖类物质的测定

【学习目标】

碳水化合物的测定

知识目标

1. 了解食品糖类物质的测定意义。
2. 理解还原糖、总糖的概念及测定原理。
3. 掌握直接滴定法、酸水解法检测糖的方法。

技能目标

1. 会解读食品中糖类物质测定的国家标准。
2. 会使用和维护滴定管、水浴锅、过滤装置等仪器设备。
3. 能准确测定食品的糖类物质。

思政目标

1. 培养学生科学严谨的检验精神、诚信意识。
2. 提升创新思维和发展能力，培养依法规范检验行为的意识和习惯。

【项目概述】

本项目包含 2 项相关知识和 3 项技能训练。相关知识包括食品中糖类物质测定的意义和食品中糖类物质的测定方法;其中糖类物质的测定方法具体包括还原糖的测定、蔗糖的测定、总糖的测定(直接滴定法)、淀粉的测定(酸水解法)、纤维素的测定、果胶物质的测定等内容。技能训练为蜂蜜中还原糖含量的测定、面粉中淀粉含量的测定、芹菜中粗纤维含量的测定。目的是培养学习者对食品中糖类测定有一个全面认识和理解,为今后从事食品糖类测定工作奠定坚实的理论和实践基础。

【思维导图】

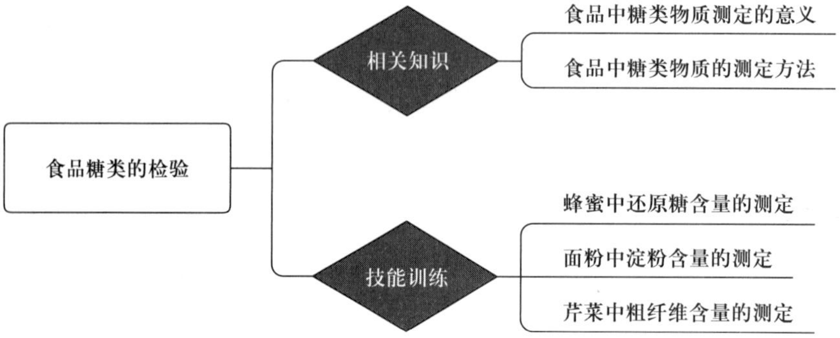

【相关知识】

一、食品中糖类物质测定的意义

糖类,是由碳、氢、氧三种元素组成的一大类化合物。糖类物质不仅是人类能量的主要来源,而且还具有许多重要的生理活性,它是食品工业的主要原料和辅助材料,是大多数食品的主要成分之一,在食品中占有很重要的地位。它赋予食品许多特性,包括容积、形状、黏度、乳化稳定性和气泡性、持水能力、冻-溶稳定性、褐变、风味香味和所需的质构(从松脆到滑爽、柔软)。糖类包括单糖、低聚糖、多糖。单糖是糖类物质的最基本组成单位,低聚糖和多糖是由单糖构成的。食品中主要的单糖有葡萄糖、果糖、半乳糖、核糖、阿拉伯糖、木糖等。低聚糖又称寡糖,是由 2～10 个分子的单糖通过糖苷键连接形成的直链或支链的有机化合物,如蔗糖、乳糖、麦芽低聚糖等,它们是保持和增进健康的重要原料。多糖是由许多单糖缩合而成的高分子化合物,包括杂多糖和同多糖。前者是由不同单糖组成的,如果胶、黄原胶等,后者是由同一种单糖分子构成的,如淀粉、纤维素等。

糖类具有重要的生理功能,其含量是食品营养价值高低的重要指标:提供能量、构成机体的重要物质、参与营养素的代谢、解毒作用、增加胃的充盈感、增强肠道功能。

糖类存在于各种食品的原料中(特别是植物性原料中),在各种食品中存在形式和含量不一,作为食品工业的主要原料和辅助材料,在食品加工工艺中,对食品的形态、组织结构、理化性质及其色香味等都有重大影响。

二、食品中糖类物质的测定方法

参照《食品安全国家标准 食品中还原糖的测定》(GB 5009.7—2016)，食品中还原糖的测定方法有直接滴定法、高锰酸钾滴定法、铁氰化钾法和奥氏试剂滴定法。

参照《食品安全国家标准 食品中果糖、葡萄糖、蔗糖、麦芽糖、乳糖的测定》(GB 5009.8—2016)，食品中果糖、葡萄糖、蔗糖、麦芽糖、乳糖的测定方法有高效液相色谱法；食品中蔗糖的测定方法有酸水解-莱茵-埃农氏法。

参照《食品安全国家标准 食品中淀粉的测定》(GB 5009.9—2016)，食品中淀粉的测定方法有酶水解法、酸水解法、肉制品中淀粉含量的测定。

参照《食品安全国家标准 粮食中粗纤维素含量测定 介质过滤法》(GB/T 5515—2008)，可测定粮食中粗纤维素含量。

参照《食品安全国家标准 食品中膳食纤维的测定》(GB 5009.88—2014)，可测定食品中总膳食纤维(TDF)含量、不溶性膳食纤维(IDF)含量和可溶性膳食纤维(SDF)含量。

参照《植物类食品中粗纤维的测定》(GB/T 5009.10—2003)，可测定植物类食品中粗纤维含量。

(一)还原糖的测定(直接滴定法)

1. 原理

试样经除去蛋白质后，以亚甲蓝作指示剂，在加热条件下滴定标定过的碱性酒石酸铜溶液(已用还原糖标准溶液标定)，根据样品液消耗体积计算还原糖含量。

2. 仪器试剂

(1)仪器

天平：感量为 0.1 mg。

水浴锅。

可调温电炉。

酸式滴定管：25 mL。

(2)试剂

盐酸溶液(1+1，体积比)：量取盐酸 50 mL，加水 50 mL 混匀。

碱性酒石酸铜甲液：称取硫酸铜 15 g 和亚甲蓝 0.05 g，溶于水中，并稀释至 1 000 mL。

碱性酒石酸铜乙液：称取酒石酸钾钠 50 g 和氢氧化钠 75 g，溶解于水中，再加入亚铁氰化钾 4 g，完全溶解后，用水定容至 1 000 mL，贮存于橡胶塞玻璃瓶中。

乙酸锌溶液：称取乙酸锌 21.9 g，加冰乙酸 3 mL，加水溶解并定容于 100 mL。

亚铁氰化钾溶液(106 g/L)：称取亚铁氰化钾 10.6 g，加水溶解并定容至 100 mL。

氢氧化钠溶液(40 g/L)：称取氢氧化钠 4 g，加水溶解后，放冷，并定容至 100 mL。

葡萄糖标准溶液(1.0 mg/mL)：准确称取经过 98～100 ℃烘箱中干燥 2 h 后的葡萄糖 1 g，加水溶解后加入盐酸溶液 5 mL，并用水定容至 1 000 mL。此溶液每毫升相当于 1.0 mg 葡萄糖。

果糖标准溶液(1.0 mg/mL)：准确称取经过 98～100 ℃干燥 2 h 的果糖 1 g，加水溶解后加入盐酸溶液 5 mL，并用水定容至 1 000 mL。此溶液每毫升相当于 1.0mg 果糖。

乳糖标准溶液(1.0 mg/mL)：准确称取经过 94～98 ℃干燥 2 h 的乳糖(含水)1 g，加水溶解后加入盐酸溶液 5 mL，并用水定容至 1 000 mL。此溶液每毫升相当于 1.0 mg 乳糖(含水)。

转化糖标准溶液(1.0 mg/mL)：准确称取 1.052 6 g 蔗糖，用 100 mL 水溶解，置具塞锥形瓶中，加盐酸溶液 5 mL，在 68～70 ℃水浴中加热 15 min，放置至室温，转移至 1 000 mL 容量瓶中并加水定容至 1 000 mL，每毫升标准溶液相当于 1.0 mg 转化糖。

3. 分析步骤

(1)试样制备

含淀粉的食品：称取粉碎或混匀后的试样 10～20 g(精确至 0.001 g)，置 250 mL 容量瓶中，加水 200 mL，在 45 ℃水浴中加热 1 h，并时时振摇，冷却后加水至刻度，混匀，静置，沉淀。吸取 200.0 mL 上清液置于另一 250 mL 容量瓶中，缓慢加入乙酸锌溶液 5 mL 和亚铁氰化钾溶液 5 mL，加水至刻度，混匀，静置 30 min，用干燥滤纸过滤，弃去初滤液，取后续滤液备用。

酒精饮料：称取混匀后的试样 100 g(精确至 0.01 g)，置于蒸发皿中，用氢氧化钠溶液中和至中性，在水浴上蒸发至原体积的 1/4 后，移入 250 mL 容量瓶中，缓慢加入乙酸锌溶液 5 mL 和亚铁氰化钾溶液 5 mL，加水至刻度，混匀，静置 30 min，用干燥滤纸过滤，弃去初滤液，取后续滤液备用。

碳酸饮料：称取混匀后的试样 100 g(精确至 0.01 g) 于蒸发皿中，在水浴上微热搅拌除去二氧化碳后，移入 250 mL 容量瓶中，用水洗涤蒸发皿，洗液并入容量瓶，加水至刻度，混匀后备用。

其他食品：称取粉碎后的固体试样 2.5～5 g(精确至 0.001 g)或混匀后的液体试样 5～25 g(精确至 0.001 g)，置 250 mL 容量瓶中，加 50 mL 水，缓慢加入乙酸锌溶液 5 mL 和亚铁氰化钾溶液 5 mL，加水至刻度，混匀，静置 30 min，用干燥滤纸过滤，弃去初滤液，取后续滤液备用。

(2)碱性酒石酸铜溶液的标定：吸取碱性酒石酸铜甲液 5.0 mL 和碱性酒石酸铜乙液 5.0 mL，于 150 mL 锥形瓶中，加水 10 mL，加入玻璃珠 2～4 粒，从滴定管中加葡萄糖标准溶液约 9 mL，控制在 2 min 中内加热至沸，趁热以每 2 s 1 滴的速度继续滴加葡萄糖标准溶液，直至溶液蓝色刚好褪去为终点，记录消耗葡萄糖标准溶液的总体积，同时平行操作 3 份，取其平均值，计算每 10 mL(碱性酒石酸甲、乙液各 5 mL)碱性酒石酸铜溶液相当于葡萄糖的质量(mg)。

(3)试样溶液预测：吸取碱性酒石酸铜甲液 5.0 mL 和碱性酒石酸铜乙液 5.0 mL 于 150 mL 锥形瓶中，加水 10 mL，加入玻璃珠 2～4 粒，控制在 2 min 内加热至沸，保持沸腾以先快后慢的速度，从滴定管中滴加试样溶液，并保持沸腾状态，待溶液颜色变浅时，以 1 滴/2 s 的速度滴定，直至溶液蓝色刚好褪去为终点，记录样品溶液消耗体积。

(4)试样溶液测定：吸取碱性酒石酸铜甲液 5.0 mL 和碱性酒石酸铜乙液 5.0 mL，置于 150 mL 锥形瓶中，加水 10 mL，加入玻璃珠 2～4 粒，从滴定管滴加比预测体积少 1 mL 的试样溶液至锥形瓶中，控制在 2 min 内加热至沸，保持沸腾继续以 1 滴/2 s 的速度滴定，直至蓝色刚好褪去为终点，记录样液消耗体积，同法平行操作 3 份，得出试样平均消耗体积(V)。

注：当样液中还原糖浓度过高时，应适当稀释后再进行正式测定，使每次滴定消耗样液的体积控制在与标定碱性酒石酸铜溶液时所消耗的还原糖标准溶液的体积相近，约 10 mL

左右。

4. 分析结果的表述

试样中还原糖的含量(以某种还原糖计)按式 3-32 计算：

$$X=\frac{m_1}{m\times F\times V/250\times 1\,000}\times 100 \qquad (式 3\text{-}32)$$

式中：X——试样中还原糖的含量(以某种还原糖计)，g/100 g；

m_1——碱性酒石酸铜溶液(甲、乙液各半)相当于某种还原糖的质量，mg；

m——试样质量，g；

F——系数，对含淀粉的食品为 0.8，其余为 1；

V——测定时平均消耗试样溶液体积，mL；

250——定容体积，mL；

1 000——换算系数。

当浓度过低时，试样中还原糖的含量(以某种还原糖计)按式 3-33 计算：

$$X=\frac{m_2}{m\times F\times 10/250\times 1\,000}\times 100 \qquad (式 3\text{-}33)$$

式中：X——试样中还原糖的含量(以某种还原糖计)，g/100 g；

m_2——标定时体积与加入样品后消耗的还原糖标准溶液体积之差相当于某种还原糖的质量，mg；

m——试样质量，g；

F——系数，对含淀粉的食品为 0.8，其余为 1；

10——样液体积，mL；

250——定容体积，mL；

1 000——换算系数。

还原糖含量≥10 g/100 g 时，计算结果保留 3 位有效数字；还原糖含量＜10 g/100 g 时，计算结果保留两位有效数字。

5. 精密度

在重复性条件下获得的两次独立测定结果的绝对差值不得超过算术平均值的 5%。

(二)蔗糖的测定

1. 原理

试样经除去蛋白质后，其中蔗糖经盐酸水解转化为还原糖，按还原糖测定。水解前后的差值乘以相应的系数即为蔗糖含量。

2. 仪器试剂

同直接滴定法测定还原糖。

3. 试样的制备和保存

同直接滴定法测定还原糖。

4. 分析步骤

(1)试样处理　见还原糖的测定中试样处理的方法。

(2)酸水解　吸取 2 份试样各 50.0 mL，分别置于 100 mL 容量瓶中。

转化前：一份用水稀释至 100 mL。

转化后：另一份加(1+1)盐酸 5 mL，在 68～70 ℃水浴中加热 15 min，冷却后加甲基红指示液 2 滴，用 200 g/L 氢氧化钠溶液中和至中性，加水至刻度。

(3)标定碱性酒石酸铜溶液　同直接滴定法测定还原糖。

(4)试样溶液的测定　同直接滴定法测定还原糖。

注：对于蔗糖含量在 0. x%水平的样品，可以采用反滴定的方式进行测定。

5. 分析结果的表述

(1)转化糖的含量　试样中转化糖的含量(以葡萄糖计)按式 3-34 进行计算：

$$R=\frac{A}{m\times\frac{50}{250}\times\frac{V}{100}\times 1\,000}\times 100 \qquad (式 3\text{-}34)$$

式中：R——试样中转化糖的质量分数，g/100 g；

A——碱性酒石酸铜溶液(甲、乙液各半)相当于葡萄糖的质量，mg；

m——样品的质量，g；

50——酸水解中吸取样液体积，mL；

250——试样处理中样品定容体积，mL；

V——滴定时平均消耗试样溶液体积，mL；

100——酸水解中定容体积，mL；

1 000——换算系数；

100——换算系数。

注：转化前样液的计算值为转化前转化糖的质量分数 R_1，转化后样液的计算值为转化后转化糖的质量分数 R_2。

(2)蔗糖的含量　试样中蔗糖的含量 X 按式 3-35 计算：

$$X=(R_2-R_1)\times 0.95 \qquad (式 3\text{-}35)$$

式中：X——试样中蔗糖的质量分数，g/100 g；

R_2——转化后转化糖的质量分数，g/100 g；

R_1——转化前转化糖的质量分数，g/100 g；

0.95——转化糖(以葡萄糖计)换算为蔗糖的系数。

蔗糖含量≥10 g/100 g 时，结果保留 3 位有效数字；蔗糖含量<10 g/100 g 时，结果保留两位有效数字。

6. 精密度

在重复性条件下获得的两次独立测定结果的绝对差值不得超过算术平均值的 10%。

(三)总糖的测定——直接滴定法

食品中的总糖通常是指食品中存在的具有还原性的或在测定条件下能水解为还原性单糖的碳水化合物的总量，包括原料自有的、生产需要加入的和在生产过程中形成的。许多食品通常只需要测其总糖量。

1. 原理

试样经处理除去蛋白质等杂质后，加入稀盐酸在加热条件下使非还原糖水解转化为还原糖，再以直接滴定法测定水解后试样中还原糖的总量。

2. 仪器试剂

同直接滴定法测定还原糖。

3. 试样的制备和保存

同直接滴定法测定还原糖。

4. 分析步骤

按照测定蔗糖的方法水解样品，再按直接滴定法测定还原糖含量。

5. 分析结果的表述

试样中的总糖含量即试样中转化糖的含量。

试样中转化糖的含量(以葡萄糖计)按式 3-36 进行计算：

$$R=\frac{A}{m\times\frac{50}{250}\times\frac{V}{100}\times 1\ 000}\times 100 \qquad (式 3\text{-}36)$$

式中：R——试样中转化糖的质量分数，g/100 g；

A——碱性酒石酸铜溶液(甲、乙液各半)相当于葡萄糖的质量，mg；

m——样品的质量，g；

50——酸水解中吸取样液体积，mL；

250——试样处理中样品定容体积，mL；

V——滴定时平均消耗试样溶液体积，mL；

100——酸水解中定容体积，mL；

1 000——换算系数；

100——换算系数。

6. 精密度

在重复性条件下获得的两次独立测定结果的绝对差值不得超过算术平均值的 10%。

(四)淀粉的测定——酸水解法

1. 原理

试样经除去脂肪及可溶性糖类后，其中淀粉用酸水解成具有还原性的单糖，然后按还原糖测定，并折算成淀粉。

2. 仪器试剂

(1)仪器设备

天平：感量为 1 mg 和 0.1 mg。

恒温水浴锅：可加热至 100 ℃。

回流装置，并附 250 mL 锥形瓶。

高速组织捣碎机。

电炉。

(2)试剂及配制

甲基红指示液(2 g/L)：称取甲基红 0.20 g，用少量乙醇溶解后，加水定容至 100 mL。

氢氧化钠(400 g/L)：称取氢氧化钠 40 g，加水溶解后，放冷，加水定容至 100 mL。

乙酸铅溶液(200 g/L):称取 20 g 乙酸铅,加水溶解并稀释至 100 mL。

硫酸钠溶液(100 g/L):称取 10 g 硫酸钠,加水溶解并稀释至 100 mL。

盐酸溶液(1+1):量取 50 mL 盐酸,与 50 mL 水混合。

乙醇(85%):取 85 mL 无水乙醇,加水定容至 100 mL 混匀。也可用 95%乙醇配制。

葡萄糖标准溶液:准确称取 1 g(精确至 0.000 1 g)经过 98～100 ℃干燥 2 h 的 *D*-无水葡萄糖,加水溶解后加入 5 mL 盐酸,并以水定容至 1 000 mL。此溶液每毫升相当于 1.0 mg 葡萄糖。

3. 分析步骤

(1)试样制备

①易于粉碎的试样。磨碎过 0.425 mm 筛(相当于 40 目),称取 2～5 g(精确到 0.001 g),置于放有慢速滤纸的漏斗中,用 50 mL 石油醚或乙醚分 5 次洗去试样中脂肪,弃去石油醚或乙醚。用 150 mL 乙醇(85%)分数次洗涤残渣,以充分除去可溶性糖类物质。根据样品的实际情况,可适当增加洗涤液的用量和洗涤次数,以保证干扰检测的可溶性糖类物质洗涤完全。滤干乙醇溶液,以 100 mL 水洗涤漏斗中残渣并转移至 250 mL 锥形瓶中,加入 30 mL 盐酸(1+1),接好冷凝管,置沸水浴中回流 2 h。回流完毕后,立即冷却。待试样水解液冷却后,加入 2 滴甲基红指示液,先以氢氧化钠溶液(400 g/L)调至黄色,再以盐酸(1+1)校正至试样水解液刚变成红色。若试样水解液颜色较深,可用精密 pH 试纸测试,使试样水解液的 pH 约为 7。然后加 20 mL 乙酸铅溶液(200 g/L),摇匀,放置 10 min。再加 20 mL 硫酸钠溶液(100 g/L),以除去过多的铅。摇匀后将全部溶液及残渣转入 500 mL 容量瓶中,用水洗涤锥形瓶,洗液合并入容量瓶中,加水稀释至刻度。过滤,弃去初滤液 20 mL,取后续滤液供测定用。

②其他样品。称取一定量样品,准确加入适量水在组织捣碎机中捣成匀浆(蔬菜、水果需先洗净晾干取可食部分)。称取相当于原样质量 2.5～5 g(精确到 0.001 g)的匀浆于 250 mL 锥形瓶中,用 50 mL 石油醚或乙醚分 5 次洗去试样中脂肪,弃去石油醚或乙醚。以下按①自"用 150 mL 乙醇(85%)"起依法操作。

(2)测定

①按照直接滴定法测定还原糖的方法进行测定。结果按式 3-37 计算。

当浓度过低时,则采取直接加入 10.00 mL 样品液,免去加水 10 mL,再用葡萄糖标准溶液滴定至终点,记录消耗的体积与标定时消耗的葡萄糖标准溶液体积之差相当于 10 mL 样液中所含葡萄糖的量(mg)。结果按式 3-38 及式 3-39 计算。

②试剂空白测定。同时量取 20.00 mL 水及与试样溶液处理时相同量的淀粉溶液,按反滴法做试剂空白试验。即用葡萄糖标准溶液滴定试剂空白溶液至终点,记录消耗的体积与标定时消耗的葡萄糖标准溶液体积之差相当于 10 mL 样液中所含葡萄糖的量(mg)。按式 3-40 及式 3-41 计算试剂空白中葡萄糖的含量。

4. 分析结果的表述

(1)试样中葡萄糖含量按式 3-37 计算:

$$X_1=\frac{m_1}{\frac{50}{250}\times\frac{V_1}{100}} \qquad \text{(式 3-37)}$$

式中：X_1——所称试样中葡萄糖的量，mg；

m_1——10 mL 碱性酒石酸铜溶液(甲、乙液各半)相当于葡萄糖的质量，mg；

50——测定用样品溶液体积，mL；

250——样品定容体积，mL；

V_1——测定时平均消耗试样溶液体积，mL；

100——测定用样品的定容体积，mL。

(2)当试样中淀粉浓度过低时葡萄糖含量按式 3-38 及式 3-39 进行计算：

$$X_2=\frac{m_2}{\frac{50}{250}\times\frac{10}{100}} \quad \text{(式 3-38)}$$

$$m_2=m_1\left(1-\frac{V_2}{V_s}\right) \quad \text{(式 3-39)}$$

式中：X_2——所称试样中葡萄糖的质量，mg；

m_2——标定 10 mL 碱性酒石酸铜溶液(甲、乙液各半)时消耗的葡萄糖标准溶液的体积与加入试样后消耗的葡萄糖标准溶液体积之差相当于葡萄糖的质量，mg；

50——测定用样品溶液体积，mL；

250——样品定容体积，mL；

10——直接加入的试样体积，mL；

100——测定用样品的定容体积，mL；

m_1——10 mL 碱性酒石酸铜溶液(甲、乙液各半)相当于葡萄糖的质量，mg；

V_2——加入试样后消耗的葡萄糖标准溶液体积，mL；

V_s——标定 10 mL 碱性酒石酸铜溶液(甲、乙液各半)时消耗的葡萄糖标准溶液的体积，mL。

(3)试剂空白值按式 3-40 及式 3-41 计算：

$$X_0=\frac{m_0}{\frac{50}{250}\times\frac{10}{100}} \quad \text{(式 3-40)}$$

$$m_0=m_1\left(1-\frac{V_0}{V_s}\right) \quad \text{(式 3-41)}$$

式中：X_0——试剂空白值，mg；

m_0——标定 10 mL 碱性酒石酸铜溶液(甲、乙液各半)时消耗的葡萄糖标准溶液的体积与加入空白后消耗的葡萄糖标准溶液体积之差相当于葡萄糖的质量，mg；

50——测定用样品溶液体积，mL；

250——样品定容体积，mL；

10——直接加入的试样体积，mL；

100——测定用样品的定容体积，mL；

V_0——加入空白试样后消耗的葡萄糖标准溶液体积，mL；

V_s——标定 10 mL 碱性酒石酸铜溶液(甲、乙液各半)时消耗的葡萄糖标准溶液的体积，mL。

(4)试样中淀粉的含量按式 3-42 进行计算：

$$X=\frac{(A_1-A_2)\times 0.9}{m\times \frac{V}{500}\times 1\ 000}\times 100 \qquad (式\ 3\text{-}42)$$

式中：X——试样中淀粉的含量，g/100 g；

A_1——测定用试样中水解液葡萄糖质量，mg；

A_2——试剂空白中葡萄糖质量，mg；

0.9——葡萄糖折算成淀粉的换算系数；

m——称取试样质量，g；

V——测定用试样水解液体积，mL；

500——试样液总体积，mL。

结果保留 3 位有效数字。

5. 精密度

在重复性条件下获得的两次独立测定结果的绝对差值不得超过算术平均值的 10%。

(五)纤维素的测定

1. 原理

在硫酸作用下，试样中的糖、淀粉、果胶质和半纤维素经水解除去后，再用碱处理，除去蛋白质及脂肪酸，剩余的残渣为粗纤维。如其中含有不溶于酸碱的杂质，可灰化后除去。

2. 仪器试剂

(1)仪器设备

锥形瓶。

G2 垂融坩埚或同型号的垂融漏斗。

恒温烘箱。

电子天平。

(2)试剂

1.25%硫酸。

1.25%氢氧化钾溶液。

石棉：加 5%氢氧化钠溶液浸泡石棉，在水浴上回流 8 h 以上，再用热水充分洗涤。然后用 20%盐酸在沸水浴上回流 8 h 以上，再用热水充分洗涤，干燥。在 600～700℃中灼烧后，加水使成混悬物，贮存于玻塞瓶中。

3. 分析步骤

(1)称取 20～30 g 捣碎的试样(或 5.0 g 干试样)，移入 500 mL 锥形瓶中，加入 200 mL 煮沸的 1.25%硫酸，加热至微沸，保持体积恒定，维持 30 min，每隔 5 min 摇动锥形瓶一次，以充分混合瓶内的物质。

(2)取下锥形瓶，立即用亚麻布过滤后，用沸水洗涤至洗液不呈酸性。

(3)再用 200 mL 煮沸的 1.25%氢氧化钾溶液，将亚麻布上的存留物洗入原锥形瓶内，加热微沸 30 min 后，取下锥形瓶，立即以亚麻布过滤，沸水洗涤 2～3 次后，移入已干燥称量的 G2 垂融坩埚或同型号的垂融漏斗中，抽滤，用热水充分洗涤后，抽干。再依次用乙醇和乙醚洗涤一次。将坩埚和内容物在105 ℃烘箱中烘干后称量，重复操作，直至恒量。

如试样中含有较多的不溶性杂质，则可将试样移入石棉坩埚，烘干称量后，再移入550 ℃高温炉中灰化，使含碳的物质全部灰化，置于干燥器内，冷却至室温称量，所损失的量即为粗纤维量。

4. 结果计算

试样中粗纤维含量按式3-43计算

$$X=\frac{G}{m}\times100\%\tag{式 3-43}$$

式中：X——试样中粗纤维的含量；

G——残余物的质量（或经高温炉损失的质量），g；

m——试样的质量，g。

计算结果表示到小数点后一位。

5. 精密度

在重复性条件下获得的两次独立测定结果的绝对差值不得超过算术平均值的10%。

(六)果胶物质的测定

1. 原理

用无水乙醇沉淀试样中的果胶，果胶经水解后生成半乳糖醛酸，在硫酸中与咔唑试剂发生缩合反应，生成紫红色化合物，该化合物在525 nm处有最大吸收，其吸收值与果胶含量成正比，以半乳糖醛酸为标准物质，标准曲线法定量。

2. 仪器试剂

(1)仪器

分光光度计。

组织捣碎机。

分析天平，感量为0.000 1 g。

恒温水浴振荡器。

离心机：4 000 r/min。

(2)试剂

无水乙醇。

硫酸（优级纯）。

咔唑。

67%乙醇溶液：无水乙醇＋水＝2＋1。

pH 0.5的硫酸溶液：用硫酸调节水的pH至0.5。

40 g/L氢氧化钠溶液：称取4.0 g氢氧化钠，用水溶解并定容至100 mL。

1 g/L咔唑乙醇溶液：称取0.100 0 g咔唑，用无水乙醇溶解并定容至100 mL。做空白实验检测，即1 mL水、0.25 mL咔唑乙醇溶液和5 mL硫酸混合后应清澈、透明、无色。

半乳糖醛酸标准储备液：准确称取无水半乳糖醛酸0.100 0 g，用少量水溶解，加入0.5 mL氢氧化钠溶液，定容至100 mL，混匀。此溶液中半乳糖醛酸质量浓度为1 000 mg/L。

半乳糖醛酸标准使用液：分别吸取0.0 mL，1.0 mL，2.0 mL，3.0 mL，4.0 mL，5.0 mL半乳糖醛酸标准储备液于50 mL容量瓶中，定容，溶液质量浓度分别为0.0 mg/L，20.0 mg/L，

40.0 mg/L,60.0 mg/L,80.0 mg/L,100.0 mg/L。

3. 分析步骤

(1)试样制备　果酱及果汁类制品,将样品搅拌均匀即可。新鲜水果,取水果样品的可食部分,用自来水和去离子水依次清洗后,用干净纱布轻轻擦去表面水分。苹果、桃等个体较大的样品采用对角线分割法,取对角可食部分,将其切碎,充分混匀;山楂、葡萄等个体较小的样品可随机取若干个体切碎混匀。用四分法取样或直接放入组织捣碎机中制成匀浆。少汁样品可按一定质量比例加入等量去离子水。将匀浆后的试样冷冻保存。

(2)预处理　称取 1.0~5.0 g(精确至 0.001 g)试样于 50 mL 刻度离心管中,加入少量滤纸屑,再加入 35 mL 约 75 ℃的无水乙醇,在 85 ℃水浴中加热 10 min,充分振荡。冷却,再加无水乙醇使总体积接近 50 mL,在 4 000 r/min 的条件下离心 15 min,弃去上清液。在 85 ℃水浴中用乙醇溶液洗涤沉淀,离心分离,弃去上清液,此步骤反复操作,直至上清液中不再产生糖的穆立虚反应为止[检验方法:取上清液 0.5 mL 注入小试管中,加入含 5% α-萘酚的乙醇溶液 2~3 滴,充分混匀,此时溶液稍有白色浑浊,然后使试管轻微倾斜,沿管壁慢慢加入 1 mL 硫酸(优级纯),若在两液层的界面不产生紫红色色环,则证明上清液中不含有糖分],保留沉淀 A。同时做试剂空白试验。

(3)果胶提取液的制备

①酸提取方式。将上述制备出的沉淀 A,用 pH 0.5 的硫酸溶液全部洗入三角瓶中,混匀,在 85 ℃水浴中加热 60 min,其间应不时摇荡,冷却后移入 100 mL 容量瓶中,用 pH 0.5 的硫酸溶液定容,过滤,保留滤液 B 供测定用。

②碱提取方式。对于香蕉等淀粉含量高的样品宜采用碱提取方式。将上述制备出的沉淀 A,用水全部洗入 100 mL 容量瓶中,加入 5 mL 氢氧化钠溶液,定容,混匀。至少放置 15 min,其间应不时摇荡。过滤,保留滤液 C 供测定用。

(4)标准曲线的绘制　吸取 0.0 mg/L,20.0 mg/L,40.0 mg/L,60.0 mg/L,80.0 mg/L,100.0 mg/L 半乳糖醛酸标准溶液各 1.0 mL 于 25 mL 玻璃试管中,分别加入 0.25 mL 咔唑乙醇溶液,产生白色絮状沉淀,不断摇动试管,再快速加入 5.0 mL 硫酸(优级纯),摇匀。立刻将试管放入 85℃水浴振荡器内水浴 20 min,取出后放入冷水中迅速冷却。在 1.5 h 的时间内,用分光光度计在波长 525 nm 处测定标准溶液的吸光度,以半乳糖醛酸浓度为横坐标,吸光度值为纵坐标,绘制标准曲线。

(5)样品的测定　吸取 1.0 mL 滤液 B 或滤液 C 于 25 mL 玻璃试管中,加入 0.25 mL 咔唑乙醇溶液,同标准溶液显色方法进行显色,在 1.5 h 的时间内,用分光光度计在波长 525 nm 处测定其吸光度,根据标准曲线计算出滤液 B 或滤液 C 中果胶含量,以半乳糖醛酸浓度计。按上述方法同时做空白试验,用空白调零。如果吸光度超过 100 mg/L 半乳糖醛酸的吸光度时,将滤液 B 或滤液 C 稀释后重新测定。

4. 结果分析

试样中果胶含量以半乳糖醛酸脂类分数 ω 计,单位为 g/kg,按式 3-44 计算:

$$\omega=\frac{\rho\times V}{m\times 1\ 000} \qquad \text{(式 3-44)}$$

式中:ρ——滤液 B 或滤液 C 中半乳糖醛酸质量浓度,mg/L;

V——果胶沉淀 A 定容体积，mL；

m——试样质量，g。

计算结果保留 3 位有效数字。

5. 精密度

在重复性条件下获得的两次独立测试结果的绝对差值不得超过这两次测定算术平均值的 10%。

【技能训练】

任务一　蜂蜜中还原糖含量的测定

任务导入

蜂蜜是蜜蜂从开花植物的花中采得的花蜜在蜂巢中经过充分酿造而成的天然甜物质。气味清香浓郁，味道纯真甜美。蜜蜂从植物的花中采取含水量约 75% 的花蜜或分泌物，存入自己第二个胃中，在体内多种转化酶的作用下，经过 15 d 左右反复酝酿，将各种维生素、矿物质和氨基酸丰富到一定的数值，同时把花蜜中的多糖转变成人体可直接吸收的单糖葡萄糖、果糖。而水分含量少于 23% 的花蜜或分泌物则直接存贮到巢洞中，用蜂蜡密封。

蜂蜜中含有大约 35% 的葡萄糖，40% 的果糖，这两种糖都可以不经过消化作用而直接被人体吸收。蜂蜜中含有与人体血清中浓度相近的多种无机盐，还含有一定数量的维生素 B_1、维生素 B_2、铁、钙、铜、磷、钾等物质。

任务描述

查阅《食品安全国家标准 食品中还原糖的测定》(GB 5009.7—2016)，制订检验流程并实施，测定样品的还原糖含量。

任务准备

通过标准的解读，将蜂蜜中还原糖测定所需的主要仪器设备及化学试剂记入表 3-19、表 3-20 中。

表 3-19　所需仪器设备表

序号	仪器名称	规格
1	天平	感量为 0.1 mg
2	水浴锅	/
3	可调温电炉	/
4	酸式滴定管	25 mL

表 3-20　所需化学试剂表

序号	试剂名称	规格
1	盐酸溶液	量取盐酸 50 mL，加水 50 mL 混匀
2	碱性酒石酸铜甲液	称取硫酸铜 15 g 和亚甲蓝 0.05 g，溶于水中，并稀释至 1 000 mL

续表 3-20

序号	试剂名称	规格
3	碱性酒石酸铜乙液	称取酒石酸钾钠 50 g 和氢氧化钠 75 g,溶解于水中,再加入亚铁氰化钾 4 g,完全溶解后,用水定容至 1 000 mL,贮存于橡胶塞玻璃瓶中
4	乙酸锌溶液	称取乙酸锌 21.9 g,加冰乙酸 3 mL,加水溶解并定容于 100 mL
5	亚铁氰化钾溶液	称取亚铁氰化钾 10.6 g,加水溶解并定容至 100 mL
6	氢氧化钠溶液	称取氢氧化钠 4 g,加水溶解后,放冷,并定容至 100 mL
7	某种糖标准溶液	1.0 mg/mL(葡萄糖、果糖、乳糖、转化糖)

任务实施

一、实施流程

试样制备 → 碱性酒石酸铜溶液的标定 → 试样溶液预测 → 试样溶液测定 → 结果分析

二、操作要点

同直接滴定法测定还原糖。

三、分析结果的表述

试样中还原糖的含量(以某种还原糖计)按式 3-45 计算:

$$X=\frac{A}{m\times V/250\times 1\ 000}\times 100 \qquad (式\ 3\text{-}45)$$

式中:X——试样中还原糖的含量(以某种还原糖计),g/100 g;

A——碱性酒石酸铜溶液(甲、乙液各半)相当于某种还原糖的质量,mg;

m——试样质量,g;

V——测定时平均消耗试样溶液体积,mL;

250——定容体积,mL;

1 000——换算系数。

四、数据记录及处理

数据记录参考表 3-21。

表 3-21 蜂蜜中还原糖的测定数据记录表

基本信息	样品名称			样品编号	
	检测项目			检测日期	
	检测依据			检测方法	
检测数据	样品编号	1	2	3	
	试样的重量 m/g				
	标定碱性酒石酸铜溶液消耗葡萄糖的体积 V_0/mL				
	碱性酒石酸铜溶液(甲、乙液各半)相当于某种还原糖的质量 A/mg				

续表 3-21

检测数据	样品编号	1	2	3	
	测定时平均消耗试样溶液体积 V/mL				
结果计算	计算公式				
结果讨论	蜂蜜中的还原糖含量为________。 根据标准判断是否符合要求。				

五、技术提示

(1)在样品处理时,不能用铜盐作为澄清剂,以免样液中引入 Cu^{2+} 得到错误的结果。本法是根据一定量的碱性酒石酸铜溶液(Cu^{2+} 量一定)消耗的样液来计算样液中还原糖含量,反应体系中 Cu^{2+} 的含量是定量的基础。

(2)碱性酒石酸铜甲液和乙液应分别贮存,用时才混合,否则酒石酸钾钠铜络合物长期在碱性条件下会慢慢分解析出氧化亚铜沉淀,使试剂有效浓度降低。

(3)滴定必须在沸腾条件下进行,其原因一是可以加快还原糖与 Cu^{2+} 的反应速度;二是次甲基蓝变色反应是可逆的,还原型次甲基蓝遇空气中的氧时又会被氧化为氧化型。此外,氧化亚铜也极不稳定,易被空气中的氧氧化。保持反应液沸腾可防止空气进入,避免次甲基蓝和氧化亚铜被氧化而增加耗糖量。

(4)样品溶液预测的目的:一是了解样品溶液浓度是否合适,使预测时消耗样液量在 10 mL 左右;二是预留比实际用量少 1 mL 左右的样液,以保证在 1 min 内完成续滴定工作,提高测定的准确度。

(5)影响测定结果的主要操作因素是反应液碱度、热源强度、煮沸时间和滴定速度。

任务评价

按表 3-22 检查工作任务的完成情况。

表 3-22　工作任务评价表

序号	任务实施步骤	工作内容	技能标准	分值
1	制订工作方案	查阅相关标准,制订蜂蜜中还原糖含量测定的实施方案	(1)正确选用标准 (2)方案制订合理	10
2	准备工作	酸式滴定管的洗涤、检查、润洗	酸式滴定管的洗涤干净、不漏液	5
3	采样与预处理	将样品混匀	样品混合均匀	5
4	碱性酒石酸铜溶液的标定	操作规范、滴至蓝色刚好褪去为终点	(1)加入沸石 (2)滴定过程一直保持沸腾状态 (3)终点判断要准确	15
5	样品预滴	操作规范、滴至蓝色刚好褪去为终点	(1)滴定过程一直保持沸腾状态 (2)终点判断要准确	10

续表 3-22

序号	任务实施步骤	工作内容	技能标准	分值
6	样品正滴	操作规范、滴至蓝色刚好褪去为终点	(1)直接加样至比预滴少 1 mL (2)滴定过程一直保持沸腾状态 (3)终点判断要准确	15
7	结果分析	蜂蜜中还原糖含量的计算	(1)能利用计算公式正确计算 (2)能正确保留有效数字	20
8	工作单	(1)课前准备内容 (2)任务实施过程记录 (3)结果分析与讨论	(1)能查阅相关标准并回答问题 (2)能够对操作过程进行记录与分析 (3)对所完成任务归纳、分析及总结	20

任务二　面粉中淀粉含量的测定

任务导入

我们常说的“面粉”通常是指小麦粉，即用小麦磨出来的粉。面粉中一般淀粉含量为 72% 左右。面粉中的淀粉由支链淀粉和直链淀粉两部分组成，其中前者占 24%，后者占 75%，剩余的是蛋白质和其他含量极少的灰分、酶、水分、脂肪和维生素等。

小麦粉按性能和用途分为专用面粉(如面包粉、饺子粉、饼干粉等)、通用面粉(如标准粉、富强粉)、营养强化面粉(如增钙面粉、富铁面粉、“7+1”营养强化面粉等)；按精度分为特制一等面粉、特制二等面粉、标准面粉、普通面粉等；按筋力强弱分为高筋面粉、中筋面粉及低筋面粉。

任务描述

查阅《食品安全国家标准 食品中淀粉的测定》(GB 5009.9—2016)，制订检验流程并实施，测定样品的淀粉含量。

任务准备

通过标准的解读，将面粉中淀粉测定所需的主要仪器设备及化学试剂记入表 3-23、表 3-24 中。

表 3-23　所需仪器设备表

序号	仪器名称	规格
1	天平	感量为 1 mg 和 0.1 mg
2	恒温水浴锅	可加热至 100 ℃
3	组织捣碎机	/
4	电炉	/

表 3-24　所需化学试剂表

序号	试剂名称	规格
1	甲基红指示液	称取甲基红 0.20 g，用少量乙醇溶解后，加水定容至 100 mL
2	盐酸溶液	量取 50 mL 盐酸与 50 mL 水混合
3	氢氧化钠溶液	称取 20 g 氢氧化钠，加水溶解并定容至 100 mL

续表 3-24

序号	试剂名称	规格
4	碱性酒石酸铜甲液	称取 15 g 硫酸铜及 0.050 g 亚甲蓝，溶于水中并定容至 1 000 mL
5	碱性酒石酸铜乙液	称取 50 g 酒石酸钾钠、75 g 氢氧化钠，溶于水中，再加入 4 g 亚铁氰化钾，完全溶解后，用水定容至 1 000 mL，贮存于橡胶塞玻璃瓶内
6	淀粉酶溶液	称取高峰氏淀粉酶 0.5 g，加 100 mL 水溶解，临用时配制；也可加入数滴甲苯或三氯甲烷防止长霉，置于 4 ℃冰箱中
7	碘溶液	称取 3.6 g 碘化钾溶于 20 mL 水中，加入 1.3 g 碘，溶解后加水定容至 100 mL
8	乙醇溶液	取 85 mL 无水乙醇，加水定容至 100 mL 混匀

任务实施

一、实施流程

样品制备 → 标定碱性酒石酸铜溶液 → 试样溶液预测 → 试样溶液测定 → 试剂空白测定 → 结果计算

二、操作要点

(1)用 50 mL 石油醚或乙醚分五次洗去脂肪，弃去石油醚或乙醚。

(2)用 150 mL 乙醇(85%，体积比)分数次洗涤残渣，以充分除去可溶性糖类物质。

(3)滤干乙醇溶液，以 100 mL 水洗涤漏斗中残渣并转移至 250 mL 锥形瓶中，加入 30 mL 盐酸(1+1)，接好冷凝管，置沸水浴中回流 2 h。

(4)回流完毕后，立即冷却。待试样水解液冷却后，加入 2 滴甲基红指示液，先以氢氧化钠溶液(400 g/L)调至黄色，再以盐酸(1+1)校正至试样水解液刚变成红色。若试样水解液颜色较深，可用精密 pH 试纸测试，使试样水解液的 pH 约为 7。

(5)加 20 mL 乙酸铅溶液(200 g/L)，摇匀，放置 10 min。

(6)加 20 mL 硫酸钠溶液(100 g/L)，以除去过多的铅。

(7)摇匀后将全部溶液及残渣转入 500 mL 容量瓶中，用水洗涤锥形瓶，洗液合并入容量瓶中，加水稀释至刻度。过滤，弃去初滤液 20 mL，滤液供测定用。

(8)标定碱性酒石酸铜溶液时，从滴定管滴加约 9 mL 葡萄糖标准溶液，控制在 2 min 内加热至沸，保持溶液呈沸腾状态，以每 2 s 一滴的速度继续滴加葡萄糖，直至溶液蓝色刚好褪去为终点。

(9)试样溶液测定时，从滴定管滴加比预测体积少 1 mL 的试样溶液至锥形瓶中，在 2 min 内加热至沸，保持沸腾状态继续以每 2 s 一滴的速度滴定，直至蓝色刚好褪去为终点，记录样液消耗体积。

(10)整个滴定过程，锥形瓶不能离开电炉，需一直保持沸腾状态且尽量不要摇动锥形瓶以免终点判断失误。

三、分析结果的表述

(1)试样中葡萄糖含量按式 3-46 计算：

$$X_1=\frac{m_1}{\frac{50}{250}\times\frac{V_1}{100}} \qquad (式 3-46)$$

式中：X_1——所称试样中葡萄糖的量，mg；

m_1——10 mL 碱性酒石酸铜溶液（甲、乙液各半）相当于葡萄糖的质量，mg；

50——测定用样品溶液体积，mL；

250——样品定容体积，mL；

V_1——测定时平均消耗试样溶液体积，mL；

100——测定用样品的定容体积，mL。

（2）当试样中淀粉浓度过低时葡萄糖含量按式 3-47 与式 3-48 计算：

$$X_2=\frac{m_2}{\frac{50}{250}\times\frac{10}{100}} \qquad (式 3-47)$$

$$m_2=m_1\left(1-\frac{V_2}{V_s}\right) \qquad (式 3-48)$$

式中：X_2——所称试样中葡萄糖的质量，mg；

m_2——标定 10 mL 碱性酒石酸铜溶液（甲、乙液各半）时消耗的葡萄糖标准溶液的体积与加入试样后消耗的葡萄糖标准溶液体积之差相当于葡萄糖的质量，mg；

50——测定用样品溶液体积，mL；

250——样品定容体积，mL；

10——直接加入的试样体积，mL；

100——测定用样品的定容体积，mL；

m_1——10 mL 碱性酒石酸铜溶液（甲、乙液各半）相当于葡萄糖的质量，mg；

V_2——加入试样后消耗的葡萄糖标准溶液体积，mL；

V_s——标定 10 mL 碱性酒石酸铜溶液（甲、乙液各半）时消耗的葡萄糖标准溶液的体积，mL。

（3）试剂空白值按式 3-49 与式 3-50 计算：

$$X_0=\frac{m_0}{\frac{50}{250}\times\frac{10}{100}} \qquad (式 3-49)$$

$$m_0=m_1\left(1-\frac{V_0}{V_s}\right) \qquad (式 3-50)$$

式中：X_0——试剂空白值，mg；

m_0——标定 10 mL 碱性酒石酸铜溶液（甲、乙液各半）时消耗的葡萄糖标准溶液的体积与加入空白后消耗的葡萄糖标准溶液体积之差相当于葡萄糖的质量，mg；

50——测定用样品溶液体积，mL；

250——样品定容体积，mL；

10——直接加入的试样体积，mL；

100——测定用样品的定容体积，mL；

V_0——加入空白试样后消耗的葡萄糖标准溶液体积，mL；

V_s——标定 10 mL 碱性酒石酸铜溶液（甲、乙液各半）时消耗的葡萄糖标准溶液的体积，mL。

（4）试样中淀粉的含量按式 3-51 计算：

$$X=\frac{(A_1-A_2)\times 0.9}{m\times\frac{V}{500}\times 1\,000}\times 100 \quad （式 3-51）$$

式中：X——试样中淀粉的含量，g/100 g；

A_1——测定用试样中水解液葡萄糖质量，mg；

A_2——试剂空白中葡萄糖质量，mg；

0.9——葡萄糖折算成淀粉的换算系数；

m——称取试样质量，g；

V——测定用试样水解液体积，mL；

500——试样液总体积，mL。

结果保留 3 位有效数字。

四、数据记录及处理

数据记录参考表 3-25。

表 3-25　面粉中淀粉含量的测定数据记录表

基本信息	样品名称		样品编号		
	检测项目		检测日期		
	检测依据		检测方法		
检测数据	样品编号	1	2	3	平均值
	试样的重量 m/g				
	标定碱性酒石酸铜溶液消耗葡萄糖的体积 V_0/mL				
	碱性酒石酸铜溶液（甲、乙液各半）相当于某种还原糖的质量 A/mg；				
	测定时平均消耗试样溶液体积 V/mL				
结果计算	计算公式				
结果讨论	蜂蜜中的还原糖含量为＿＿＿＿＿＿＿＿。 根据标准判断是否符合要求。				

五、技术提示

（1）样品制备时，脂肪与还原糖洗涤要彻底。沉淀时不能用铜盐作为澄清剂。

（2）碱性酒石酸铜甲液和乙液应分别贮存，用时才混合，否则酒石酸钾钠铜络合物长期在碱性条件下会慢慢分解析出氧化亚铜沉淀，使试剂有效浓度降低。

(3)滴定必须在沸腾条件下进行,其原因一是可以加快还原糖与 Cu^{2+} 的反应速度;二是次甲基蓝变色反应是可逆的,还原型次甲基蓝遇空气中的氧时又会被氧化为氧化型。此外,氧化亚铜也极不稳定,易被空气中的氧氧化。保持反应液沸腾可防止空气进入,避免次甲基蓝和氧化亚铜被氧化而增加耗糖量。

(4)滴定时不能随意摇动锥形瓶,更不能把锥形瓶从热源上取下来滴定,以防止空气进入反应溶液中。

(5)样品溶液预测的目的:一是了解样品溶液浓度是否合适,使预测时消耗样液量在 10 mL 左右;二是预留比实际用量少 1 mL 左右的样液,以保证在 1 min 内完成续滴定工作,提高测定的准确度。

任务评价

按表 3-26 检查工作任务的完成情况。

表 3-26 工作任务评价表

序号	任务实施步骤	工作内容	技能标准	分值
1	制订工作方案	查阅相关标准,制订面粉中淀粉含量测定的实施方案	(1)正确选用标准 (2)方案制订合理	10
2	准备工作	酸式滴定管的洗涤、检查、润洗	酸式滴定管的洗涤干净、不漏液	5
3	采样与预处理	将样品混匀,去除脂肪和还原性糖	(1)样品混合均匀 (2)脂肪洗涤彻底 (3)还原性糖洗涤彻底	15
4	碱性酒石酸铜溶液的标定	操作规范、滴至蓝色刚好褪去为终点	(1)加入沸石 (2)滴定过程一直保持沸腾状态 (3)终点判断要准确	10
5	样品预滴	操作规范、滴至蓝色刚好褪去为终点	滴定过程一直保持沸腾状态,终点判断要准确	5
6	样品正滴	操作规范、滴至蓝色刚好褪去为终点	(1)直接加样至预滴少 1 mL (2)滴定过程一直保持沸腾状态 (3)终点判断要准确	15
7	结果分析	面粉中淀粉含量的计算	(1)能利用计算公式正确计算 (2)能正确保留有效数字	20
8	工作单	(1)课前准备内容 (2)任务实施过程记录 (3)结果分析与讨论	(1)能查阅相关标准并回答问题 (2)能够对操作过程进行记录与分析 (3)对所完成任务归纳、分析及总结	20

任务三 芹菜中粗纤维含量的测定

任务导入

芹菜,属伞形科植物,品种繁多,在我国有着悠久的种植历史和大范围的种植面积,是中国人常吃的蔬菜之一,其富含蛋白质、碳水化合物、胡萝卜素、B 族维生素、钙、磷、铁、钠等,同时具有平肝清热、祛风利湿、除烦消肿、凉血止血、解毒宣肺、健胃利血、清肠利便、润肺止咳、降低血压、健脑镇静的功效。除此之外，芹菜中还富含纤维素。

任务描述

查阅《植物类食品中粗纤维的测定》(GB/T 5009.10—2003)，制订检验流程并实施，测定芹菜样品的粗纤维含量。

任务准备

通过标准的解读，将芹菜中粗纤维含量测定所需的主要仪器设备及化学试剂记入表3-27与表3-28中。

表3-27　所需仪器设备表

序号	仪器名称	规格
1	回流装置	/
2	石棉	/
3	水浴锅	/
4	马弗炉	/
5	G2垂融坩埚	

表3-28　所需化学试剂表

序号	试剂名称	规格
1	硫酸	1.25%
2	氢氧化钾	1.25%

任务实施

一、实施流程

样品制备 → 加入1.25%硫酸，共热并保持微沸30 min → 用亚麻布过滤并用沸水洗至不呈酸性 → 用1.25%氢氧化钾将残留物洗入锥形瓶并加热至微沸30 min → 抽滤、沸水洗涤 → 乙醇和乙醚洗涤 → 烘干 → 复烘 →……→ 恒重 → 数据记录 → 结果计算

二、操作要点

(1)酸洗过程要一直保持微沸，且保持体积恒定。

(2)过滤要用亚麻布，并用沸水洗至不呈酸性。

(3)碱洗过程同样需保持微沸30 min。

(4)碱洗后先用亚麻布过滤，然后再用干燥称量的G2垂融坩埚或同型号的垂融漏斗中，抽滤至干燥后再依次用乙醇和乙醚洗涤一次。

(5)将坩埚和内容物在105 ℃烘箱中烘干后称量，重复操作，直至恒量。

三、分析结果的表述

试样中粗纤维含量按式3-52计算：

$$X=\frac{G}{m}\times 100\% \qquad \text{(式 3-52)}$$

式中：X——试样中粗纤维的含量；

G——残余物的质量(或经高温炉损失的质量)，g；

m——试样的质量，g。

计算结果表示到小数点后一位。

四、数据记录及处理

数据记录参考表 3-29。

表 3-29 芹菜中粗纤维的测定数据记录表

<table>
<tr><td rowspan="3">基本信息</td><td>样品名称</td><td colspan="2"></td><td>样品编号</td><td></td></tr>
<tr><td>检测项目</td><td colspan="2"></td><td>检测日期</td><td></td></tr>
<tr><td>检测依据</td><td colspan="2"></td><td>检测方法</td><td></td></tr>
<tr><td rowspan="5">检测数据</td><td colspan="2">样品编号</td><td>1</td><td>2</td><td>3</td><td>平均值</td></tr>
<tr><td colspan="2">试样的重量 m_2/g</td><td></td><td></td><td></td><td></td></tr>
<tr><td colspan="2">恒重后坩埚和残留物的重量 m_1/g</td><td></td><td></td><td></td><td></td></tr>
<tr><td colspan="2">残余物的质量 G/g</td><td></td><td></td><td></td><td></td></tr>
<tr><td colspan="2">垂融坩埚的重量 m_0/g</td><td></td><td></td><td></td><td></td></tr>
<tr><td>结果计算</td><td colspan="2">计算公式</td><td colspan="4"></td></tr>
<tr><td>结果讨论</td><td colspan="6">芹菜中的粗纤维含量为________。
根据标准判断是否符合要求。</td></tr>
</table>

五、技术提示

如试样中含有较多的不溶性杂质，则可将试样移入石棉坩埚，烘干称量后，再移入 550 ℃高温炉中灰化，使含碳的物质全部灰化，置于干燥器内，冷却至室温称量，所损失的量即为粗纤维量。

任务评价

按表 3-30 检查工作任务的完成情况。

表 3-30 工作任务评价表

序号	任务实施步骤	工作内容	技能标准	分值
1	制订工作方案	查阅相关标准，制订芹菜粗纤维测定的实施方案	(1)正确选用标准 (2)方案制订合理	10
2	准备工作	垂融坩埚的洗涤和干燥	垂融坩埚洗净并烘干至恒重	5
3	采样与预处理	将样品充分混匀	样品混合均匀	5
4	试样酸洗	将样品与碱共沸后洗至不呈酸性	(1)注意酸的浓度和微沸时间 (2)过滤采用亚麻布 (3)用沸水洗至不呈酸性	15
5	样品碱洗	将样品与碱共沸后先用亚麻布过滤，多次沸水洗涤后移入干燥称量的垂融坩埚中抽滤后，依次用乙醇和乙醚洗涤	(1)注意碱的浓度和共沸时间 (2)转移至坩埚后先用热水洗涤 (3)在坩埚上热水洗涤后抽干再分别用乙醇和乙醚各洗涤几次	15

续表 3-30

序号	任务实施步骤	工作内容	技能标准	分值
6	烘干	将坩埚和内容物烘干至恒重	(1)烘干温度为 105 ℃ (2)反复烘干直至恒重	10
7	结果分析	芹菜中粗纤维含量的计算	(1)能利用计算公式正确计算 (2)能正确保留有效数字	20
8	工作单	(1)课前准备内容 (2)任务实施过程记录 (3)结果分析与讨论	(1)能查阅相关标准并回答问题 (2)能够对操作过程进行记录与分析 (3)对所完成任务归纳、分析及总结	20

任务检测

一、名词解释

还原糖　总糖　膳食纤维　果胶　淀粉

二、填空题

1. 测定还原糖含量时，对提取液中含有的色素、蛋白质、可溶性果胶、淀粉、单宁等影响测定的杂质必须除去，常用的方法是＿＿＿＿＿，常用澄清剂有＿＿＿＿＿、＿＿＿＿＿和＿＿＿＿＿。

2. 还原糖的测定是一般糖类定量的基础，这是因为有些糖其本身不具有还原性，但可以通过＿＿＿＿＿＿＿，然后换算成相应糖类的含量。

3. 还原糖通常用氧化剂＿＿＿＿＿＿为标准溶液进行测定。指示剂是＿＿＿＿＿＿。

4. 常用的糖类提取剂有＿＿＿＿＿＿和＿＿＿＿＿＿＿。

5. 费林试剂由甲、乙溶液组成，甲为＿＿＿＿＿＿＿＿，乙为＿＿＿＿＿＿＿＿。

三、选择题

1. 直接滴定法在滴定过程中（　　）。

A. 边加热边振荡　　B. 加热沸腾后取下滴定
C. 加热保持沸腾，无须振荡　　D. 无须加热沸腾即可滴定

2. 还原糖的测定中，加入（　　）以消除反应产生的氧化铜红色沉淀对滴定的干扰。

A. 铁氰化钾　　B. 亚铁氰化钾　　C. 醋酸铅　　D. 氢氧化钠

3. 用直接滴定法测样品还原糖的含量，在样品处理时可选用（　　）作澄清剂；用高锰酸钾法测样品还原糖的含量时，可选用（　　）作澄清剂来处理样品。

A. 中性醋酸铅　　B. 乙酸锌和亚铁氰化钾
C. 硫酸铜和氢氧化钠　　D. 硫酸铜和亚铁氰化钾

4. （　　）测定是糖类定量的基础。

A. 还原糖　　B. 非还原糖　　C. 淀粉　　D. 葡萄糖

5. 直接滴定法在测定还原糖含量时用（　　）作指示剂。

A. 亚铁氰化钾　　B. 亚甲基蓝　　C. 铜离子　　D. 醋酸锌

6. 费林试剂 A 液和 B 液应该（　　）。

A. 分别储存，临用时混　　B. 混合储存，临用时稀释
C. 分别储存，临用时稀释并混合使用　　D. 混合好可长期使用

7. 在测定样品还原糖浓度时，应先进行预备滴定，其目的是（　　）。

A. 为了提高正式滴定的准确度

B. 为了方便终点的观察

C. 是正式滴定的平行实验，滴定的结果可用于平均值的计算

D. 熟练操作过程

8. 酸水解法测定淀粉含量时，加入盐酸和水后，在沸水浴中水解 6 h 用(　　)检查淀粉是否水解完全。

A. 碘液　　B. 硫代硫酸钠溶液　　C. 酚酞　　D. 氢氧化钠

9. 测定乳品样品中的糖类，需在样品提取液中加醋酸铅溶液，其作用是(　　)。

A. 沉淀蛋白质　B. 脱脂　　C. 沉淀糖类　　D. 除矿物质

10. 下列对糖果中还原糖测定说法不正确的是(　　)。

A. 滴定时保持沸腾是防止次甲基蓝隐色体被空气氧化

B. 滴定终点显示出鲜红色是氧化铜的颜色

C. 可用澄清剂除去蛋白质和有机酸的干扰

D. 用中性乙酸铅作澄清剂时可让过量铅留在溶液中

四、判断题

1. 用直接滴定法来测定大豆蛋白溶液中的还原糖含量，由于此样品含有较多的蛋白质，为减少测定时蛋白质产生的干扰，应先选用硫酸铜-氢氧化钠溶液作为澄清剂来除去蛋白质。(　　)

2. 直接滴定法测还原糖含量时，需不时晃动锥形瓶。(　　)

3. 直接滴定法测还原糖含量时，滴定终点为出现砖红色沉淀。(　　)

4. 酸水解-莱茵-埃农氏法测蔗糖含量时，需分别测定转化前和转化后溶液中的还原糖含量。(　　)

5. 植物中粗纤维含量测定通常采用重量法。(　　)

五、简答题

1. 直接滴定法测定食品还原糖含量时，为什么要对葡萄糖标准溶液进行标定？

2. 直接滴定法测食品中还原糖的含量，为何要在沸腾条件下进行操作？

3. 水果硬糖成分简单，几乎不经过样品处理就可直接用于测定，而对于含脂肪、淀粉比较多的样品，干扰大，应如何进行样品处理、澄清？

4. 高锰酸钾滴定法测定还原糖含量时，应注意哪些问题？

5. 在测定粗纤维时，如何进行样品的前处理？

6. 试分析在淀粉测定中影响其测定结果的因素有哪些？

7. 试述食品中糖类物质测定的方法有哪些？

六、计算题

称取芹菜样品 20.0 g，G2 垂融坩埚洗净后烘干称重分别为 115.100 3 g，113.122 0 g，113.123 0 g，样品处理后残留物与垂融坩埚横杆称重分别为 114.280 8 g，113.390 1 g，113.388 8 g，计算该芹菜样品中粗纤维含量为多少？

七、技能训练题

某公司新开发了一款果蔬汁饮料，配方已确定，需制订该产品的企业标准，故需对产品各项指标进行检测，请设计实验以测定该果蔬汁饮料中总糖含量。

项目六　食品中蛋白质和氨基酸的测定

【学习目标】

蛋白质的测定

知识目标

1. 了解食品蛋白质和氨基酸测定的意义。
2. 理解蛋白质、氨基酸的概念及测定原理。
3. 掌握测定食品中蛋白质和氨基酸的方法。

技能目标

1. 会解读食品中蛋白质和氨基酸测定的国家标准。
2. 会使用和维护分光光度计、凯氏定氮装置等仪器设备。
3. 能准确测定食品的蛋白质和氨基酸。

思政目标

1. 培养学生爱岗敬业的意识。
2. 强化对学生时代使命感、社会责任感的培养。

【项目概述】

本项目包含 3 项相关知识和 2 项技能训练。相关知识包括食品中蛋白质和氨基酸测定的意义、食品中蛋白质的测定方法和氨基酸的测定方法；技能训练为大豆中蛋白质含量的测定和酿造酱油中氨基态氮含量的测定。目的是培养学习者对食品蛋白质及氨基酸测定有一个全面认识和理解，为今后从事蛋白质及氨基酸测定工作奠定坚实的理论和实践基础。

【思维导图】

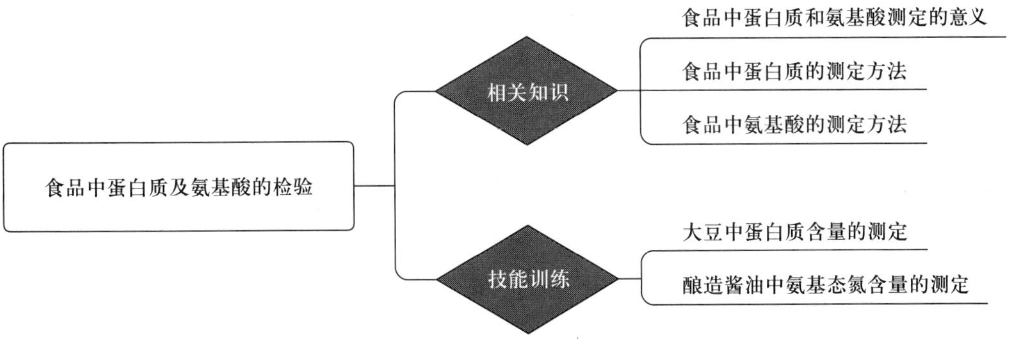

【相关知识】

一、食品中蛋白质和氨基酸测定的意义

蛋白质是生命的物质基础，是构成生物体细胞的重要成分。蛋白质是食品中的重要营养物质，分析和测定食品中的蛋白质对于食品品质、生产加工过程、贮藏保鲜等都具有重要意义。

食品种类不同，其蛋白质种类与含量也不同，一般食品中蛋白质的含量为13.4%～19.1%。组成蛋白质的主要化学元素为碳、氢、氧、氮，氮是存在于蛋白质中的特征元素，可以通过测定食品中的氮的含量来折算出食品中蛋白质的含量。一般来讲，蛋白质中氮的含量为16%，即1份氮相当于6.25份蛋白质，此数值(6.25)称为蛋白质换算系数。蛋白质是复杂的含氮有机物，不同种类食品的蛋白质组成成分不同，其换算系数也有所不同，如玉米、荞麦、青豆、鸡蛋等为6.25，花生为5.46，大米为5.95，大豆及其制品为5.71，小麦粉为5.70，牛乳及其制品为6.38。氨基酸含量丰富的食品含有更多的氮。食品中的氮，除了有来源于蛋白质的蛋白氮外，还有非蛋白氮，如来自于游离氨基酸、小肽、核酸、磷脂、氨基糖、嘌呤以及某些维生素、生物碱、尿酸，脲、氨基离子等。

蛋白质主要由氨基酸构成，构成蛋白质的氨基酸主要有20种，其中亮氨酸、异亮氨酸、赖氨酸、苯丙氨酸、蛋氨酸、苏氨酸、色氨酸和缬氨酸8种氨基酸称为必需氨基酸。随着食品科学的发展和营养知识的普及，测定食品中蛋白质及食物蛋白质中必需氨基酸的组成与含量，提高蛋白质的生理效价而进行的食品研发、配膳越来越受到社会的重视。

二、食品中蛋白质的测定方法

测定蛋白质的方法可分为两大类：一类是利用蛋白质的共性，即含氮量、肽键和折射率来测定蛋白质；另一类是利用蛋白质中特定氨基酸残基、酸性和碱性基团以及芳香基团等来测定蛋白质。在具体的检验工作中，选择哪种测定方法还必须考虑该方法的灵敏度、准确度、精确度、测定速度和成本等其他因素。

参照《食品安全国家标准 食品中蛋白质的测定》(GB 5009.5—2016)，具体方法有：凯氏定氮法、分光光度法和燃烧法。前两者适用于各种食品中蛋白质的测定，后者用于蛋白质含量在10 g/100 g以上的粮食、豆类、奶粉、米粉、蛋白质粉等固体试样的筛选测定。但这三种方法都不适用于添加无机含氮物质及有机非蛋白质含氮物质的食品测定。凯氏定氮法是目前蛋白质含量测定最常见的方法。

(一)凯氏定氮法

1. 原理

食品中的蛋白质在催化加热条件下被分解，产生的氨与硫酸结合生成硫酸铵。碱化蒸馏使氨游离，用硼酸吸收后以硫酸或盐酸标准滴定溶液滴定，根据酸的消耗量计算氮含量，再乘以换算系数，即为蛋白质的含量。

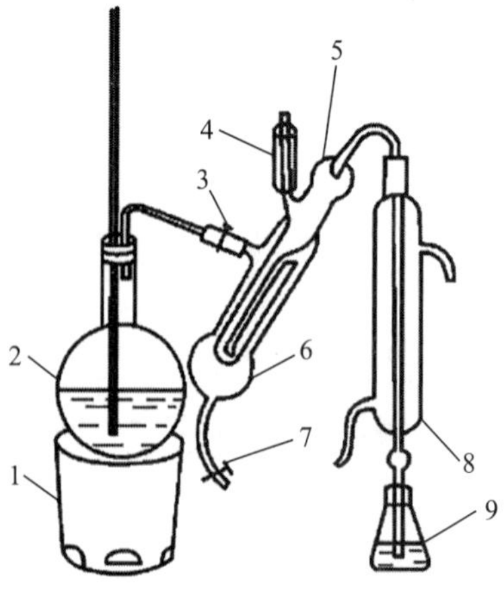

图 3-5 定氮蒸馏装置

1. 电炉；2. 水蒸气发生器(2 L烧瓶)；3. 螺旋夹；4. 小玻杯及棒状玻塞；5. 反应室；6. 反应室外层；7. 橡皮管及螺旋夹；8. 冷凝管；9. 蒸馏液接收瓶

2. 仪器试剂

(1)仪器

天平：感量为1 mg。

定氮蒸馏装置如图3-5所示。

自动凯氏定氮仪。

(2)试剂

硼酸溶液(20 g/L)：称取20 g硼酸，加水溶解后并稀释至1 000 mL。

氢氧化钠溶液(400 g/L):称取 40 g 氢氧化钠加水溶解后,放冷,并稀释至 100 mL。

硫酸标准滴定溶液[$c(1/2H_2SO_4)$]0.050 0 mol/L。

盐酸标准滴定溶液[c(HCl)]0.050 0 mol/L。

甲基红乙醇溶液(1 g/L):称取 0.1 g 甲基红,溶于 95%乙醇,用 95%乙醇稀释至 100 mL。

亚甲基蓝乙醇溶液(1 g/L):称取 0.1 g 亚甲基蓝,溶于 95%乙醇,用 95%乙醇稀释至 100 mL。

溴甲酚绿乙醇溶液(1 g/L):称取 0.1 g 溴甲酚绿,溶于 95%乙醇,用 95%乙醇稀释至 100 mL。

A 混合指示液:2 份甲基红乙醇溶液与 1 份亚甲基蓝乙醇溶液临用时混合。

B 混合指示液:1 份甲基红乙醇溶液与 5 份溴甲酚绿乙醇溶液临用时混合。

3. 分析步骤

(1)试样处理　称取充分混匀的固体试样 0.2～2 g、半固体试样 2～5 g 或液体试样 10～25 g(当于 30～40 mg 氮),精确至 0.001 g,分别移入干燥的 100 mL、250 mL 或 500 mL 定氮瓶中,加入 0.4 g 硫酸铜、6 g 硫酸钾及 20 mL 硫酸,轻摇后于瓶口放一小漏斗,将瓶以 45°斜支于有小孔的石棉网上。小心加热,待内容物全部碳化,泡沫完全停止后,加强火力,并保持瓶内液体微沸,至液体呈蓝绿色并澄清透明后,再继续加热 0.5～1 h。取下放冷,小心加入 20 mL 水,放冷后,移入 100 mL 容量瓶中,并用少量水洗清定氮瓶,洗液并入容量瓶中,再加水至刻度,混匀备用。同时做试剂空白试验。

(2)蒸馏　按图 3-5 装好定氮蒸馏装置,向水蒸气发生器内装水至 2/3 处,加入数粒玻璃珠,加甲基红乙醇溶液数滴及数毫升硫酸,以保持水呈酸性,加热煮沸水蒸气发生器内的水并保持沸腾。

(3)吸收、滴定　向接受瓶内加入 10.0 mL 硼酸溶液及 1～2 滴 A 混合指示剂或 B 混合指示剂,并使冷凝管的下端插入液面下,根据试样中氮含量,准确吸取 2.0～10.0 mL 试样处理液由小玻杯注入反应室,以 10 mL 水洗涤小玻杯并使之流入反应室内,随后塞紧棒状玻塞。将 10.0 mL 氢氧化钠溶液倒入小玻杯,提起玻塞使其缓慢流入反应室,立即将玻塞盖紧,并水封。夹紧螺旋夹,开始蒸馏。蒸馏 10 min 后移动蒸馏液接收瓶,液面离开冷凝管下端,再蒸馏 1 min。然后用少量水冲洗冷凝管下端外部,取下蒸馏液接收瓶。尽快以硫酸或盐酸标准滴定溶液滴定至终点,如用 A 混合指示液,终点颜色为灰蓝色;如用 B 混合指示液,终点颜色为浅灰红色。同时做试剂空白实验。

4. 分析结果的表述

试样中蛋白质的含量按式 3-53 计算:

$$X=\frac{(V_1-V_2)\times c\times 0.0140}{m\times V_3/100}\times F\times 100 \qquad \text{(式 3-53)}$$

式中:X——试样中蛋白质的含量,g/100 g;

V_1——试液消耗硫酸或盐酸标准滴定液的体积,mL;

V_2——试剂空白消耗硫酸或盐酸标准滴定液的体积,mL;

c——硫酸或盐酸标准滴定溶液浓度,mol/L;

0.014 0——1.0 mL 硫酸[$c(1/2H_2SO_4)=1.000$ mol/L]或盐酸[$c(HCl)=1.000$ mol/L]标准滴定溶液相当的氮的质量,g;

m——试样的质量，g；

V_3——吸取消化液的体积，mL；

F——氮换算为蛋白质的系数，各种食品中氮转换系数见表3-31；

100——换算系数。

蛋白质含量≥1 g/100 g时，结果保留3位有效数字；蛋白质含量<1 g/100 g时，结果保留两位有效数字。

注：当只检测氮含量时，不需要乘蛋白质换算系数F。

表3-31　常见食物蛋白质折算系数表

食品类别		折算系数
小麦	全小麦粉	5.83
	麦糠麸皮	6.31
	麦胚芽	5.80
	麦胚粉、黑麦、普通小麦、面粉	5.70
燕麦、大麦、黑麦粉		5.83
小麦、裸麦		5.83
玉米、黑小麦、饲料小麦、高粱		6.25
油料	芝麻、棉籽、葵花籽、蓖麻、红花籽	5.30
	其他油料	6.25
	菜籽	5.53
坚果、种子类	巴西果	5.46
	花生	5.46
	杏仁	5.18
	核桃、榛子、椰果等	5.30

食品类别		折算系数
大米及米粉		5.95
鸡蛋	鸡蛋(全)	6.25
	蛋黄	6.12
	蛋白	6.32
肉与肉制品		6.25
动物明胶		5.55
纯乳与纯乳制品		6.38
复合配方食品		6.25
酪蛋白		6.40
胶原蛋白		5.79
豆类	大豆及其粗加工制品	5.71
	大豆蛋白制品	6.25
其他食品		6.25

5. 精密度

在重复条件下获得的两次独立测定结果的绝对差值不得超过算术平均值的10%。

(二)分光光度法

1. 原理

食品中的蛋白质在催化加热条件下被分解，分解产生的氨与硫酸结合生成硫酸铵，在pH 4.8的乙酸钠-乙酸缓冲溶液中与乙酰丙酮和甲醛反应生成黄色的3,5-二乙酰-2,6-二甲基-1,4-二氢吡啶化合物。在波长400 nm下测定吸光度值，与标准系列比较定量，结果乘以换算系数，即为蛋白质含量。

2. 仪器试剂

(1)仪器　分光光度计。

电热恒温水浴锅：(100±0.5)℃。

10 mL具塞玻璃比色管。

天平：感量为 1 mg。

(2)试剂　氢氧化钠溶液(300 g/L)：称取 30 g 氢氧化钠加水溶解后，放冷，并稀释至 100 mL。

对硝基苯酚指示剂溶液(1 g/L)：称取 0.1 g 对硝基苯酚指示剂溶于 20 mL 95%乙醇中，加水稀释至 100 mL。

乙酸溶液(1 mol/L)：量取 5.8 mL 乙酸，加水稀释至 100 mL。

乙酸钠溶液(1 mol/L)：称取 41 g 无水乙酸钠或 68 g 乙酸钠，加水稀释至 500 mL。

乙酸钠-乙酸缓冲溶液：量取 60 mL 乙酸钠溶液与 40 mL 乙酸溶液混合，该溶液 pH 4.8。

显色剂：15 mL 甲醛与 7.8 mL 乙酰丙酮混合，加水稀释至 100 mL，剧烈振摇混匀(室温下放置稳定 3 d)。

氨氮标准储备溶液(以氮计)(1.0 g/L)：称取 105 ℃干燥 2 h 的硫酸铵 0.472 0 g 加水溶解后移于 100 mL 容量瓶中，并稀释至刻度，混匀，此溶液每毫升相当于 1.0 mg 氮。

氨氮标准使用溶液(0.1 g/L)：用移液管吸取 10.00 mL 氨氮标准储备液于 100 mL 容量瓶内，加水定容至刻度，混匀，此溶液每毫升相当于 0.1 mg 氮。

3. 分析步骤

(1)试样消解　称取充分混匀的固体试样 0.1～0.5 g(精确至 0.001 g)、半固体试样 0.2～1 g(精确至 0.001 g) 或液体试样 1～5 g(精确至 0.001 g)，移入干燥的 100 mL 或 250 mL 定氮瓶中，加入 0.1 g 硫酸铜、1 g 硫酸钾及 5 mL 硫酸，摇匀后于瓶口放一小漏斗，将定氮瓶以 45°斜支于有小孔的石棉网上。缓慢加热，待内容物全部碳化，泡沫完全停止后，加强火力，并保持瓶内液体微沸，至液体呈蓝绿色澄清透明后，再继续加热 0.5 h。取下放冷，缓慢加入 20 mL 水，放冷后移入 50 mL 或 100 mL 容量瓶中，并用少量水洗定氮瓶，洗液并入容量瓶中，再加水至刻度，混匀备用。按同一方法做试剂空白试验。

(2)试样溶液的制备　吸取 2.00～5.00 mL 试样或试剂空白消化液于 50 mL 或 100 mL 容量瓶内，加 1～2 滴硝基苯酚指示剂溶液，摇匀后滴加氢氧化钠溶液中和至黄色，再滴加乙酸溶液至无色，用水稀释至刻度，混匀。

(3)标准曲线的绘制　吸取 0.00 mL，0.05 mL，0.10 mL，0.20 mL，0.40 mL，0.60 mL，0.80 mL 和 1.00 mL 氨氮标准使用溶液(相当于 0.00 μg，5.00 μg，10.0 μg，20.0 μg，40.0 μg，60.0 μg，80.0 μg 和 100.0 μg 氮)，分别置于 10 mL 比色管中。加 4.0 mL 乙酸钠-乙酸缓冲溶液及 4.0 mL 显色剂，加水稀释至刻度，混匀。置于 100 ℃水浴中加热 15 min。取出用水冷却至室温后，移入 1 cm 比色杯内，以零管为参比，于波长 400 nm 处测量吸光度值，根据各点吸光度值绘制标准曲线或计算线性回归方程。

(4)试样测定　吸取 0.50～2.00 mL(约相当于氮＜100 μg)试样溶液和同量的试剂空白溶液，分别于 10 mL 比色管中加 4.0 mL 乙酸钠-乙酸缓冲溶液及 4.0 mL 显色剂，加水稀释至刻度，混匀。置于 100 ℃水浴中加热 15 min，取出用水冷却至室温后，移入 1 cm 比色杯内，以零管为参比，于波长 400 nm 处测量吸光度值，试样吸光度值与标准曲线比较定量或代入线性回归方程求出含量。

4. 分析结果的表述

试样中蛋白质的含量按式 3-54 计算：

$$X=\frac{(C-C_0)\times V_1\times V_3}{m\times V_2\times V_4\times 1\,000\times 1\,000}\times 100\times F \quad (式 3\text{-}54)$$

式中：X——试样中蛋白质的含量，g/100 g；

C——试样测定液中氮的含量，μg；

C_0——试剂空白测定液中氮的含量，μg；

V_1——试样消化液定容体积，mL；

V_3——试样溶液总体积，mL；

m——试样质量，g；

V_2——制备试样溶液的消化液体积，mL；

V_4——测定用试样溶液体积，mL；

1 000——换算系数；

100——换算系数；

F——氮换算为蛋白质的系数。

蛋白质含量≥1 g/100 g 时，结果保留 3 位有效数字；蛋白质含量<1 g/100 g 时，结果保留两位有效数字。

5. 精密度

在重复性条件下获得的两次独立测定结果的绝对差值不得超过算术平均值的 10%。

(三)燃烧法

1. 原理

试样在 900～1 200 ℃高温下燃烧，燃烧过程中产生混合气体，其中的碳、硫等干扰气体和盐类被吸收管吸收，氮氧化物被全部还原成氮气，形成的氮气气流通过热导检测器(TCD)进行检测。

2. 仪器设备

氮/蛋白质分析仪。

天平：感量为 0.1 mg。

3. 分析步骤

按照仪器说明书要求称取 0.1～1.0 g 充分混匀的试样(精确至 0.000 1 g)，用锡箔包裹后置于样品盘上。试样进入燃烧反应炉(900～1 200 ℃)后，在高纯氧(≥99.99%)中充分燃烧。燃烧炉中的产物(NO_x)被载气二氧化碳或氦气运送至还原炉(800 ℃)中，经还原生成氮气后检测其含量。

4. 分析结果的表述

试样中蛋白质的含量按式 3-55 计算：

$$X=C\times F \quad (式 3\text{-}55)$$

式中：X——试样中蛋白质的含量，g/100 g；

C——试样中氮的含量，g/100 g；

F——氮换算为蛋白质的系数。

结果保留 3 位有效数字。

5. 精密度

在重复性条件下获得的两次独立测定结果的绝对差值不得超过算术平均值的10%。

三、食品中氨基酸的测定方法

《食品安全国家标准　食品中氨基酸的测定》(GB 5009.124—2016)规定了用氨基酸分析仪(茚三酮柱后衍生离子交换色谱仪)测定食品中氨基酸的方法。本标准适用于食品中酸水解氨基酸的测定,包括天冬氨酸、苏氨酸、丝氨酸、谷氨酸、脯氨酸、甘氨酸、丙氨酸、缬氨酸、蛋氨酸、异亮氨酸、亮氨酸、酪氨酸、苯丙氨酸、组氨酸、赖氨酸和精氨酸共16种氨基酸。

参照《食品安全国家标准　食品中氨基酸态氮的测定》(GB 5009.235—2016),酱油、酱、黄豆酱中氨基酸态氮的测定方法具体有酸度计法和比色法。酸度计法适用于以粮食和其副产品豆饼、麸皮等为原料酿造或配制的酱油,以粮食为原料酿造的酱类,以黄豆、小麦粉为原料酿造的豆酱类食品中氨基酸态氮的测定;比色法适用于以粮食和其副产品豆饼、麸皮等为原料酿造或配制的酱油中氨基酸态氮的测定。

(一)食品中氨基酸的测定

1. 原理

食品中的蛋白质经盐酸水解成为游离氨基酸,经离子交换柱分离后,与茚三酮溶液产生颜色反应,再通过可见光分光光度检测器测定氨基酸含量。

2. 仪器试剂

(1)仪器

实验室用组织粉碎机或研磨机。

匀浆机。

分析天平:感量分别为0.000 1 g和0.000 01 g。

水解管:耐压螺盖玻璃试管或安瓿瓶,体积为20～30 mL。

真空泵:排气量≥40 L/min。

酒精喷灯。

电热鼓风恒温箱或水解炉。

试管浓缩仪或平行蒸发仪(附带配套15～25 mL试管)。

氨基酸分析仪:茚三酮柱后衍生离子交换色谱仪。

(2)主要试剂

盐酸溶液(6 mol/L):取500 mL盐酸加水稀释至1 000 mL,混匀。

冷冻剂:市售食盐与冰块按质量1∶3混合。

氢氧化钠溶液(500 g/L):称取50 g氢氧化钠,溶于50 mL水中,冷却至室温后,用水稀释至100 mL,混匀。

柠檬酸钠缓冲溶液[$c(Na^+)=0.2$ mol/L]:称取19.6 g柠檬酸钠加入500 mL水溶解,加入16.5 mL盐酸,用水稀释至1 000 mL,混匀,用6 mol/L盐酸溶液或500 g/L氢氧化钠溶液调节pH至2.2。

不同pH和离子强度的洗脱用缓冲溶液:参照仪器说明书配制或购买。

茚三酮溶液:参照仪器说明书配制或购买。

(3)标准品

混合氨基酸标准溶液:经国家认证并授予标准物质证书的标准溶液。

6 种单个氨基酸标准品:固体,纯度≥98%。

混合氨基酸标准储备液(1 μmol/mL):分别准确称取单个氨基酸标准品(精确至 0.000 01 g)于同一 50 mL 烧杯中,用 8.3 mL 6 mol/L 盐酸溶液溶解,精确转移至 250 mL 容量瓶中,用水稀释定容至刻度,混匀(各氨基酸标准品称量质量参考值见表 3-36)。

混合氨基酸标准工作液(100 nmol/mL):准确吸取混合氨基酸标准储备液 1.0 mL 于 10 mL 容量瓶中,加 pH 2.2 柠檬酸钠缓冲溶液定容至刻度,混匀,为标准上机液。

3. 分析步骤

(1)试样制备　固体或半固体试样使用组织粉碎机或研磨机粉碎,液体试样用匀浆机打成匀浆密封冷冻保存,分析用时将其解冻后使用。

(2)试样称量　均匀性好的样品,如奶粉等,准确称取一定量试样(精确至 0.000 1 g),使试样中蛋白质含量在 10～20 mg 范围内。对于蛋白质含量未知的样品,可先测定样品中蛋白质含量。将称量好的样品置于水解管中。

很难获得高均匀性的试样,如鲜肉等,为减少误差可适当增大称样量,测定前再做稀释。

对于蛋白质含量低的样品,如蔬菜、水果、饮料和淀粉类食品等,固体或半固体试样称样量不大于 2 g,液体试样称样量不大于 5 g。

(3)试样水解　根据试样的蛋白质含量,在水解管内加 10～15 mL 6 mol/L 盐酸溶液。对于含水量高、蛋白质含量低的试样,如饮料、水果、蔬菜等,可先加入约相同体积的 6 mol/L 盐酸混匀后,再用 6 mol/L 盐酸溶液补充至大约 10 mL。继续向水解管内加入苯酚 3～4 滴。

将水解管放入冷冻剂中,冷冻 3～5 min,接到真空泵的抽气管上,抽真空(接近 0 Pa),然后充入氮气,重复抽真空-充入氮气 3 次后,在充氮气状态下封口或拧紧螺丝盖。

将已封口的水解管放在(110±1)℃的电热鼓风恒温箱或水解炉内,水解 22 h 后,取出,冷却至室温。

打开水解管,将水解液过滤至 50 mL 容量瓶内,用少量水多次冲洗水解管,水洗液移入同一 50 mL 容量瓶内,最后用水定容至刻度,振荡混匀。

准确吸取 1.0 mL 滤液移入 15 mL 或 25 mL 试管内,用试管浓缩仪或平行蒸发仪在 40～50 ℃加热环境下减压干燥,干燥后残留物用 1～2 mL 水溶解,再减压干燥,最后蒸干。

用 1.0～2.0 mL pH 2.2 柠檬酸钠缓冲溶液加入干燥后试管内溶解,振荡混匀后,吸取溶液通过 0.22 μm 滤膜后,转移至仪器进样瓶,为样品测定液,供仪器测定用。

(4)测定

①仪器条件。使用混合氨基酸标准工作液注入氨基酸自动分析仪,参照氨基酸分析仪检定规程及仪器说明书,适当调整仪器操作程序及参数和洗脱用缓冲溶液试剂配比,确认仪器操作条件。

②色谱参考条件。

a)色谱柱:磺酸型阳离子树脂;

b)检测波长:570 nm 和 440 nm。

③试样的测定。混合氨基酸标准工作液和样品测定液分别以相同体积注入氨基酸分析仪,以外标法通过峰面积计算样品测定液中氨基酸的浓度。

4. 分析结果的表达

(1)混合氨基酸标准储备液中各氨基酸的含量按式 3-56 计算：

$$c_j=\frac{m_j}{M_j\times 250}\times 1\,000 \qquad (式 3-56)$$

式中：c_j——混合氨基酸标准储备液中氨基酸 j 的浓度，μmol/mL；

m_j——称取氨基酸标准品 j 的质量，mg；

M_j——氨基酸标准品 j 的分子量；

250——定容体积，mL；

1 000——换算系数。

结果保留 4 位有效数字。

(2)样品测定液氨基酸的含量按式 3-57 计算：

$$c_i=\frac{c_s}{A_s}\times A_i \qquad (式 3-57)$$

式中：c_i——样品测定液氨基酸 i 的含量，nmol/mL；

A_i——试样测定液氨基酸 i 的峰面积；

A_s——氨基酸标准工作液氨基酸 s 的峰面积；

c_s——氨基酸标准工作液氨基酸 s 的含量，nmol/mL。

试样中各氨基酸的含量按式 3-58 计算：

$$X_i=\frac{c_i\times F\times V\times M}{m\times 10^9}\times 100 \qquad (式 3-58)$$

式中：X_i——试样中氨基酸 i 的含量，g/100 g；

c_i——试样测定液中氨基酸 i 的含量，nmol/mL；

F——稀释倍数；

V——试样水解液转移定容的体积，mL；

M——氨基酸 i 的摩尔质量，g/mol，各氨基酸的名称及摩尔质量见表 3-37；

m——称样量，g；

10^9——将试样含量由 ng 折算成 g 的系数；

100——换算系数。

5. 精密度

在重复性条件下获得的两次独立测定结果的绝对差值不得超过算术平均值的 12%。

(二)酸度计法

1. 原理

利用氨基酸的两性作用，加入甲醛以固定氨基的碱性，使羧基显示出酸性，用氢氧化钠标准溶液滴定后定量，以酸度计测定终点。

2. 仪器试剂

(1)仪器

酸度计(附磁力搅拌器)。

10 mL 微量碱式滴定管。

分析天平:感量 0.1 mg。

(2)主要试剂及配制方法

甲醛(36%～38%):应不含有聚合物(没有沉淀且溶液不分层)。

氢氧化钠(NaOH)。

酚酞($C_{20}H_{14}O_4$)。

乙醇(CH_3CH_2OH)。

邻苯二甲酸氢钾($HOOCC_6H_4COOH$):基准物质。

氢氧化钠标准滴定溶液[c(NaOH)=0.050 mol/L]:经国家认证并授予标准物质证书的标准滴定溶液或配制方法如下:

a)酚酞指示液:称取酚酞 1 g,溶于 95%的乙醇中,用 95%乙醇稀释至 100 mL。

b)氢氧化钠溶液[氢氧化钠标准滴定溶液 c(NaOH)=0.05 mol/L]:称取 110 g 氢氧化钠于 250 mL 的烧杯中,加 100 mL 的水,振摇使之溶解成饱和溶液,冷却后置于聚乙烯的塑料瓶中,密塞,放置数日,澄清后备用。取上层清液 2.7 mL,加适量新煮沸过的冷蒸馏水至 1 000 mL,摇匀。

c)氢氧化钠标准滴定溶液的标定:准确称取约 0.36 g 在 105～110 ℃干燥至恒重的基准邻苯二甲酸氢钾,加 80 mL 新煮沸过的水,使之尽量溶解,加 2 滴酚酞指示液(10 g/L),用氢氧化钠溶液滴定至溶液呈微红色,30 s 不褪色。记下耗用氢氧化钠溶液毫升数。同时做空白试验。

d)计算:氢氧化钠标准滴定溶液的浓度按式 3-59 计算:

$$c=\frac{m}{(V_1-V_2)\times 0.2042} \qquad \text{(式 3-59)}$$

式中:c——氢氧化钠标准滴定溶液的实际浓度,mol/L;

m——基准邻苯二甲酸氢钾的质量,g;

V_1——氢氧化钠标准溶液的用量体积,mL;

V_2——空白实验中氢氧化钠标准溶液的用量体积,mL;

0.204 2——与 1.00 mL 氢氧化钠标准滴定溶液[c(NaOH)=1.000 mol/L]相当的基准邻苯二甲酸氢钾的质量,g。

3. 分析步骤

(1)酱油试样　称量 5.0 g(或吸取 5.0 mL)试样于 50 mL 的烧杯中,用水分数次洗入 100 mL 容量瓶中,加水至刻度,混匀后吸取 20.0 mL 置于 200 mL 烧杯中,加 60 mL 水,开动磁力搅拌器,用氢氧化钠标准溶液[c(NaOH)=0.050 mol/L]滴定至酸度计指示 pH 为 8.2,记下消耗氢氧化钠标准滴定溶液的毫升数,可计算总酸含量。加入 10.0 mL 甲醛溶液,混匀。再用氢氧化钠标准滴定溶液继续滴定至 pH 为 9.2,记下消耗氢氧化钠标准滴定溶液的毫升数。同时取 80 mL 水,先用氢氧化钠标准溶液[c(NaOH)=0.050 mol/L]调节至 pH 为 8.2,再加入 10.0 mL 甲醛溶液,用氢氧化钠标准滴定溶液滴定至 pH 为 9.2,做试剂空白试验。

(2)酱及黄豆酱样品　将酱或黄豆酱样品搅拌均匀后,放入研钵中,在 10 min 内迅速研磨至无肉眼可见颗粒,装入磨口瓶中备用。用已知重量的称量瓶称取搅拌均匀的样品 5.0 g,用

50 mL 80 ℃ 左右的蒸馏水分数次洗入 100 mL 烧杯中，冷却后，转入 100 mL 容量瓶中，用少量水分次洗涤烧杯，洗液并入容量瓶中，并加水至刻度，混匀后过滤。吸取滤液 10.0 mL，置于 200 mL 烧杯中，加 60 mL 水，开动磁力搅拌器，用氢氧化钠标准溶液[c(NaOH)＝0.050 mol/L]滴定至酸度计指示 pH 为 8.2，记下消耗氢氧化钠标准滴定溶液的毫升数，可计算总酸含量。加入 10.0 mL 甲醛溶液，混匀。再用氢氧化钠标准滴定溶液继续滴定至 pH 为 9.2，记下消耗氢氧化钠标准滴定溶液的毫升数。同时取 80 mL 水，先用氢氧化钠标准溶液[c(NaOH)＝0.050 mol/L]调节至 pH 为 8.2，再加入 10.0 mL 甲醛溶液，用氢氧化钠标准滴定溶液滴定至 pH 为 9.2，做试剂空白试验。

4. 分析结果的表述

试样中氨基酸态氮的含量按式 3-60 或式 3-61 进行计算：

$$X_1=\frac{(V_1-V_2)\times c\times 0.014}{m\times V_3/V_4}\times 100 \quad \text{（式 3-60）}$$

$$X_2=\frac{(V_1-V_2)\times c\times 0.014}{V\times V_3/V_4}\times 100 \quad \text{（式 3-61）}$$

式中：X_1——试样中氨基酸态氮的含量，g/100 g；

X_2——试样中氨基酸态氮的含量，g/100 mL；

V_1——测定用试样稀释液加入甲醛后消耗氢氧化钠标准滴定溶液的体积，mL；

V_2——试剂空白实验加入甲醛后消耗氢氧化钠标准滴定溶液的体积，mL；

c——氢氧化钠标准滴定溶液的浓度，mol/L；

0.014——与 1.00 mL 氢氧化钠标准滴定溶液[c(NaOH)＝1.000 mol/L]相当的氮的质量，g；

m——称取试样的质量，g；

V——吸取试样的体积，mL；

V_3——试样稀释液的取用量，mL；

V_4——试样稀释液的定容体积，mL；

100——单位换算系数。

计算结果保留两位有效数字。

5. 精密度

在重复性条件下获得的两次独立测定结果的绝对差值不得超过算术平均值的 10％。

（三）比色法

1. 原理

在 pH 为 4.8 的乙酸钠-乙酸缓冲液中，氨基酸态氮与乙酰丙酮和甲醛反应生成黄色的 3,5-二乙酸-2,6-二甲基-1,4 二氢吡啶氨基酸衍生物。在波长 400 nm 处测定吸光度，与标准溶液比较定量。

2. 仪器试剂

(1)仪器

分光光度计。

电热恒温水浴锅(100±0.5)℃。

10 mL 具塞玻璃比色管。

(2)主要试剂及配制

乙酸溶液(1 mol/L):量取 5.8 mL 冰乙酸,加水稀释至 100 mL。

乙酸钠溶液(1 mol/L):称取 41 g 无水乙酸钠或 68 g 乙酸钠($CH_3COONa \cdot 3H_2O$),加水溶解后并稀释至 500 mL。

乙酸钠-乙酸缓冲液:量取 60 mL 乙酸钠溶液(1 mol/L)与 40 mL 乙酸溶液(1 mol/L)混合,该溶液 pH 为 4.8。

显色剂:15 mL 37%甲醇与 7.8 mL 乙酰丙酮混合,加水稀释至 100 mL,剧烈振摇混匀(室温下放置稳定 3 d)。

(3)标准溶液配制

氨氮标准储备溶液(1.0 mg/mL):准确称取 105 ℃干燥 2 h 的硫酸铵 0.472 0 g 于小烧杯中,加水溶解后移至 100 mL 容量瓶中,并稀释至刻度,混匀,此溶液每毫升相当于 1.0 mg 氨氮(10 ℃下冰箱内贮存稳定 1 年以上)。

氨氮标准使用溶液(0.1 g/L):用移液管精确量取 10 mL 氨氮标准储备液(1.0 mg/mL)于 100 mL 容量瓶内,加水稀释至刻度,混匀,此溶液每毫升相当于 100 μg 氨氮(10 ℃下冰箱内贮存稳定 1 个月)。

3. 分析步骤

(1)试样前处理　称量 1.00 g(或吸取 1.0 mL)试样于 50 mL 容量瓶中,加水稀释至刻度,混匀。

(2)标准曲线的制作　准确吸取氨氮标准使用溶液 0 mL,0.05 mL,0.1 mL,0.2 mL,0.4 mL,0.6 mL,0.8 mL,1.0 mL(相当于 NH_3-N 0 μg,5.0 μg,10.0 μg,20.0 μg,40.0 μg,60.0 μg,80.0 μg,100.0 μg)分别于 10 mL 比色管中。向各比色管分别加入 4 mL 乙酸钠-乙酸缓冲溶液(pH 4.8)及 4 mL 显色剂,用水稀释至刻度,混匀。置于 100 ℃水浴中加热 15 min,取出,水浴冷却至室温后,移入 1 cm 比色皿内,以零管为参比,于波长 400 nm 处测量吸光度,绘制标准曲线或计算线性回归方程。

(3)试样的测定　准确吸取 2 mL 试样稀释溶液于 10 mL 比色管中。加入 4 mL 乙酸钠-乙酸缓冲溶液(pH 4.8)及 4 mL 显色剂,混匀。置于 100 ℃水浴中加热 15 min,取出,水浴冷却至室温后,移入 1 cm 比色皿内,以零管为参比,于波长 400 nm 处测量吸光度。试样吸光度与标准曲线比较定量或代入线性回归方程,计算试样含量。

4. 分析结果的表述

试样中氨基酸态氮的含量按式 3-62 或式 3-63 进行计算:

$$X_1=\frac{m}{m_1\times 1\,000\times 1\,000\times V_1/V_2}\times 100 \quad (式 3-62)$$

$$X_2=\frac{m}{V\times 1\,000\times 1\,000\times V_1/V_2}\times 100 \quad (式 3-63)$$

式中:X_1——试样中氨基酸态氮的含量,g/100 g;

X_2——试样中氨基酸态氮的含量,g/100 mL;

m——试样测定液中氮的质量,μg;

m_1——称取试样的质量,g;

V——吸取试样的体积，mL；

V_1——测定用试样溶液体积，mL；

V_2——试样前处理中的定容体积，mL；

100、1 000——单位换算系数。

5. 精密度

在重复性条件下获得的两次独立测定结果的绝对差值不得超过算术平均值的10%。

【技能训练】

任务一　大豆中蛋白质含量的测定

任务导入

大豆是中国重要粮食作物之一，已有五千年栽培历史，古称菽，中国东北为主产区，种子含有丰富植物蛋白质。大豆常用来做各种豆制品、榨取豆油、酿造酱油和提取蛋白质等。

大豆营养全面、丰富，大豆蛋白质的氨基酸组成和动物蛋白质近似，其中氨基酸比较接近人体需要的比值，所以被称为“优质蛋白”。

任务描述

查阅《食品安全国家标准 食品中蛋白质的测定》(GB 5009.5—2016)和定氮瓶、凯氏定氮仪等仪器的使用方法，制订检验流程并实施，测定样品的蛋白质含量。

任务准备

通过标准的解读，将大豆中蛋白质的测定所需的主要仪器设备及化学试剂记入表3-32、表3-33中。

表3-32　所需仪器设备表

序号	仪器名称	规格
1	天平	感量为1 mg
2	定氮蒸馏装置	/

表3-33　所需化学试剂表

序号	试剂名称	规格
1	硼酸溶液	称取20 g硼酸，加水溶解后并稀释至1 000 mL
2	氢氧化钠溶液	称取40 g氢氧化钠加水溶解后，放冷，并稀释至100 mL
3	硫酸标准滴定溶液	0.050 0 mol/L
4	甲基红乙醇溶液	称取0.1 g甲基红，溶于95%乙醇，用95%乙醇稀释至100 mL
5	亚甲基蓝乙醇溶液	称取0.1 g亚甲基蓝，溶于95%乙醇，用95%乙醇稀释至100 mL
6	溴甲酚绿乙醇溶液	称取0.1 g溴甲酚绿，溶于95%乙醇，用95%乙醇稀释至100 mL

任务实施

一、实施流程

样品处理→消化→设备组装→蒸馏、吸收→测定→数据记录→结果计算

凯氏定氮法技术要点

二、操作要点

见凯氏定氮法测定食品中的蛋白质含量。

三、分析结果的表述

见凯氏定氮法测定食品中的蛋白质含量。

四、数据记录及处理

数据记录参考表3-34。

表3-34 大豆中蛋白质的测定数据记录表

<table>
<tr><td rowspan="3">基本信息</td><td>样品名称</td><td colspan="2"></td><td colspan="2">样品编号</td><td></td></tr>
<tr><td>检测项目</td><td colspan="2"></td><td colspan="2">检测日期</td><td></td></tr>
<tr><td>检测依据</td><td colspan="2"></td><td colspan="2">检测方法</td><td></td></tr>
<tr><td rowspan="7">检测数据</td><td>样品编号</td><td>1</td><td>2</td><td colspan="2">3</td><td>平均值</td></tr>
<tr><td>试样的重量 m/g</td><td></td><td></td><td colspan="2"></td><td></td></tr>
<tr><td>试液消耗硫酸或盐酸标准滴定液的体积 V_1/mL</td><td></td><td></td><td colspan="2"></td><td></td></tr>
<tr><td>空白消耗硫酸或盐酸标准滴定液的体积 V_2/mL</td><td></td><td></td><td colspan="2"></td><td></td></tr>
<tr><td>硫酸或盐酸标准滴定溶液浓度 c/(mol/L)</td><td colspan="5"></td></tr>
<tr><td>吸取消化液的体积 V_3/mL</td><td colspan="5"></td></tr>
<tr><td>氮换算为蛋白质的系数 F</td><td colspan="5"></td></tr>
<tr><td>结果计算</td><td>计算公式</td><td colspan="5"></td></tr>
<tr><td>结果讨论</td><td colspan="6">大豆中的蛋白质含量为________。
根据标准判断是否符合要求。</td></tr>
</table>

五、技术提示

任务评价

按表3-35检查工作任务的完成情况。

表3-35 工作任务评价表

序号	任务实施步骤	工作内容	技能标准	分值
1	制订工作方案	查阅相关标准，制订大豆蛋白质测定实施方案	(1)正确选用标准 (2)方案制订合理	10
2	准备工作	定氮瓶、蒸馏装置所用仪器清洗	仪器洗净、烘干	5
3	采样与预处理	将样品粉碎、混匀	(1)样品粉碎适度 (2)样品混合均匀	10

续表 3-35

序号	任务实施步骤	工作内容	技能标准	分值
4	消化	将称量好的样品加入定氮瓶，加入浓硫酸、硫酸铜、硫酸钾，在电炉上加热至液体呈绿色并澄清透明	(1)瓶口加小漏斗 (2)定氮瓶以45°角放置 (3)控制加热强度，防止泡沫冲出 (4)加热过程中通过旋转定氮瓶利用酸液冷凝下滴将吸附到定氮瓶壁上的泡沫冲下	20
5	蒸馏、吸收	将蒸馏装置组装好，进行蒸馏、吸收	(1)装置组装正确 (2)蒸馏终点判断	15
6.	滴定	将接收瓶取下后尽快用标准酸液进行滴定	(1)混合指示剂选择 (2)滴定终点判断	10
7	结果分析	大豆中蛋白质含量的计算	(1)能利用计算公式正确计算 (2)能正确保留有效数字	10
8	工作单	(1)课前准备内容 (2)任务实施过程记录 (3)结果分析与讨论	(1)能查阅相关标准并回答问题 (2)能够对操作过程进行记录与分析 (3)对所完成任务归纳、分析及总结	20

任务二　酿造酱油中氨基态氮含量的测定

任务导入

酿造酱油是指以大豆和(或)脱脂大豆(豆粕或豆饼)、小麦和(或)麸皮为原料，经微生物发酵制成的具有特殊色、香、味的液体调味品。按发酵工艺不同分为两大类，即高盐稀态发酵酱油和低盐固态发酵酱油。高盐稀态发酵酱油是以大豆和(或)脱脂大豆(豆粕或豆饼)、小麦和(或)小麦粉为原料，经蒸煮、曲霉菌制曲后与盐水混合成稀醪，再经微生物发酵制成的酱油。低盐固态发酵酱油是以大豆及麦麸为原料，经蒸煮、曲霉菌制曲后与盐水混合成固态酱醅，再经微生物发酵制成酱油。

氨基酸态氮指的是以氨基酸形式存在的氮元素。氨基酸态氮含量是判定发酵产品发酵程度的特性指标。高盐稀态发酵酱油(含固稀发酵酱油)按氨基酸态氮含量可分为特级、一级、二级、三级四个等级，其氨基酸态氮含量分别为≥0.8、≥0.7、≥0.55、≥0.4 g/100 mL；低盐固态发酵酱油按氨基酸态氮含量同样也分为特级、一级、二级、三级四个等级，其氨基酸态氮含量分别为≥0.8、≥0.7、≥0.60、≥0.4 g/100 mL。氨基酸态氮指标越高，说明酱油中的氨基酸含量越高，鲜味越好。

任务描述

查阅《食品安全国家标准 食品中氨基酸态氮的测定》(GB 5009.235—2016)和酸度计等仪器使用方法，制订检验流程并实施，测定样品的氨基酸态氮含量。

任务准备

通过标准的解读，将酿造酱油中氨基酸态氮的测定所需的主要仪器设备及化学试剂记入表 3-36、表 3-37 中。

表 3-36 所需仪器设备表

序号	仪器名称	规格
1		
2		
3		

表 3-37 所需化学试剂表

序号	试剂名称	规格
1		
2		
3		
4		
5		

任务实施

一、实施流程

酸度计校准→试样准备→样品测定→空白测定→数据记录→结果计算

二、操作要点

1. 样品测定

吸取 5.0 mL 试样于 50 mL 的烧杯中，用水分数次洗入 100 mL 容量瓶中，加水至刻度，混匀后吸取 20.0 mL 置于 200 mL 烧杯中，加 60 mL 水，开动磁力搅拌器，用氢氧化钠标准溶液[c(NaOH)=0.050 mol/L]滴定至酸度计指示 pH 为 8.2，记下消耗氢氧化钠标准滴定溶液的毫升数，可计算总酸含量。加入 10.0 mL 甲醛溶液，混匀。再用氢氧化钠标准滴定溶液继续滴定至 pH 为 9.2，记下消耗氢氧化钠标准滴定溶液的毫升数。

2. 空白测定

取 80 mL 水，先用氢氧化钠标准溶液[c(NaOH)=0.050 mol/L]调节至 pH 为 8.2，再加入 10.0 mL 甲醛溶液，用氢氧化钠标准滴定溶液滴定至 pH 为 9.2，做试剂空白试验。

三、分析结果的表述

试样中氨基酸态氮的含量按式 3-64 计算：

$$X=\frac{(V_1-V_2)\times c\times 0.014}{V\times V_3/V_4}\times 100 \qquad (式 3-64)$$

式中：X——试样中氨基酸态氮的含量，g/100 mL；

V_1——测定用试样稀释液加入甲醛后消耗氢氧化钠标准滴定溶液的体积，mL；

V_2——试剂空白实验加入甲醛后消耗氢氧化钠标准滴定溶液的体积，mL；

c——氢氧化钠标准滴定溶液的浓度，mol/L；

0.014——与 1.00 mL 氢氧化钠标准滴定溶液[c(NaOH)=1.000 mol/L]相当的氮的质量，g；

m——称取试样的质量，g；

V——吸取试样的体积，mL；

V_3——试样稀释液的取用量，mL；

V_4——试样稀释液的定容体积，mL；

100——单位换算系数。

计算结果保留两位有效数字。

四、数据记录及处理

数据记录参考表 3-38。

表 3-38　酿造酱油中氨基酸态氮的测定数据记录表

<table>
<tr><td rowspan="3">基本信息</td><td>样品名称</td><td colspan="2"></td><td>样品编号</td><td></td></tr>
<tr><td>检测项目</td><td colspan="2"></td><td>检测日期</td><td></td></tr>
<tr><td>检测依据</td><td colspan="2"></td><td>检测方法</td><td></td></tr>
<tr><td rowspan="7">检测数据</td><td>样品编号</td><td>1</td><td>2</td><td>3</td><td></td></tr>
<tr><td>试样的体积 V/mL</td><td></td><td></td><td></td><td></td></tr>
<tr><td>测定用试样稀释液加入甲醛后消耗氢氧化钠标准滴定溶液的体积 V_1/mL</td><td></td><td></td><td></td><td></td></tr>
<tr><td>试剂空白实验加入甲醛后消耗氢氧化钠标准滴定溶液的体积 V_2/mL</td><td></td><td></td><td></td><td></td></tr>
<tr><td>试样稀释液的取用量 V_3/mL</td><td></td><td></td><td></td><td></td></tr>
<tr><td>试样稀释液的定容体积 V_4/mL</td><td></td><td></td><td></td><td></td></tr>
<tr><td>氢氧化钠标准滴定溶液的浓度 c/(mol/L)</td><td></td><td></td><td></td><td></td></tr>
<tr><td>结果计算</td><td>计算公式</td><td colspan="4"></td></tr>
<tr><td>结果讨论</td><td colspan="5">酿造酱油中氨基酸态氮含量为________。
根据标准判断是否符合要求。</td></tr>
</table>

五、技术提示

(1)酸度计校准方法。

(2)玻璃电极的清洗：玻璃电极球泡受污染可能使电极响应时间加长。可用 CCl_4 或皂液揩去污物，然后浸入蒸馏水一昼夜后继续使用。污染严重时，可用 5%HF 溶液浸 10～20 min，立即用水冲洗干净，然后浸入 0.1 mol/L 的 HCl 溶液 24 h 后继续使用。

酸度计校准方法

任务评价

按表 3-39 检查工作任务的完成情况。

表 3-39 工作任务评价表

序号	任务实施步骤	工作内容	技能标准	分值
1	制订工作方案	查阅相关标准，制订酿造酱油中氨基酸态氮测定实施方案	(1)正确选用标准 (2)方案制订合理	10
2	准备工作	酸度计校准	按使用说明校准酸度计	20
3	试样测定	用标准氢氧化钠溶液滴定试样	(1)先滴至 pH 8.2 (2)加入甲醛溶液后，滴至 pH 9.2	20
4	空白测定	用标准氢氧化钠溶液滴定空白	(1)先滴至 pH 8.2 (2)加入甲醛溶液后，滴至 pH 9.2	20
5	结果分析	酿造酱油中氨基酸态氮的计算	(1)能利用计算公式正确计算 (2)能正确保留有效数字	10
6	工作单	(1)课前准备内容 (2)任务实施过程记录 (3)结果分析与讨论	(1)能查阅相关标准并回答问题 (2)能够对操作过程进行记录与分析 (3)对所完成任务归纳、分析及总结	20

任务检测

一、名词解释

蛋白质　氨基酸　氨基酸态氮

二、填空题

1. 构成蛋白质的基本物质是__________；所有的蛋白质都含__________；测定蛋白质的含量主要是测定其中的________。蛋白质的测定方法有__________、________、__________、__________。

2. 凯氏定氮法消化过程中 H_2SO_4 的作用是__________；$CuSO_4$ 的作用是__________；加入 K_2SO_4 的目的是__________。

3. 凯氏定氮法的主要操作步骤为__________；在消化步骤中，需加入少量辛醇并注意控制热源强度，目的是________；在蒸馏步骤中，清洗仪器后从进样口先加入________，然后将吸收液置于冷凝管下端并要求________，再从进样口加入 20% NaOH 至反应管内的溶液有黑色沉淀生成或变成深蓝色，然后通水蒸气进行蒸馏；蒸馏完毕，首先应________，再停火。

4. 用甲基红-溴甲酚绿混合指示剂，其在碱性溶液中呈________色，在中性溶液中呈________色，在酸性溶液中呈________色。

5. 凯氏定氮法测定蛋白质，在消化过程中，常用的消化剂是________。

6. 消化时还可加入__________，__________助氧化剂。

7. 消化完毕时，溶液应呈________颜色。

8. 凯氏定氮法加碱进行蒸馏时，加入 NaOH 后溶液呈________色。凯氏定氮法用盐酸标准溶液滴定吸收液，溶液由________变为________色。

9. 凯氏定氮法碱化蒸馏后，用________作吸收液。

10. 测氨基酸态氮时，加入甲醛的目的是__________。

三、选择题

1. 实验室组装蒸馏装置，应选用下面哪组玻璃仪器（　　）。

   A. 三角烧瓶、橡皮塞、冷凝管　　B. 圆底烧瓶、冷凝管、定氮管

   C. 三角烧瓶、冷凝管、定氮管　　D. 圆底烧瓶、定氮管、凯氏烧瓶

2. 蛋白质测定中，下列做法正确的是（　　）。

   A. 消化时硫酸钾用量要大　　B. 蒸馏时 NaOH 要过量

   C. 滴定时速度要快　　D. 消化时间要长

3. 凯氏定氮法中测定蛋白质样品消化，加（　　）使有机物分解。

   A. 盐酸　　B. 硝酸　　C. 硫酸　　D. 混合酸

4. 蛋白质测定时消化用硫酸铜作用是（　　）。

   A. 氧化剂　　B. 还原剂　　C. 催化剂　　D. 提高液温

5. 用电位滴定法测定氨基酸含量时，加入甲醛的目的是（　　）。

   A. 固定氨基　　B. 固定羟基　　C. 固定氨基和经基　　D. 以上都不是

6. 下列氨基酸测定操作错误的是（　　）。

   A. 用标准缓冲溶液 pH 为 6.86 和 9.18 的校正酸度

   B. 用 NaOH 溶液准确地中和样品中的游离酸

   C. 应加入 10 mL 甲酸溶液

   D. 用 NaOH 标准溶液滴至 pH 为 9.20

四、判断题

1. 凯氏定氮法测蛋白质含量时，酸吸收液的温度不应超过 40 ℃。（　　）
2. 凯氏定氮法测氮含量时，消化中采用 K_2SO_4 作为催化剂。（　　）
3. 牛磺酸是一种氨基酸。（　　）
4. 氨基酸分析仪检测牛磺酸时，因为牛磺酸与强酸性树脂结合力不强，首先被洗脱下来。（　　）
5. 酸度计法测定食品中氨基酸态氮含量时不需要考虑样品颜色。（　　）

五、简答题

1. 简述经典的蛋白质测定过程中，每一步颜色的变化。
2. 样品经消化蒸馏前为什么要加入氢氧化钠？加入之后出现什么变化？如果没有变化说明什么问题？须采取什么措施？
3. 凯氏定氮过程中，怎样防止氨的损失？
4. 简述凯氏定氮法测定蛋白质的步骤及注意事项。

六、计算题

某品牌中老年奶粉蛋白质含量检测中，称取奶粉 1.026 g，经消化后冷却，定容至 100 mL，然后移取消化液 20 mL，经蒸馏、吸收、测定消耗 1.000 mol/L 的 HCl 溶液 12.65 mL，空白消耗 1.000 mol/L 的 HCl 溶液 12.25 mL，计算该中老年奶粉中蛋白质含量。

七、技能训练题

某厂家生产的海参酱口服液营养标签上显示蛋白含量为≥3.0 g/100 g，请设计实验验证该产品蛋白含量是否达标。

项目七　食品中维生素的测定

【学习目标】

知识目标

1. 了解食品中维生素测定的意义。
2. 理解维生素的种类及测定原理。
3. 掌握食品中维生素的测定方法。

技能目标

1. 会解读维生素测定的国家标准。
2. 会使用和维护维生素测定相关仪器设备。
3. 能准确测定食品的维生素含量。

思政目标

1. 培养学生对检测技术精益求精、一丝不苟的精神。
2. 提升学生创新思维和发展能力，满足“大众创业、万众创新”时代对创新人才的需求。

【项目概述】

本项目包含 3 项相关知识和 2 项技能训练。相关知识包括测定食品中维生素的意义、食品中脂溶性维生素的测定方法和食品中水溶性维生素的测定方法；技能训练为番茄中维生素 C 含量的测定和鱼肝油中维生素 A 含量的测定。目的是培养学习者对食品维生素测定有一个全面认识和理解，为今后从事维生素测定工作奠定坚实的理论和实践基础。

【思维导图】

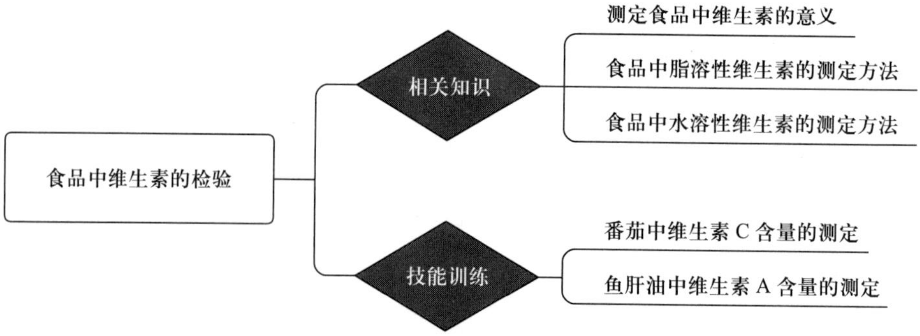

【相关知识】

一、测定食品中维生素的意义

维生素是人和动物维持正常的生理功能所必需的一类微量小分子有机化合物。维生素在机体内不能合成或合成量很少，不参与机体内各种组织器官的组成，也不能为机体提供能量，它们主要以辅酶形式参与细胞的物质代谢和能量代谢过程，缺乏时会引起机体代谢紊乱，导致特定的缺乏症或综合征,如缺乏维生素 A 时易患夜盲症。

维生素除具有重要的生理作用外,有些维生素还可作为自由基的清除剂、风味物质的前体、还原剂以及参与褐变反应,从而影响食品的某些属性。

人体所需的维生素大多数在体内不能合成,或即使能合成但其合成的速度很慢,不能满足人体需要,此外,维生素本身也在不断地代谢,所以必须由食物供给。然而,食物中的维生素含量较低,许多维生素稳定性差,在食品加工、贮藏过程中常有较大损失。因此,要尽可能有效地保存食品中的维生素,避免其损失或与食品中的其他组分发生反应。

人们根据维生素在脂类溶剂或水中溶解性的特征将其分为两大类,即脂溶性维生素和水溶性维生素。前者包括维生素 A、维生素 D、维生素 E、维生素 K,后者包括 B 族维生素和维生素 C。

维生素对光、热、氧、pH 敏感,食品中维生素的种类及含量不仅取决于食品的品种,也受加工工艺及储存条件的影响。测定食品中维生素的含量,对指导、评价食品的营养价值,开发利用富含维生素的食品资源,制订合理的生产工艺及储存方法,监督维生素强化食品的强化剂量,防止因摄入过多而引起维生素中毒等方面,都具有十分重要的意义。维生素的检验方法有化学法、仪器法、微生物法和生物鉴定法。化学滴定法、荧光光度法、分光光度法、色谱法等仪器分析法最为常用。

二、食品中脂溶性维生素的测定方法

参照《食品安全国家标准 食品中维生素 A、D、E 的测定》(GB 5009.82—2016)、《食品安全国家标准 食品中维生素 K_1 的测定》(GB 5009.158—2016)对脂溶性维生素进行测定。具体方法有:高效液相色谱法、液相色谱-串联质谱法、高效液相色谱-荧光检测法等。

(一)食品中维生素 A 和维生素 E 的测定(高效液相色谱法)

1. 原理

试样中的维生素 A 及维生素 E 经皂化(含淀粉试样先用淀粉酶酶解)、提取、净化、浓缩后,C_{30} 或 PFP 反相液相色谱柱分离,紫外检测器或荧光检测器检测,外标法定量。

2. 仪器试剂

(1)仪器

分析天平:感量为 0.01 mg。

恒温水浴振荡器。

旋转蒸发仪。

氮吹仪。

紫外分光光度计。

分液漏斗萃取净化振荡器。

高效液相色谱仪:带紫外检测器或二极管阵列检测器或荧光检测器。

(2)试剂

抗坏血酸。

氢氧化钾。

无水硫酸钠。

无水乙醇:经检查不含醛类物质。

乙醚：经检查不含过氧化物。

石油醚：沸程为 30～60 ℃。

pH 试纸(pH 范围为 1～14)。

甲醇：色谱纯。

淀粉酶：活力单位≥100 U/mg。

2,6-二叔丁基对甲酚：简称 BHT。

标准品：维生素 A 标准品、维生素 E 标准品(α-生育酚、β-生育酚、γ-生育酚、δ-生育酚)。

3. 分析步骤

(1)试样制备　将一定数量的样品按要求经过缩分、粉碎均质后，储存于样品瓶中，避光冷藏，尽快测定。

(2)试样处理　要求：使用的所有器皿不得含有氧化性物质；分液漏斗活塞玻璃表面不得涂油；处理过程应避免紫外光照，尽可能避光操作；提取过程应在通风柜中操作。

①皂化

不含淀粉样品：称取 2～5 g(精确至 0.01 g)经均质处理的固体试样或 50 g(精确至 0.01 g)液体试样于 150 mL 平底烧瓶中，固体试样需加入约 20 mL 温水，混匀，再加入 1.0 g 抗坏血酸和 0.1 g BHT，混匀，加入 30 mL 无水乙醇，加入 10～20 mL 氢氧化钾溶液，边加边振摇，混匀后于 80 ℃恒温水浴震荡皂化 30 min，皂化后立即用冷水冷却至室温。

注：皂化时间一般为 30 min，如皂化液冷却后，液面有浮油，需要加入适量氢氧化钾溶液，并适当延长皂化时间。

含淀粉样品：称取 2～5 g(精确至 0.01 g)经均质处理的固体试样或 50 g(精确至 0.01 g)液体样品于 150 mL 平底烧瓶中，固体试样需用约 20mL 温水混匀，加入 0.5～1 g 淀粉酶，放入 60 ℃水浴避光恒温振荡 30 min 后取出，向酶解液中加入 1.0 g 抗坏血酸和 0.1 g BHT，混匀，加入 30 mL 无水乙醇，10～20 mL 氢氧化钾溶液，边加边振摇，混匀后于 80 ℃恒温水浴振荡皂化 30 min，皂化后立即用冷水冷却至室温。

②提取。将皂化液用 30 mL 水转入 250 mL 的分液漏斗中，加入 50 mL 石油醚-乙醚混合液，振荡萃取 5 min，将下层溶液转移至另一 250 mL 的分液漏斗中，加入 50 mL 的混合醚液再次萃取，合并醚层。注：如只测维生素 A 与 α-生育酚，可用石油醚作提取剂。

③洗涤。用约 100 mL 水洗涤醚层，约需重复 3 次，直至将醚层洗至中性(可用 pH 试纸检测下层溶液 pH)，去除下层水相。

④浓缩。将洗涤后的醚层经无水硫酸钠(约 3 g)滤入 250 mL 旋转蒸发瓶或氮气浓缩管中，用约 15 mL 石油醚冲洗分液漏斗及无水硫酸钠 2 次，并入蒸发瓶内，并将其接在旋转蒸发仪或气体浓缩仪上，于 40 ℃水浴中减压蒸馏或气流浓缩，待瓶中醚液剩下约 2 mL 时，取下蒸发瓶，立即用氮气吹至近干。用甲醇分次将蒸发瓶中残留物溶解并转移至 10 mL 容量瓶中，定容至刻度。溶液过 0.22 μm 有机系滤膜后供高效液相色谱测定。

(3)色谱参考　色谱参考条件如下。

①色谱柱：C30 柱(柱长 250 mm，内径 4.6 mm，粒径 3 μm)，或相当者。

②柱温：20 ℃。

③流动相：A 为水；B 为甲醇，洗脱梯度见表 3-40。

表 3-40　C_{30} 色谱柱-反相高效液相色谱法洗脱梯度参考条件

时间 /min	流动相 A/%	流动相 B/%	流速/(mL/min)
0.0	4	96	0.8
13.0	4	96	0.8
20.0	0	100	0.8
24.0	0	100	0.8
24.5	4	96	0.8
30.0	4	96	0.8

④流速：0.8 mL/min。

⑤紫外检测波长：维生素 A 为 325 nm；维生素 E 为 294 nm。

⑥进样量：10 μL。

⑦标准色谱图和样品色谱图见图 3-6。

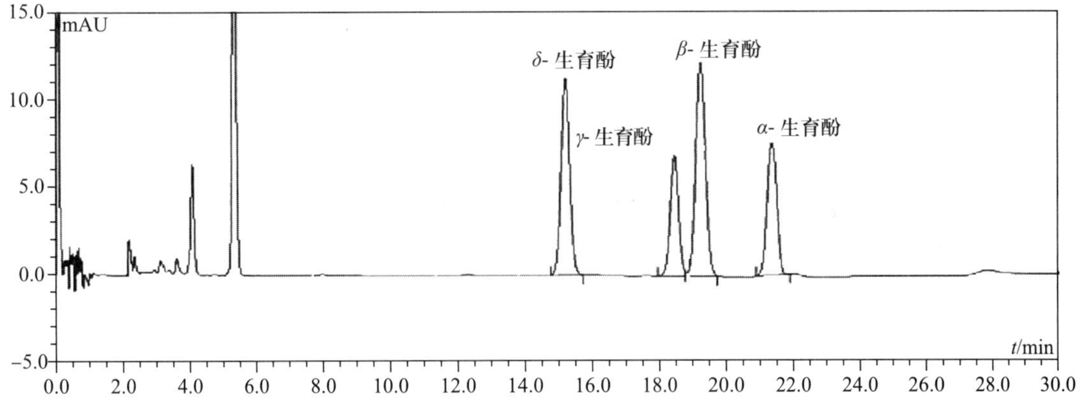

图 3-6　维生素 E 标准溶液 C_{30} 柱反相色谱图

注意：

①如难以将柱温控制在(20±2)℃，可改用 PFP 柱分离异构体，流动相为水和甲醇梯度洗脱。

②如样品中只含 α-生育酚，不需分离 β-生育酚和 γ-生育酚，可选用 C_{18} 柱，流动相为甲醇。

③如有荧光检测器，可选用荧光检测器检测，对生育酚的检测有更高的灵敏度和选择性，可按以下检测波长检测：维生素 A 激发波长 328 nm，发射波长 440 nm；维生素 E 激发波长 294 nm，发射波长 328 nm。

(4)标准曲线的制作方法采用外标法定量　将维生素 A 和维生素 E 标准系列工作溶液分别注入高效液相色谱仪中，测定相应的峰面积，以峰面积为纵坐标，以标准测定液浓度为横坐标绘制标准曲线，计算直线回归方程。

(5)样品测定　试样液经高效液相色谱仪分析，测得峰面积，采用外标法通过上述标准曲线计算其浓度。在测定过程中，建议每测定 10 个样品用同一份标准溶液或标准物质检查仪器的稳定性。

4. 分析结果的表述

试样中维生素 A 或维生素 E 的含量按式 3-65 计算：

$$X=\frac{\rho\times V\times f\times 100}{m} \quad \text{（式 3-65）}$$

式中：X——试样中维生素 A 或维生素 E 的含量，维生素 A 单位为 μg/100 g，维生素 E 单位为 mg/100 g；

ρ——根据标准曲线计算得到的试样中维生素 A 或维生素 E 的浓度，μg/mL；

V——定容体积，mL；

f——换算因子（维生素 A：$f=1$；维生素 E：$f=0.001$）；

100——试样中量以每 100 克计算的换算系数；

m——试样的称样量，g。

计算结果保留 3 位有效数字。

注意：如维生素 E 的测定结果要用 α-生育酚当量（α-TE）表示，可按下式计算：维生素 E（mg/100 g）＝α-生育酚（mg/100 g）＋β-生育酚（mg/100 g）×0.5＋γ-生育酚（mg/100 g）×0.1＋δ-生育酚（mg/100 g）×0.01。

5. 精密度

在重复性条件下获得的两次独立测定结果的绝对差值不得超过算术平均值的 10%。

6. 其他

当取样量为 5 g，定容 10 mL 时，维生素 A 的紫外检出限为 10 μg/100 g，定量限为 30 μg/100 g；生育酚的紫外检出限为 40 μg/100 g，定量限为 120 μg/100 g。

（二）食品中维生素 D 的测定（液相色谱-串联质谱法）

1. 原理

试样中加入维生素 D_2 和维生素 D_3 的同位素内标后，经氢氧化钾乙醇溶液皂化（含淀粉试样先用淀粉酶酶解）、提取、硅胶固相萃取柱净化、浓缩后，反相高效液相色谱 C_{18} 柱分离，串联质谱法检测，内标法定量。

2. 仪器试剂

(1)仪器设备

要求：使用的所有器皿不得含有氧化性物质。分液漏斗活塞玻璃表面不得涂油。

分析天平：感量为 0.1 mg。

磁力搅拌器或恒温振荡水浴：带加热和控温功能。

旋转蒸发仪。

氮吹仪。

紫外分光光度计。

萃取净化振荡器。

多功能涡旋振荡器。

高速冷冻离心机：转速≥6 000 r/min。

高效液相色谱-串联质谱仪：带电喷雾离子源。

（2）主要试剂

无水乙醇：色谱纯，经检验不含醛类物质。

抗坏血酸。

2，6-二叔丁基对甲酚：简称 BHT。

淀粉酶：活力单位≥100 U/mg。

氢氧化钾。

乙酸乙酯：色谱纯。

正己烷：色谱纯。

无水硫酸钠。

pH 试纸（pH 范围 1～14）。

固相萃取柱（硅胶）：6 mL，500 mg。

甲醇：色谱纯。

甲酸：色谱纯。

甲酸铵：色谱纯。

（3）标准品

维生素 D_2 标准品：钙化醇（CAS 号：50-14-6），纯度＞98％，或经国家认证并授予标准物质证书的标准物质。

维生素 D_3 标准品：胆钙化醇（CAS 号：511-28-4），纯度＞98％，或经国家认证并授予标准物质证书的标准物质。

维生素 D_2-d_3 内标溶液：100 μg/mL。

维生素 D_3-d_3 内标溶液：100 μg/mL。

3．分析步骤

（1）试样制备　将一定数量的样品按要求经过缩分、粉碎、均质后，储存于样品瓶中，避光冷藏，尽快测定。

（2）试样处理　处理过程应避免紫外光照，尽可能避光操作。

①皂化

不含淀粉样品：称取 2 g（准确至 0.01 g）经均质处理的试样于 50 mL 具塞离心管中，加入 100 μL 维生素 D_2-d_3 和维生素 D_3-d_3 混合内标溶液和 0.4 g 抗坏血酸，加入 6 mL 约 40 ℃温水，涡旋 1 min，加入 12 mL 乙醇，涡旋 30 s，再加入 6 mL 氢氧化钾溶液，涡旋 30 s 后放入恒温振荡器中，80 ℃避光恒温水浴振荡 30 min（如样品组织较为紧密，可每隔 5～10 min 取出涡旋 0.5 min），取出放入冷水浴降温。

注：一般皂化时间为 30 min，如皂化液冷却后，液面有浮油，需要加入适量氢氧化钾溶液，并适当延长皂化时间。

含淀粉样品：称取 2 g（准确至 0.01 g）经均质处理的试样于 50 mL 具塞离心管中，加入 100 μL 维生素 D_2-d_3 和维生素 D_3-d_3 混合内标溶液和 0.4 g 淀粉酶，加入 10 mL 约 40 ℃温水，放入恒温振荡器中，60 ℃避光恒温振荡 30 min 后，取出放入冷水浴降温，向冷却后的酶解液中加入 0.4 g 抗坏血酸、12 mL 乙醇，涡旋 30 s，再加入 6 mL 氢氧化钾溶液，涡旋 30 s 后放入恒温振荡器中，同“不含淀粉样品”皂化 30 min。

②提取。向冷却后的皂化液中加入 20 mL 正己烷，涡旋提取 3 min，6 000 r/min 条件下

离心 3 min。转移上层清液到 50 mL 离心管，加入 25 mL 水，轻微晃动 30 次，在 6 000 r/min 条件下离心 3 min，取上层有机相备用。

③净化。将硅胶固相萃取柱依次用 8 mL 乙酸乙酯活化，8 mL 正己烷平衡，取备用液全部过柱，再用 6 mL 乙酸乙酯-正己烷溶液（5＋95）淋洗，用 6 mL 乙酸乙酯-正己烷溶液（15＋85）洗脱。洗脱液在 40 ℃下氮气吹干，加入 1.00 mL 甲醇，涡旋 30 s，过 0.22 μm 有机系滤膜供仪器测定。

(3)仪器测定条件

①色谱参考条件。

a) C_{18} 柱（柱长 100 mm，柱内径 2.1 mm，填料粒径 1.8 μm），或相当者。

b) 柱温：40 ℃。

c) 流动相 A：0.05%甲酸-5 mmol/L 甲酸铵溶液；流动相 B：0.05%甲酸-5 mmol/L 甲酸铵甲醇溶液；流动相洗脱梯度见表 3-41。

d) 流速：0.4 mL/min。

e) 进样量：10 μL。

表 3-41 流动相洗脱梯度

时间/min	流动相 A/%	流动相 B/%	流速/(mL/min)
0.0	12	88	0.4
1.0	12	88	0.4
4.0	10	90	0.4
5.0	7	93	0.4
5.1	6	94	0.4
5.8	6	94	0.4
6.0	0	100	0.4
17.0	0	100	0.4
17.5	12	88	0.4
20.0	12	88	0.4

②质谱参考条件。质谱参考条件如下。

a) 电离方式：ESI＋。

b) 鞘气温度：375 ℃。

c) 鞘气流速：12 L/min。

d) 喷嘴电压：500 V。

e) 雾化器压力：172 kPa。

f) 毛细管电压：4 500 V。

g) 干燥气温度：325 ℃。

h) 干燥气流速：10 L/min。

i) 多反应监测(MRM)模式。

(4)标准曲线的制作　分别将维生素 D_2 和维生素 D_3 标准系列工作液由低浓度到高浓度依次进样，以维生素 D_2、维生素 D_3 与相应同位素内标的峰面积比值为纵坐标，以维生素 D_2、维生素 D_3 标准系列工作液浓度为横坐标分别绘制维生素 D_2、维生素 D_3 标准曲线。

(5)样品测定　将待测样液依次进样，得到待测物与内标物的峰面积比值，根据标准曲线得到测定液中维生素 D_2、维生素 D_3 的浓度。待测样液中的响应值应在标准曲线线性范围内，超过线性范围则应减少取样量重新按“(2)试样处理”进行处理后再进样分析。

4. 分析结果的表述

试样中维生素 D_2、维生素 D_3 的含量按式 3-66 计算：

$$X=\frac{\rho\times V\times f\times 100}{m} \qquad (式\ 3\text{-}66)$$

式中：X——试样中维生素 D_2(或维生素 D_3)的含量，μg/100 g；

ρ——根据标准曲线计算得到的试样中维生素 D_2(或维生素 D_3)的浓度，μg/mL；

V——定容体积，mL；

f——稀释倍数；

100——试样中量以每 100 g 计算的换算系数；

m——试样的称样量，g。

计算结果保留 3 位有效数字。

注：如试样中同时含有维生素 D_2 和维生素 D_3，维生素 D 的测定结果以维生素 D_2 和维生素 D_3 含量之和计算。

5. 精密度

在重复性条件下获得的两次独立测定结果的绝对差值不得超过算术平均值的 15%。

6. 其他

当取样量为 2 g 时，维生素 D_2 的检出限为 1 μg/100 g，定量限为 3 μg/100 g；维生素 D_3 的检出限为 0.2 μg/100 g；定量限为 0.6 μg/100 g。

(三)食品中维生素 K_1 的测定(高效液相色谱-荧光检测法)

食品中维生素 K_1 的测定(高效液相色谱-荧光检测法)

三、食品中水溶性维生素的测定方法

参照《食品安全国家标准 食品中抗坏血酸的测定》(GB 5009.86—2016)、《食品安全国家标准 食品中维生素 B_1 的测定》(GB 5009.84—2016)、《食品安全国家标准 食品中维生素 B_2 的测定》(GB 5009.85—2016)、《食品安全国家标准 食品中维生素 B_6 的测定》(GB 5009.154—2016)对水溶性维生素进行测定。

(一)食品中抗坏血酸的测定(2,6-二氯靛酚滴定法)

1. 原理

用蓝色的碱性染料 2,6-二氯靛酚标准溶液对含 L(+)-抗坏血酸的试样酸性浸出液进行氧化还原滴定，2,6-二氯靛酚被还原为无色，当到达滴定终点时，多余的 2,6-二氯靛酚在酸性介质中显浅红色，由 2,6-二氯靛酚的消耗量计算样品中 L(+)-抗坏血酸的含量。

2. 试剂材料

(1)试剂

偏磷酸$(HPO_3)_n$:含量(以 HPO_3 计)≥38%。

草酸($C_2H_2O_4$)。

碳酸氢钠($NaHCO_3$)。

2,6-二氯靛酚(2,6-二氯靛酚钠盐,$C_{12}H_6Cl_2NNaO_2$)。

白陶土(或高岭土):对抗坏血酸无吸附性。

(2)试剂配制

偏磷酸溶液(20 g/L):称取 20 g 偏磷酸,用水溶解并定容至 1 L。

草酸溶液(20 g/L):称取 20 g 草酸,用水溶解并定容至 1 L。

2,6-二氯靛酚(2,6-二氯靛酚钠盐)溶液:称取碳酸氢钠 52 mg 溶解在 200 mL 热蒸馏水中,然后称取 2,6-二氯靛酚 50 mg 溶解在上述碳酸氢钠溶液中。冷却并用水定容至 250 mL,过滤至棕色瓶内,于 4~8℃环境中保存。每次使用前,用标准抗坏血酸溶液标定其滴定度。

标定方法:准确吸取 1 mL 抗坏血酸标准溶液于 50 mL 锥形瓶中,加入 10 mL 偏磷酸溶液或草酸溶液,摇匀,用 2,6-二氯靛酚溶液滴定至粉红色,保持 15 s 不褪色为止。同时另取 10 mL 偏磷酸溶液或草酸溶液做空白试验。2,6-二氯靛酚溶液的滴定度按式 3-67 计算:

$$T=\frac{c\times V}{V_1-V_0} \tag{式 3-67}$$

式中:T——2,6-二氯靛酚溶液的滴定度,即每毫升 2,6-二氯靛酚溶液相当于抗坏血酸的毫克数,mg/mL;

c——抗坏血酸标准溶液的质量浓度,mg/mL;

V——吸取抗坏血酸标准溶液的体积,mL;

V_1——滴定抗坏血酸标准溶液所消耗 2,6-二氯靛酚溶液的体积,mL;

V_0——滴定空白所消耗 2,6-二氯靛酚溶液的体积,mL。

(3)标准品

L(+)-抗坏血酸标准品($C_6H_8O_6$):纯度≥99%。

(4)标准溶液的配制

L(+)-抗坏血酸标准溶液(1.000 mg/mL):称取 100 mg(精确至 0.1 mg)L(+)-抗坏血酸标准品,溶于偏磷酸溶液或草酸溶液并定容至 100 mL。该贮备液在 2~8 ℃避光条件下可保存一周。

3. 测定

(1)试液制备　称取具有代表性样品的可食部分 100 g,放入粉碎机中,加入 100 g 偏磷酸溶液或草酸溶液,迅速捣成匀浆。准确称取 10~40 g 匀浆样品(精确至 0.01 g)于烧杯中,用偏磷酸溶液或草酸溶液将样品转移至 100 mL 容量瓶,并稀释至刻度,摇匀后过滤。若滤液有颜色,可按每克样品加 0.4 g 白陶土脱色后再过滤。

(2)滴定　准确吸取 10 mL 滤液于 50 mL 锥形瓶中,用标定过的 2,6-二氯靛酚溶液滴定,直至溶液呈粉红色 15 s 不褪色为止。同时做空白试验。

4. 结果计算

试样中 $L(+)$-抗坏血酸含量按式 3-68 计算：

$$X=\frac{(V-V_0)\times T\times A}{m}\times 100 \qquad \text{（式 3-68）}$$

式中：X——试样中 $L(+)$-抗坏血酸含量，mg/100 g；

V——滴定试样所消耗 2,6-二氯靛酚溶液的体积，mL；

V_0——滴定空白所消耗 2,6-二氯靛酚溶液的体积，mL；

T——2,6-二氯靛酚溶液的滴定度，即每毫升 2,6-二氯靛酚溶液相当于抗坏血酸的毫克数(mg/mL)；

A——稀释倍数；

m——试样质量，g。

计算结果以重复性条件下获得的两次独立测定结果的算术平均值表示，结果保留 3 位有效数字。

5. 精密度

在重复性条件下获得的两次独立测定结果的绝对差值，在 $L(+)$-抗坏血酸含量大于 20 mg/100 g 时不得超过算术平均值的 2%。在 $L(+)$-抗坏血酸含量小于或等于 20 mg/100 g 时不得超过算术平均值的 5%。

（二）食品中维生素 B_1 的测定（高效液相色谱法）

食品中维生素 B_1 的测定（高效液相色谱法）

【技能训练】

任务一　番茄中维生素 C 含量的测定

任务导入

番茄果实营养丰富，具特殊风味。可以生食、煮食、加工制成番茄酱、汁或整果罐藏。番茄的食用部位为多汁的浆果。它的品种极多，按果的形状可分为圆形、扁圆形、长圆形、尖圆形；按果皮的颜色分，有大红、粉红、橙红和黄色。番茄富含维生素 A、维生素 C、维生素 B_1，维生素 B_2 以及胡萝卜素和钙、磷、钾、镁、铁、锌、铜和碘等多种元素。

任务描述

查阅《食品安全国家标准 食品中抗坏血酸的测定》(GB 5009.86—2016)，制订检验流程并实施，测定样品的维生素 C 含量。

任务准备

通过标准的解读，将番茄中维生素 C 的测定所需的主要仪器设备及化学试剂记入表 3-42、表 3-43 中。

表 3-42　所需仪器设备表

序号	仪器名称	规格
1		
2		

表 3-43 所需化学试剂表

序号	试剂名称	规格
1		
2		
3		
4		
5		

任务实施

一、实施流程

样品处理→试液制备→滴定→数据记录→结果计算

二、操作要点

(1)称取具有代表性样品的可食部分 100 g,放入粉碎机中,加入 100 g 偏磷酸溶液或草酸溶液,迅速捣成匀浆。

(2)准确称取 10～40 g 匀浆样品(精确至 0.01 g)于烧杯中,用偏磷酸溶液或草酸溶液将样品转移至 100 mL 容量瓶,并稀释至刻度,摇匀后过滤。若滤液有颜色,可按每克样品加 0.4 g 白陶土脱色后再过滤。

(3)准确吸取 10 mL 滤液于 50 mL 锥形瓶中,用标定过的 2,6-二氯靛酚溶液滴定,直至溶液呈粉红色 15 s 不褪色为止。同时做空白试验。

三、分析结果的表述

试样中 $L(+)$-抗坏血酸含量按式 3-69 计算:

$$X=\frac{(V-V_0)\times T\times A}{m}\times 100 \qquad (式 3\text{-}69)$$

式中:X——试样中 $L(+)$-抗坏血酸含量,mg/100 g;

V——滴定试样所消耗 2,6-二氯靛酚溶液的体积,mL;

V_0——滴定空白所消耗 2,6-二氯靛酚溶液的体积,mL;

T——2,6-二氯靛酚溶液的滴定度,即每毫升 2,6-二氯靛酚溶液相当于抗坏血酸的毫克数(mg/mL);

A——稀释倍数;

m——试样质量,g。

计算结果以重复性条件下获得的两次独立测定结果的算术平均值表示,结果保留 3 位有效数字。

四、数据记录及处理

数据记录参考表 3-44。

表 3-44　番茄中维生素 C 的测定数据记录表

基本信息	样品名称		样品编号		
	检测项目		检测日期		
	检测依据		检测方法		
检测数据	样品编号	1	2	3	平均值
	试样的重量 m/g				
	称取处理后试样匀浆重量 m_0/g				
	准确吸取测定的滤液体积 V_1/mL				
	换算后的稀释倍数 A				
	滴定试样所消耗 2,6-二氯靛酚溶液的体积 V/mL				
	滴定空白所消耗 2,6-二氯靛酚溶液的体积 V_0/mL				
	2,6-二氯靛酚溶液的滴定度 T/(mg/mL)				
结果计算	计算公式				
结果讨论	番茄中的维生素 C 含量为________________。 根据标准判断是否符合要求。				

五、技术提示

(1)试剂 2,6-二氯靛酚溶液在 4～8 ℃环境中保存。每次使用前,用标准抗坏血酸溶液标定其滴定度。

(2)样品处理时称取的应为可食部分,处理后若滤液有颜色,可按每克样品加 0.4 g 白陶土脱色后再过滤。

(3)滴定终点为粉红色 15 s 不褪色为止。同时做空白试验。

任务评价

按表 3-45 检查工作任务的完成情况。

表 3-45　工作任务评价表

序号	任务实施步骤	工作内容	技能标准	分值
1	制订工作方案	查阅相关标准,制订番茄维生素 C 的测定实施方案	(1)正确选用标准 (2)方案制订合理	10
2	准备工作	滴定管、锥形瓶等仪器清洗	仪器洗净、烘干	5
3	采样与预处理	将样品捣成匀浆,稀释后过滤	(1)样品取可食部分 (2)如有颜色需加白陶土脱色后过滤	10
4	滴定	准确吸取一定量滤液于锥形瓶中,用标定过的 2,6-二氯靛酚溶液滴定,同时做空白试验	(1)滴定操作规范、准确 (2)滴定终点判断 (3)做空白试验	25

续表 3-45

序号	任务实施步骤	工作内容	技能标准	分值
5	结果分析	番茄中维生素 C 含量的计算	(1)能利用计算公式正确计算 (2)能正确保留有效数字	20
6	工作单	(1)课前准备内容 (2)任务实施过程记录 (3)结果分析与讨论	(1)能查阅相关标准并回答问题 (2)能够对操作过程进行记录与分析 (3)对所完成任务归纳、分析及总结	30

任务二　鱼肝油中维生素 A 含量的测定

任务导入

鱼肝油是从鲨鱼、鳕鱼等肝脏中提炼出来的一种脂肪油，其中维生素 A 含量较高，常用于防治夜盲症、佝偻病等。

任务描述

查阅《食品安全国家标准 食品中维生素 A、D、E 的测定》(GB 5009.82—2016)和反相高效液相色谱的操作方法，制订检验流程并实施，测定样品的维生素 A 含量。

任务准备

通过标准的解读，将鱼肝油中维生素 A 的测定所需的主要仪器设备及化学试剂记入表 3-46、表 3-47 中。

表 3-46　所需主要仪器设备表

序号	仪器名称	规格
1		
2		
3		
4		
5		
6		

表 3-47　所需主要化学试剂表

序号	试剂名称	规格
1		
2		
3		
4		
5		
6		
7		

任务实施

一、实施流程

试样制备→皂化→提取→洗涤→浓缩→标准曲线制作→样品测定→分析结果的表述

二、操作要点

(1)将一定量的样品按要求经过缩分、粉碎均质后，储存于样品瓶中，避光冷藏，尽快测定。

(2) 称取 2～5 g(精确至 0.01 g)经均质处理的固体试样于 150 mL 平底烧瓶中，加入约 20 mL 温水，混匀，再加入 1.0 g 抗坏血酸和 0.1 g BHT，混匀，加入 30 mL 无水乙醇，加入 10～20 mL 氢氧化钾溶液，边加边振摇，混匀后于 80 ℃恒温水浴振荡皂化 30 min，皂化后立即用冷水冷却至室温。

(3)将皂化液用 30 mL 水转入 250 mL 的分液漏斗中，加入 50 mL 石油醚-乙醚混合液，振荡萃取 5 min，将下层溶液转移至另一 250 mL 的分液漏斗中，加入 50 mL 的混合醚液再次萃取，合并醚层。

(4)用约 100 mL 水洗涤醚层，约需重复 3 次，直至将醚层洗至中性(可用 pH 试纸检测下层溶液 pH)，去除下层水相。

(5)将洗涤后的醚层经无水硫酸钠(约 3 g)滤入 250 mL 旋转蒸发瓶或氮气浓缩管中，用约 15 mL 石油醚冲洗分液漏斗及无水硫酸钠 2 次，并入蒸发瓶内，并将其接在旋转蒸发仪或气体浓缩仪上，于 40 ℃水浴中减压蒸馏或气流浓缩，待瓶中醚液剩下约 2 mL 时，取下蒸发瓶，立即用氮气吹至近干。用甲醇分次将蒸发瓶中残留物溶解并转移至 10 mL 容量瓶中，定容至刻度。溶液过 0.22 μm 有机系滤膜后供高效液相色谱测定。

三、分析结果的表述

试样中维生素 A 的含量按式 3-70 计算：

$$X=\frac{\rho\times V\times f\times 100}{m} \qquad (式\ 3\text{-}70)$$

式中：X——试样中维生素 A 的含量，μg/100 g；

ρ——根据标准曲线计算得到的试样中维生素 A 的浓度，μg/mL；

V——定容体积，mL；

f——换算因子(维生素 A：$f=1$)；

100——试样中量以每 100 g 计算的换算系数；

m——试样的称样量，g。

计算结果保留 3 位有效数字。

四、数据记录及处理

数据记录参考表 3-48。

表 3-48　鱼肝油中维生素 A 的测定数据记录表

基本信息	样品名称		样品编号	
	检测项目		检测日期	
	检测依据		检测方法	

续表 3-48

检测数据	样品编号	1	2	3
	称取样品的重量/g			
	样品处理后定容的体积 V/mL			
	根据标准曲线计算得到的试样中维生素 A 的浓度 ρ/(μg/mL)			
	换算因子 f			
结果计算	计算公式			
结果讨论	鱼肝油中维生素 A 的含量为__________。 根据标准判断是否符合要求。			

五、技术提示

(1)使用的所有器皿不得含有氧化性物质;分液漏斗活塞玻璃表面不得涂油;处理过程应避免紫外光照,尽可能避光操作;提取过程应在通风柜中操作。

(2)皂化时间一般为 30 min,如皂化液冷却后,液面有浮油,需要加入适量氢氧化钾溶液,并适当延长皂化时间。

(3)由于只测维生素 A,提取过程可以用石油醚作为提取剂。

任务评价

按表 3-49 检查工作任务的完成情况。

表 3-49 工作任务评价表

序号	任务实施步骤	工作内容	技能标准	分值
1	制订工作方案	查阅相关标准,制订鱼肝油中维生素 A 的测定实施方案	(1)正确选用标准 (2)方案制订合理	10
2	准备工作	机器预热、试剂配制	(1)按使用说明预热高效液相色谱仪 (2)试剂、标准溶液的配制	10
3	试样制备、处理	按要求进行试样制备、处理	(1)样品缩分、粉碎、混匀 (2)皂化完全后立即用冷水冷却 (3)分液漏斗分液要准确 (4)浓缩操作规范、准确	20
4	标准曲线制作	采用外标法制作标准曲线	绘制标准曲线,计算直线回归方程。	15
5	样品测定	采用外标法通过标准曲线计算其浓度	采用外标法通过标准曲线计算其浓度	15
6	结果分析	鱼肝油中维生素 A 含量的计算	(1)能利用计算公式正确计算 (2)能正确保留有效数字	10
7	工作单	(1)课前准备内容 (2)任务实施过程记录 (3)结果分析与讨论	(1)能查阅相关标准并回答问题 (2)能够对操作过程进行记录与分析 (3)对所完成任务归纳、分析及总结	20

任务检测

一、名词解释

维生素　脂溶性维生素　水溶性维生素　钙化醇　生育酚

二、填空题

1. 按照溶解性的不同，可将维生素分为__________和__________两类，维生素 A、维生素 D、维生素 E、维生素 K 属于__________维生素，B 族维生素和维生素 C 属于__________维生素。

2. 人体缺乏维生素 C 时可引起__________病，缺乏维生素 B_1 时可引起__________病，而缺__________之时可引起佝偻病。

3. 测定维生素 A 的方法主要有__________、__________和__________等。

4. 测定蔬菜中维生素 C 含量时，加入草酸溶液的作用是______________。

5. 维生素是人和动物维持正常的生理功能所必需的一类__________有机化合物。

三、不定项选择题

1. 用比色法测定维生素 A 含量时，皂化法适用于维生素 A 含量(　　)的样品。

   A. 高　　B. 低　　C. 高低都可以　　D. 高低都不可以

2. 2,6-二氯旋酚法测定的是(　　)抗坏血酸。

   A. 总　　B. 还原型　　C. 生理活性　　D. 氧化型

3. 测定维生素 C 含量的方法有(　　)。

   A. 2,6-二氯靛酚滴定法　　B. 2,4-二硝基苯肼比色法

   C. 荧光法　　D. HPLC

4. 荧光比色法测定维生素 B 的荧光条件为(　　)。

   A. 激发波长 365 nm，发射波长 435 nm

   B. 激发波狭缝 5 nm

   C. 激发波长 345 nm，发射波长 365 nm

   D. 发射波狭缝 5 nm

5. 以下哪种方法适用于测定微量维生素 B_1 含量(　　)。

   A. 分光光度法　　B. 高效液相色谱法

   C. 荧光法　　D. 以上均不适用

6. 若要检测食品中的胡萝卜素，样品保存时必须在(　　)条件下保存。

   A. 低温　　B. 恒温　　C. 避光　　D. 高温

四、判断题

1. 人体可以自己合成所需的各种维生素。(　　)
2. 水溶性维生素在酸性介质中不稳定，而在碱性介质中稳定。(　　)
3. 维生素 A 极易被光破坏，实验操作应在微弱光线下进行。(　　)
4. 测定维生素 C 含量时，加入硫脲能促进脎的形成并防止维生素 C 继续氧化。(　　)
5. 用比色法测定维生素 A 时，所生成的蓝色配合物很稳定。(　　)

五、简答题

1. 食品中维生素 A、维生素 D、维生素 E 的检测样液在制备时有何共性及差异？
2. 比较测定食品中维生素 C 的方法原理、适用条件及注意事项。

3. 比色法测定食品中维生素 B_2 时，有何特殊要求？

4. 简述 2,6-二氯靛酚法测定维生素 C 含量时，2,6-二氯靛酚溶液颜色反应的特性。

5. 2,6-二氯靛酚法测定维生素 C 含量时，滴定终点如何判断？

六、计算题

用反相高效液相色谱法测定某品牌鱼肝油中维生素 A 含量检测中，称取鱼肝油 3.626 g，经皂化、提取、洗涤、浓缩后，定容至 10 mL 容量瓶中。试样液经高效液相色谱仪分析，测得峰面积，采用外标法通过标准曲线计算其浓度 $\rho=0.291$ μg/mL，计算该鱼肝油中维生素 A 的含量。

七、技能训练题

某厂家生产一批维生素 C 压片糖果，请设计实验验证该产品中维生素 C 含量是否达标。

模块小结

模块三　知识拓展

模块三　思考与练习

附　录 D

- 食品中一般营养成分的测定
  - 食品中水分的测定
    - 相关知识
      - 测定水分含量的意义
      - 食品中水分的存在形式
      - 食品中水分的测定方法
    - 技能训练
      - 面粉中水分含量的测定
  - 食品中灰分的测定
    - 相关知识
      - 食品中的灰分
      - 灰分的测定内容
      - 测定灰分的意义
    - 灰分测定的方法
    - 技能训练
      - 芝麻酱中总灰分的测定
  - 食品酸度的测定
    - 相关知识
      - 测定食品酸度的意义
      - 食品酸度的分类
      - 酸度测定的方法
    - 技能训练
      - 食醋总酸度的测定
      - 食品中有效酸度的测定
  - 食品中脂类的测定
    - 相关知识
      - 食品中脂类测定的意义
      - 食品脂类测定的依据和方法
    - 技能训练
      - 坚果中粗脂肪的测定
      - 花生油中脂肪酸含量的测定
  - 食品中糖类物质的测定
    - 相关知识
      - 食品中糖类物质测定的意义
      - 食品中糖类物质的测定方法
    - 技能训练
      - 蜂蜜中还原糖含量的测定
      - 面粉中淀粉含量的测定
      - 芹菜中粗纤维含量的测定
  - 食品中蛋白质和氨基酸的测定
    - 相关知识
      - 食品中蛋白质和氨基酸测定的意义
      - 食品中蛋白质的测定方法
      - 食品中氨基酸的测定方法
    - 技能训练
      - 大豆中蛋白质含量的测定
      - 酿造酱油中氨基态氮含量的测定
  - 食品中维生素的测定
    - 相关知识
      - 测定食品中维生素的意义
      - 食品中脂溶性维生素的测定方法
      - 食品中水溶性维生素的测定方法
    - 技能训练
      - 番茄中维生素 C 含量的测定
      - 鱼肝油中维生素 A 含量的测定

模块四

食品中矿物质元素的测定

模块介绍

本模块要求学生依据食品安全国家标准，利用现有工作条件，完成给定食品的矿物质元素的测定，分析测定结果，完成检验报告，提交任务工作单。

本模块注重培育学生的精益求精和创新精神，引导学生今后走向工作岗位弘扬“工匠精神”，努力实现岗位创新，满足“大众创业、万众创新”时代对创新人才的迫切需求。

项目一　食品中矿物质营养素的测定

【学习目标】

食品中矿质元素的检测

知识目标

1. 掌握各种矿物质元素测定的基本原理和方法。
2. 掌握不同的待测样品的处理方法。
3. 掌握样品消化的方法和元素测定的基本操作技能。

技能目标

1. 会配制各种矿物质离子的标准溶液、标准使用液。
2. 会对不同的待测样品选择不同的消化处理方法。
3. 能使用原子吸收分光光度计、火焰光度计、分光光度计。
4. 能进行标准曲线的绘制和测定结果的计算。

思政目标

1. 了解食品中矿物质检验的重要性，具备科学严谨的检验精神，具有食品安全国家标准和安全生产的社会责任感、法律与诚信意识。

2. 正确履行检验职能，严格遵守检验规范。检验判定具有独立性和公正性，不出具虚假或不实数据和结果的检验报告。

【项目概述】

本项目包含3项相关知识和3项技能训练。相关知识包括食品中矿物质测定的意义、食品中矿物质的种类、测定方法等，例如，食品中钙的测定、食品中锌的测定、食品中铁的测定、食品中碘的测定及食品中硒的测定等；技能训练为生乳中钙含量的测定、婴幼儿乳粉中锌含量的测定及黑木耳中铁含量的测定。目的是培养学习者对食品矿物质测定有一个全面认识和理解，为今后从事食品分析检测工作奠定坚实的理论和实践基础。

【思维导图】

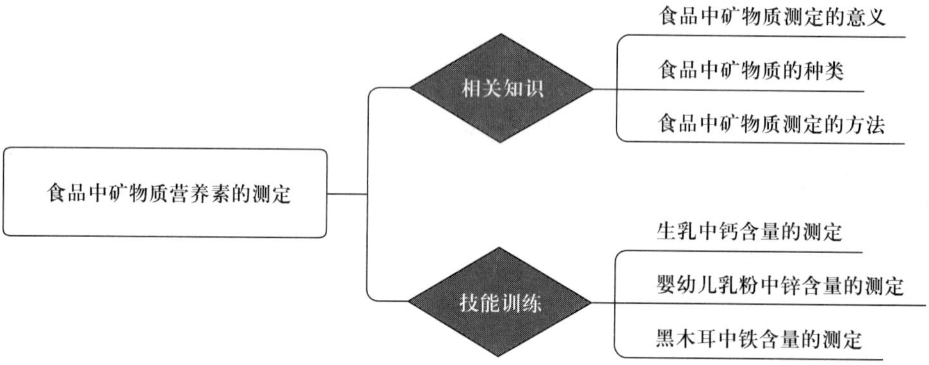

【相关知识】

一、食品中矿物质测定的意义

矿物质是构成人体组织和维持正常生理功能必需的各种元素的总称，是人体必需的七大营养素之一。

通过对食品中矿物质含量的检测，可以评价食品的营养价值，对食品企业开发和生产强化食品具有指导意义，有利于食品加工工艺的改进和食品质量的提高。通过对食品中限量元素的检测可以了解食品污染情况，以便查清和控制污染源。

二、食品中矿物质的种类

食品中矿物质按其对人体健康的影响可分为必需元素、非必需元素和有毒元素三类。必需元素是指存在于机体的健康组织中，对机体的稳定和正常生理活动具有重要作用的元素。当它们缺乏或不足时，机体出现各种功能异常现象。例如，缺铁导致贫血，缺硒出现白肌病，缺碘易患甲状腺肿等。非必需元素是指人体可以没有它们而维持正常，食物中天然含有的正常量，并不产生毒害。有毒元素对人体有害，必须控制在人体可耐受的最低水平以下。

食品中的矿物质若按在体内含量的多少可分为常量元素和微量元素两类。常量元素是指其在人体内含量在0.01%以上的元素，微量元素是指其在人体内含量在0.01%以下的元素。必需常量元素有磷、钙、钠、钾、镁、氯、硫；必需的微量元素有铁，铜、锌、钴、锰、铬、钼、钒、硒、锡、碘、硅、氟等20多种。非必需元素有铝、锂、金、铷、锆、铌、钛、钨、铯、铀等。常见的有毒元素有镉、汞、铅、砷、银、锑、铍等(应当指出,即使是必需元素和非必需元素,摄入过多也会对人体造成危害,引起中毒。)

三、食品中矿物质测定的方法

(一)食品中钙的测定

参照《食品安全国家标准 食品中钙的测定》(GB 5009.92—2016),对食品中钙含量进行测定。具体方法有:火焰原子吸收光谱法、滴定法、电感耦合等离子体发射光谱法和电感耦合等离子体质谱法。下面以第一法火焰原子吸收光谱法为例进行介绍。

1. 测定原理

试样经消解处理后,加入镧溶液作为释放剂,经原子吸收火焰原子化,在 422.7 nm 处测定的吸光度值在一定浓度范围内与钙含量成正比,与标准系列比较定量。

2. 试剂、材料

要求所用试剂均为优级纯,水为 GB/T 6682 规定的二级水。

(1)试剂:硝酸(HNO_3)、高氯酸($HClO_4$)、盐酸(HCl)、氧化镧(La_2O_3)

试剂配制:

硝酸溶液(5+95):量取 50 mL 硝酸,加入 950 mL 水,混匀。

硝酸溶液(1+1):量取 500 mL 硝酸,与 500 mL 水混合均匀。

盐酸溶液(1+1):量取 500 mL 盐酸,与 500 mL 水混合均匀。

镧溶液(20 g/L):称取 23.45 g 氧化镧,先用少量水湿润后再加入 75 mL 盐酸溶液(1+1)溶解,转入 1 000 mL 容量瓶中,加水定容至刻度,混匀。

(2)标准品:碳酸钙($CaCO_3$, CAS 号 471-34-1):纯度>99.99%,或经国家认证并授予标准物质证书的一定浓度的钙标准溶液。

标准溶液的配制:

钙标准储备液(1 000 mg/L):准确称取 2.496 3 g(精确至 0.000 1 g)碳酸钙,加盐酸溶液(1+1)溶解,移入 1 000 mL 容量瓶中,加水定容至刻度,混匀。

钙标准中间液(100 mg/L):准确吸取钙标准储备液(1 000 mg/L) 10 mL 于 100 mL 容量瓶中,加硝酸溶液(5+95)至刻度,混匀。

钙标准系列溶液:分别吸取钙标准中间液(100 mg/L) 0 mL、0.500 mL、1.00 mL、2.00 mL、4.00 mL、6.00 mL 于 100 mL 容量瓶中,另在各容量瓶中加入 5 mL 镧溶液(20 g/L),最后加硝酸溶液 (5+95)定容至刻度,混匀。此钙标准系列溶液中钙的质量浓度分别为 0 mg/L、0.500 mg/L、1.00 mg/L、2.00 mg/L、4.00 mg/L 和 6.00 mg/L。

(注:可根据仪器的灵敏度及样品中钙的实际含量确定标准溶液系列中元素的具体浓度。)

3. 仪器设备

原子吸收光谱仪:配火焰原子化器,钙空心阴极灯。

分析天平:感量为 1 mg 和 0.1 mg。

微波消解系统:配聚四氟乙烯消解内罐。

压力消解罐:配聚四氟乙烯消解内罐。

可调式电热炉、可调式电热板、恒温干燥箱、马弗炉。

要求:所有玻璃器皿及聚四氟乙烯消解内罐均需硝酸溶液(1+5)浸泡过夜,用自来水反复冲洗,最后用去离子水冲洗干净。

4. 分析步骤

(1)试样制备 矿物微量元素分析的样品制备过程中应特别注意防止各种污染。湿样(如蔬菜、水果、鲜鱼、鲜肉等)用水冲洗干净后,要用去离子水充分洗净,取可食部分,制成匀浆,储于塑料瓶中。干粉类样品(如粮食、豆类等) 样品去除杂物后,粉碎,储于塑料瓶中。液体样品(如饮料、酒、醋、食用植物油、液态乳等)将样品摇匀备用。

(2)样品消解 湿法消解:准确称取固体试样 0.2~3 g(精确至 0.001 g)或准确移取液体试样 0.500~5.00 mL 于带刻度消化管中,加入 10 mL 硝酸、0.5 mL 高氯酸,在可调式电热炉上消解(参考条件:120 ℃,0.5~1 h、升温至 180 ℃,2~4 h、升温至 200~220 ℃)。若消化液呈棕褐色,再加硝酸,消解至冒白烟,消化液呈无色透明或略带黄色。取出消化管,冷却后用水定容至 25 mL,再根据实际测定需要进行稀释,并在稀释液中加入一定体积的镧溶液(20 g/L),使其在最终稀释液中的浓度为 1 g/L,混匀备用,此为试样待测液,同时做试剂空白试验。也可采用锥形瓶,于可调式电热板上,按上述操作方法进行湿法消解。

微波消解:准确称取固体试样 0.2~0.8 g(精确至 0.001 g)或准确移取液体试样 0.500~3.00 mL 于微波消解罐中,加入 5 mL 硝酸,按照微波消解的操作步骤消解试样。冷却后取出消解罐,在电热板上于 140~160 ℃赶酸至 1 mL 左右。消解罐放冷后,将消化液转移至 25 mL 容量瓶中,用少量水洗涤消解罐 2~3 次,合并洗涤液于容量瓶中并用水定容至刻度。根据实际测定需要进行稀释,并在稀释液中加入一定体积镧溶液(20 g/L)使其在最终稀释液中的浓度为 1 g/L,混匀备用,此为试样待测液。同时做试剂空白试验。

压力罐消解:准确称取固体试样 0.2~1 g(精确至 0.001 g)或准确移取液体试样 0.500~5.00 mL 于消解内罐中,加入 5 mL 硝酸。盖好内盖,旋紧不锈钢外套,放入恒温干燥箱,于 140~160 ℃下保持 4~5 h。冷却后缓慢旋松外罐,取出消解内罐,放在可调式电热板上于 140~160 ℃赶酸至 1 mL 左右。冷却后将消化液转移至 25 mL 容量瓶中,用少量水洗涤内罐和内盖 2~3 次,合并洗涤液于容量瓶中并用水定容至刻度,混匀备用。根据实际测定需要进行稀释,并在稀释液中加入一定体积的镧溶液(20 g/L),使其在最终稀释液中的浓度为 1 g/L,混匀备用,此为试样待测液。同时做试剂空白试验。

干法灰化:准确称取固体试样 0.5~5 g(精确至 0.001 g)或准确移取液体试样 0.500~10.0 mL 于坩埚中,小火加热,炭化至无烟,转移至马弗炉中,于 550 ℃灰化 3~4 h。冷却,取出。对于灰化不彻底的试样,加数滴硝酸,小火加热,小心蒸干,再转入 550 ℃马弗炉中,继续灰化 1~2 h,至试样呈白灰状,冷却,取出,用适量硝酸溶液(1+1)溶解转移至刻度管中,用水定容至 25 mL。根据实际测定需要进行稀释,并在稀释液中加入一定体积的镧溶液,使其在最终稀释液中的浓度为 1 g/L,混匀备用,此为试样待测液。同时做试剂空白试验。

(3)样品的测定 仪器参考条件见表 4-1。按照原子吸收光谱仪使用说明书进行操作。

表 4-1 火焰原子吸收光谱法参考条件

元素	波长/nm	狭缝/nm	灯电流/mA	燃烧头高度/mm	空气流量/(L/min)	乙炔流量/(L/min)
钙	422.7	1.3	5~15	3	9	2

5. 分析结果的表述

试样中钙的含量按式 4-1 计算：

$$X=\frac{(\rho-\rho_0)\times f\times V}{m} \qquad \text{(式 4-1)}$$

式中：X——试样中钙的含量，mg/kg 或 mg/L；

ρ——试样待测液中钙的质量浓度，mg/L；

ρ_0——空白溶液中钙的质量浓度，mg/L；

f——试样消化液的稀释倍数；

V——试样消化液的定容体积，mL；

m——试样质量或移取体积，g 或 mL。

当钙含量≥10.0 mg/kg 或 10.0 mg/L 时，计算结果保留 3 位有效数字；当钙含量<10.0 mg/kg 或 10.0 mg/L 时，计算结果保留两位有效数字。

在重复性条件下获得的两次独立测定结果的绝对差值不得超过算术平均值的 10%。

6. 技术提示

(1)使用高氯酸消解样品时，应严格遵守操作规程，烧杯中消化液不能蒸干，并且要保证温度达到 200 ℃时只有少量的有机成分存在，否则高氯酸的氧化电位在此温度下会迅速升高，导致剧烈的爆炸。

(2)标准曲线及样品测定过程中一定要从低浓度到高浓度，避免造成浓度污染。

(3)雾化燃烧器清洁时，用 10% HCl(硝酸)浸泡一晚，用自来水冲洗，再用去离子水清洗。

(二)食品中锌的测定

依据《食品安全国家标准 食品中锌的测定》(GB 5009.14—2017)，进行各类食品中锌含量的测定。该标准规定了食品中锌含量测定的方法有：火焰原子吸收光谱法、电感耦合等离子体发射光谱法、电感耦合等离子体质谱法和二硫腙比色法。下面以第四法二硫腙比色法为例进行介绍。

1. 测定原理

试样经消化后，在 pH 4.0～5.5 时，锌离子与二硫腙形成紫红色络合物，溶于四氯化碳，加入硫代硫酸钠，防止铜、汞、铅、铋、银和镉等离子干扰。于 530 nm 处测定吸光度，与标准系列比较定量。

2. 试剂、材料

要求所用试剂均为优级纯，水为 GB/T 6682 规定的二级水。

(1)试剂 硝酸(HNO_3)、高氯酸($HClO_4$)、三水合乙酸钠($CH_3COONa\cdot 3H_2O$)、冰乙酸(CH_3COOH)、氨水($NH_3.H_2O$)、盐酸(HCl)、二硫腙($C_6H_5NHNHCSN{=}NC_6H_5$)、盐酸羟胺($NH_2OH\cdot HCl$)、硫代硫酸钠($Na_2S_2O_3$)、酚红($C_{19}H_{14}O_5S$)、乙醇(C_2H_5OH)。

试剂配制：

硝酸溶液(5+95)：量取 50 mL 硝酸，缓慢加入 950 mL 水中，混匀。

硝酸溶液(1+9)：量取 50 mL 硝酸，缓慢加入 450 mL 水中，混匀。

氨水溶液(1+1)：量取 100 mL 氨水，加入 100 mL 水中，混匀。

氨水溶液(1+99)：量取 10 mL 氨水，加入 990 mL 水中，混匀。

盐酸溶液(2 mol/L):量取 10 mL 盐酸,加水稀释至 60 mL,混匀。

盐酸溶液(0.02 mol/L):吸取 1 mL 盐酸溶液(2 mol/L),加水稀释至 100 mL,混匀。

盐酸溶液(1+1):量取 100 mL 盐酸,加入 100 mL 水中,混匀。

乙酸钠溶液(2 mol/L):称取 68 g 三水合乙酸钠,加水溶解后稀释至 250 mL,混匀。

乙酸溶液(2 mol/L):量取 10 mL 冰乙酸,加水稀释至 85 mL,混匀。

二硫腙-四氯化碳溶液(0.1 g/L):称取 0.1 g 二硫腙,用四氯化碳溶解,定容至 1 000 mL,混匀,保存于 0~5 ℃下。必要时用下述方法纯化。称取 0.1 g 研细的二硫腙,溶于 50 mL 四氯化碳中,如不全溶,可用滤纸过滤于 250 mL 分液漏斗中,用氨水溶液(1+99)提取三次,每次 100 mL,将提取液用棉花过滤至 500 mL 分液漏斗中,用盐酸溶液(1+1)调至酸性,将沉淀出的二硫腙用四氯化碳提取 2~3 次,每次 20 mL,合并四氯化碳层,用等量水洗涤两次,弃去洗涤液,在 50 ℃水浴上蒸去四氯化碳。精制的二硫腙置硫酸干燥器中,干燥备用。或将沉淀出的二硫腙用 200 mL,200 mL,100 mL 四氯化碳提取 3 次,合并四氯化碳层为二硫腙-四氯化碳溶液。

乙酸-乙酸盐缓冲液:乙酸钠溶液(2 mol/L)与乙酸溶液(2 mol/L)等体积混合,此溶 pH 为 4.7 左右。用二硫腙-四氯化碳溶液(0.1 g/L)提取数次,每次 10 mL,除去其中的锌,至四氯化碳层绿色不变为止,弃去四氯化碳层,再用四氯化碳提取乙酸-乙酸盐缓冲液中过剩的二硫腙,至四氯化碳无色,弃去四氯化碳层。

盐酸羟胺溶液(200 g/L):称取 20 g 盐酸羟胺,加 60 mL 水,滴加氨水溶液(1+1),调节 pH 至 4.0~5.5,加水至 100 mL。用二硫腙-四氯化碳溶液(0.1 g/L)提取数次,每次 10 mL,除去其中的锌,至四氯化碳层绿色不变为止,弃去四氯化碳层,再用四氯化碳提取盐酸羟胺溶液中过剩的二硫腙,至四氯化碳无色,弃去四氯化碳层。

硫代硫酸钠溶液(250 g/L):称取 25 g 硫代硫酸钠,加 60 m 水,用乙酸溶液(2 mol/L)调节 pH 至 4.0~5.5,加水至 100 mL。用二硫腙-四氯化碳溶液(0.1 g/L)提取数次,每次 10 mL,除去其中的锌,至四氯化碳层绿色不变为止,弃去四氯化碳层,再用四氯化碳提取硫代硫酸钠溶液中过剩的二硫腙,至四氯化碳无色,弃去四氯化碳层。

二硫腙使用液:吸取 1.0 mL 二硫腙-四氯化碳溶液(0.1 g/L),加四氯化碳至 10.0 mL,混匀。用 1 cm 比色杯,以四氯化碳调节零点,于波长 530 nm 处测吸光度(A)。用式(2)计算出配制 100 mL 二硫腙使用液(57%透光率)所需的二硫腙-四氯化碳溶液(0.1 g/L)毫升数(V)。量取计算所得体积的二硫腙-四氯化碳溶液(0.1 g/L),用四氯化碳稀释至 100 mL。

酚红指示液(1 g/L):称取 0.1 g 酚红,用乙醇溶解并定容至 100 mL,混匀。

(2)标准品　氧化锌(ZnO):纯度>99.99%,或经国家认证并授予标准物质证书的一定浓度的锌标准溶液。

标准溶液的配制:

锌标准储备液(1 000 mg/L):准确称取 1.244 7 g(精确至 0.000 1 g)氧化锌,加少量硝酸溶液(1+1),加热溶解,冷却后移入 1 000 mL 容量瓶,加水至刻度,混匀。

锌标准使用液(1.00 mg/L):准确吸取锌标准储备液(1 000 mg/L)1.00 m 于 1 000 mL 容量瓶中,加硝酸溶液(5+95)至刻度,混匀。

3. 仪器设备

分光光度计、分析天平、可调式电热炉、可调式电热板、马弗炉。

要求：所有玻璃器皿均需硝酸(1＋5)浸泡过夜，用自来水反复冲洗，最后用去离子水冲洗干净。

4. 分析步骤

(1)试样制备　矿物微量元素分析的样品制备过程中应特别注意防止各种污染。

湿样(如蔬菜、水果、鲜鱼、鲜肉等)用水冲洗干净后，晾干，取可食部分，制成匀浆，储于塑料瓶中。干粉类样品(如粮食、豆类等)去除杂物后，粉碎，储于塑料瓶中。液体样品(如饮料、酒、醋、食用植物油、液态乳等)将样品摇匀备用。

(2)样品消解

湿法消解：准确称取固体试样 0.2～3 g(精确至 0.001 g)或准确移取液体试样 0.500～5.00 mL 于带刻度消化管中，加入 10 mL 硝酸、0.5 mL 高氯酸，在可调式电热炉上消解(参考条件：120 ℃，0.5～1 h、升至 180 ℃，2～4 h、升至 200～220 ℃)。若消化液呈棕褐色，再加硝酸，消解至冒白烟，消化液呈无色透明或略带黄色。取出消化管，冷却后用水定容 25 mL，混匀备用。同时做试剂空白试验。亦可采用锥形瓶，于可调式的电热板上，按上述操作方法进行湿法消解。

干法灰化：准确称取固体试样 0.5～5 g(精确至 0.001 g)或准确移取液体试样 0.500～10.0 mL 于坩埚中，小火加热，炭化至无烟，转移至马弗炉中，于 550 ℃灰化 3～4 h。冷却，取出。对于灰化不彻底的试样，加数滴硝酸，小火加热，小心蒸干，再转入 550 ℃马弗炉中，继续灰化 1～2 h，至试样呈白灰状，冷却，取出，用适量硝酸溶液(1＋1)溶解转移至刻度管中，用水定容至 25 mL。同时做试剂空白试验。

(3)样品的测定

仪器参考条件：测定波长 530 nm。

标准曲线的制作：准确吸取 0 mL，1.00 mL，2.00 mL，3.00 mL，4.00 mL 和 5.00 mL 锌标准使用液(相当 0 μg，1.00 μg，2.00 μg，3.00 μg，4.00 μg 和 5.00 μg 锌)，分别置于 125 mL 分液漏斗中，各加盐酸溶液(0.02 mol/L)至 20 mL。于各分液漏斗中，各加 10 mL 乙酸-乙酸盐缓冲液、1 mL 硫代硫酸钠溶液(250 g/L)，摇匀，再各加入 10 mL 二硫腙使用液，剧烈振摇 2 min。静置分层后，经脱脂棉将四氯化碳层滤入 1 cm 比色杯中，以四氯化碳调节零点，于波长 530 nm 处测吸光度，以质量为横坐标，吸光度值为纵坐标，制作标准曲线。

试样测定：准确吸取 5.00～10.0 mL 试样消化液和相同体积的空白消化液，分别置于 125 mL 分液漏斗中，加 5 mL 水、0.5 mL 盐酸羟胺溶液(200 g/L)，摇匀，再加 2 滴酚红指示液(1g/L)，用氨水溶液(1＋1)调节至红色，再多加 2 滴。再加 5 mL 二硫腙-四氯化碳溶液(0.1 g/L)，剧烈振摇 2 min，静置分层。将四氯化碳层移入另一分液漏斗中，水层再用少量二硫腙-四氯化碳溶液(0.1 g/L) 振摇提取，每次 2～3 mL，直至二硫腙-四氯化碳溶液(0.1 g/L)绿色不变为止。合并提取液，用 5 mL 水洗涤，四氯化碳层用盐酸溶液(0.02 mol/L)提取 2 次，每次 10 mL，提取时剧烈振摇 2 min，合并盐酸溶液(0.02 mol/L)提取液，并用少量四氯化碳洗去残留的二硫腙。将上述试样提取液和空白提取液移入 125 mL 分液漏斗中，各加 10 mL 乙酸-乙酸盐缓冲液、1 mL 硫代硫酸钠溶液(250 g/L)，摇匀，再各加入 10 mL 二硫腙使用液，剧烈振摇 2 min。静置分层后，经脱脂棉将四氯化碳层滤入 1 cm 比色杯中，以四氯化碳调节零点，于波长 530 nm 处测定吸光度，与标准曲线比较定量。

5. 分析结果的表述

试样中锌的含量按式 4-2 计算：

$$X=\frac{(m_1-m_0)\times V_1}{m_2\times V_2} \quad \text{(式 4-2)}$$

式中：X ——试品中锌的含量，mg/kg 或 mg/L；

m_1——测定用试样溶液中锌的质量，μg；

m_0——空白溶液中锌的质量，μg；

m_2——试样称样量或移取体积，g 或 mL；

V_1——试样消化液的定容体积，mL；

V_2——测定用试样消化液的体积，mL。

计算结果保留 3 位有效数字。

在重复性条件下获得的两次独立测定结果的绝对差值不得超过算术平均值的 10%。

6. 技术提示

(1)使用高氯酸消解样品时，应严格遵守操作规程，烧杯中消化液不能蒸干，并且要保证温度达到 200 ℃时只有少量的有机成分存在，否则高氯酸的氧化电位在此温度下会迅速升高，导致剧烈的爆炸。

(2)标准曲线及样品测定过程中一定要从低浓度到高浓度，以免带来浓度污染。

(3)锌离子和二硫腙形成络合物，要求提取时应充分振摇，一般萃取振摇约 4 min，才能使锌离子游离，它被有机溶剂定量提取的范围为 pH 4.0～5.5，因此需加入硫代硫酸钠作掩蔽剂，以消除其他元素的干扰。

(三)食品中铁的测定

依据《食品安全国家标准 食品中铁的测定》(GB 5009.90—2016)，进行各类食品中铁含量的测定。该标准规定的食品中铁含量测定的方法有：火焰原子吸收光谱法、电感耦合等离子体发射光谱法、电感耦合等离子体质谱法。下面以第一法火焰原子吸收光谱法为例进行介绍。

1. 测定原理

试样消解后，经原子吸收火焰原子化，在 248.3 nm 处测定吸光度值。在一定浓度范围内铁的吸光度值与铁含量成正比，与标准系列比较定量。

2. 试剂、材料

要求所用试剂均为优级纯，水为 GB/T 6682 规定的二级水。

(1)试剂　硝酸(HNO_3)、高氯酸($HClO_4$)、硫酸(H_2SO_4)

试剂配制：

硝酸溶液(5+95)：量取 50 mL 硝酸，缓慢加入 950 mL 水中，混匀。

硝酸溶液(1+1)：量取 250 mL 硝酸，缓慢加入 250 mL 水中，混匀。

硫酸溶液(1+3)：量取 50 mL 硫酸，加入 150 mL 水中，混匀。

(2)标准品　硫酸铁铵[$NH_4Fe(SO_4)_2\cdot 12H_2O$]：纯度>99.99%。或一定浓度经国家认证并授予标准物质证书的铁标准溶液。

标准溶液的配制：

铁标准储备液(1 000 mg/L)：准确称取 0.863 1 g(精确至 0.000 1 g)硫酸铁铵，加水溶解，加 1.00 mL 硫酸溶液(1+3)，移入 100 mL 容量瓶，加水定容至刻度，混匀。此铁溶液质量浓度为 1 000 mg/L。

铁标准中间液(100 mg/L)：准确吸取铁标准储备液(1 000 mg/L)10 mL 于 100 mL 容量瓶中，加硝酸溶液(5+95)定容至刻度，混匀。此铁溶液质量浓度为 100 mg/L。

铁标准系列溶液：分别准确吸取铁标准中间液(100 mg/L) 0 mL，0.500 mL，1.00 mL，2.00 mL，4.00 mL，6.00 mL 于 100 mL 容量瓶中，加硝酸溶液(5+95)定容至刻度，混匀。此铁标准系列溶液中铁的质量浓度分别为 0 mg/L，0.500 mg/L，1.00 mg/L，2.00 mg/L，4.00 mg/L，6.00 mg/L。

注：可根据仪器的灵敏度及样品中铁的实际含量确定标准溶液系列中铁的具体浓度。

3. 仪器设备

原子吸收光谱仪：配火焰原子化器，铁空心阴极灯。

分析天平：感量为 1 mg 和 0.1 mg。

微波消解系统：配聚四氟乙烯消解内罐。

压力消解罐：配聚四氟乙烯消解内罐。

可调式电热炉、可调式电热板、恒温干燥箱、马弗炉。

要求：所有玻璃器皿及聚四氟乙烯消解内罐均需硝酸溶液(1+5)浸泡过夜，用自来水反复冲洗，最后用去离子水冲洗干净。

4. 分析步骤

(1)试样制备　矿物微量元素分析的样品制备过程应特别注意防止各种污染。

湿样(如蔬菜、水果、鲜鱼、鲜肉等)用水冲洗干净后，晾干，取可食部分，制成匀浆，储于塑料瓶中。干粉类样品(如粮食、豆类等) 去除杂物后，粉碎，储于塑料瓶中。液体样品(如饮料、酒、醋、食用植物油、液态乳等)将样品摇匀备用。

(2)样品消解

湿法消解：准确称取固体试样 0.5～3 g(精确至 0.001 g)或准确移取液体试样 1.00～5.00 mL 于带刻度消化管中，加入 10 mL 硝酸、0.5 mL 高氯酸，在可调式电热炉上消解(参考条件：120 ℃，0.5～1 h、升至 180 ℃，2～4 h、升至 200～220 ℃)。若消化液呈棕褐色，再加硝酸，消解至冒白烟，消化液呈无色透明或略带黄色。取出消化管，冷却后用水定容 25 mL，混匀备用。同时做试剂空白试验。也可采用锥形瓶，于可调式电热板上，按上述操作方法进行湿法消解。

微波消解：准确称取固体试样 0.2～0.8 g(精确至 0.001 g)或准确移取液体试样 1.00～3.00 mL 于微波消解罐中，加入 5 mL 硝酸，按照微波消解的操作步骤消解试样。冷却后取出消解罐，在电热板上于 140～160 ℃赶酸至 1.0 mL 左右。消解罐放冷后，将消化液转移至 25 mL 容量瓶中，用少量水洗涤消解罐 2～3 次，合并洗涤液于容量瓶中并用水定容至刻度，混匀备用。同时做试剂空白试验。

压力罐消解：准确称取固体试样 0.3～2 g(精确至 0.001 g)或准确移取液体试样 2.00～5.00 mL 于消解内罐中，加入 5 mL 硝酸。盖好内盖，旋紧不锈钢外套，放入恒温干燥箱，于 140～160 ℃下保持 4～5 h。冷却后缓慢旋松外罐，取出消解内罐，放在可调式电热板上于 140～160 ℃赶酸至 1 mL 左右。冷却后将消化液转移至 25 mL 容量瓶中，用少量水洗涤内罐和内盖 2～3 次，合并洗涤液于容量瓶中并用水定容至刻度，混匀备用。同时做试剂空白试验。

干法灰化：准确称取固体试样 0.5～5 g(精确至 0.001 g)或准确移取液体试样 0.500～10.0 mL 于坩埚中，小火加热，炭化至无烟，转移至马弗炉中，于 550 ℃灰化 3～4 h，冷却，取出。对于灰化不彻底的试样，加数滴硝酸，小火加热，小心蒸干，再转入 550 ℃马弗炉中，继续灰化 1～2 h，至试样呈白灰状，冷却，取出，用适量硝酸溶液(1+1)溶解转移至刻度管中，用水定容至 25 mL。同时做试剂空白试验。

(3)样品的测定

仪器参考条件见表 4-2。

表 4-2 火焰原子吸收光谱法参考条件

元素	波长/nm	狭缝/nm	灯电流/mA	燃烧头高度/mm	空气流量/(L/min)	乙炔流量/(L/min)
铁	248.3	0.2	5～15	3	9	2

标准曲线测定：将标准系列工作液按质量浓度由低到高的顺序分别导入火焰原子化器，测定其吸光度值。以铁标准系列溶液中铁的质量浓度为横坐标，以相应的吸光度值为纵坐标，制作标准曲线。

试样测定：在与测定标准溶液相同的实验条件下，将空白溶液和样品溶液分别导入原子化器，测定吸光度值，与标准系列比较定量。

5. 分析结果的表述

试样中铁的含量按式 4-3 计算：

$$X=\frac{(\rho-\rho_0)\times f\times V}{m} \qquad (式 4-3)$$

式中：X——试样中铁的含量，mg/kg 或 mg/L；

ρ——试样待测液中铁的质量浓度，mg/L；

ρ_0——空白溶液中铁的质量浓度，mg/L；

f——试样消化液的稀释倍数；

V——试样消化液的定容体积，mL；

m——试样质量或移取体积，g 或 mL。

当铁含量≥10.0 mg/kg 或 10.0 mg/L 时，计算结果保留 3 位有效数字，当铁含量＜10.0 mg/kg 或 10.0 mg/L 时，计算结果保留两位有效数字。

在重复性条件下获得的两次独立测定结果的绝对差值不得超过算术平均值的 10%。

6. 技术提示(注意事项)

(1)使用高氯酸消解样品时，应严格遵守操作规程，烧杯中消化液不能蒸干，并且要保证温度达到 200 ℃时只有少量的有机成分存在，否则高氯酸的氧化电位在此温度下会迅速升高，会导致剧烈的爆炸。

(2)标准曲线及样品测定过程中一定要从低浓度到高浓度，注意带来浓度污染。

(3)该实验会使用到乙炔气体，要注意乙炔流量和压力的稳定性。乙炔为易燃易爆气体，应严格按照设备操作步骤进行，先通空气再给乙炔气体；结束实验时，要先关闭乙炔气体，再关闭空气，避免回火。

食品中碘的测定　　食品中硒的测定

【技能训练】

任务一　生乳中钙含量的测定

任务导入

牛乳是母牛分娩后由乳腺分泌的一种白色或微黄色的不透明胶体。它含有奶牛幼仔生长发育所需要的蛋白质、脂肪、碳水化合物、抑菌因子等全部营养成分,是乳牛出生后最易于消化吸收的全价食物。

任务描述

查阅《食品安全国家标准 生乳》(GB 19301—2010)、《食品安全国家标准 食品中钙的测定》(GB 5009.92—2016)标准,制订检验流程并实施,评价样品的钙含量是否符合要求。

任务准备

通过标准的解读,将生乳相对密度的测定所需仪器设备及化学试剂记入表4-3、表4-4中。

表 4-3　所需仪器设备表

序号	仪器名称	规格
1	分析天平	感量为 1 mg 和 0.1 mg。
2	可调节式电热板	1 000～3 000 W
3	马弗炉	/
4	滴定管	25 mL 或 50 mL

表 4-4　所需化学试剂表

序号	试剂名称	规格及配制
1	氢氧化钾 (KOH) (1.25 mol/L)	分析纯,称取 70.13 g 氢氧化钾,用水稀释至 1 000 mL,混匀
2	硫化钠 (Na_2S)(10 g/L)	分析纯,称取 1 g 硫化钠,用水稀释至 100 mL,混匀
3	柠檬酸钠($Na_3C_6H_5O_7 \cdot 2H_2O$)(0.05 mol/L)	分析纯,称取 14.7 g 柠檬酸钠,用水稀释至 1 000 mL,混匀
4	乙二胺四乙酸二钠(EDTA,$C_{10}H_{14}N_2O_8Na_2 \cdot 2H_2O$)	分析纯,称取 4.5 g EDTA,用水稀释至 1 000 mL,混匀,贮存于聚乙烯瓶中,4 ℃保存。使用时稀释 10 倍即可

续表 4-4

序号	试剂名称	规格及配制
5	盐酸（HCl)(1+1)	优级纯，量取 500 mL 盐酸，与 500 mL 水混合均匀
6	钙红指示剂（$C_{21}O_7N_2SH_{14}$）	优级纯，称取 0.1 g 钙红指示剂，用水稀释至 100 mL，混匀
7	硝酸（HNO_3）(1+1)	优级纯，量取 500 mL 硝酸，与 500 mL 水混合均匀
8	高氯酸（$HClO_4$）	优级纯

任务实施

一、实施流程

试样制备 → 试样消解（干法灰化） → 滴定度的测定 → 试样及空白滴定 → 结果计算

二、操作要点

（1）将生乳摇匀，准确移取 0.500～10.0 mL 于坩埚中，小火加热，炭化至无烟，转移至马弗炉中，于 550 ℃灰化 3～4 h，冷却，取出。对于灰化不彻底的试样，加数滴硝酸，小火加热，再转入 550 ℃马弗炉中，继续灰化 1～2 h，至试样呈白灰状，冷却，取出，用适量硝酸溶液(1+1)溶解转移至刻度管中，用水定容至 25 mL，备用。

（2）吸取 0.500 mL 钙标准储备液(100.0 mg/L)于试管中，加 1 滴硫化钠溶液(10 g/L)和 0.1 mL 柠檬酸钠溶液(0.05 mol/L)，加 1.5 mL 氢氧化钾溶液(1.25 mol/L)，加 3 滴钙红指示剂，立即以稀释 10 倍的 EDTA 溶液滴定，至指示剂由紫红色变蓝色为止，记录所消耗的稀释 10 倍的 EDTA 溶液的体积。根据滴定结果计算出每毫升稀释 10 倍的 EDTA 溶液相当于钙的毫克数，即滴定度(T)。

（3）分别吸取 0.100～1.00 mL(根据钙的含量而定)试样消化液及空白液于试管中，加 1 滴硫化钠溶液(10 g/L)和 0.1 mL 柠檬酸钠溶液(0.05 mol/L)，加 1.5 mL 氢氧化钾溶液(1.25 mol/L)，加 3 滴钙红指示剂，立即以稀释 10 倍的 EDTA 溶液滴定，至指示剂由紫红色变蓝色为止，记录所消耗的稀释 10 倍的 EDTA 溶液的体积。

三、分析结果的表述

试样中钙的含量按式 4-4 计算：

$$X=\frac{T\times(V_1-V_0)\times V_2\times 1\ 000}{m\times V_3} \qquad \text{（式 4-4）}$$

式中：X——试样中钙的含量，mg/kg 或 mg/L；

T——EDTA 滴定度，mg/mL；

V_1——滴定试样溶液时所消耗的稀释 10 倍的 EDTA 溶液的体积，mL；

V_0——滴定空白溶液时所消耗的稀释 10 倍的 EDTA 溶液的体积，mL；

V_2——试样消化液的定容体积，mL；

1 000——换算系数；

m——试样质量或移取体积，g 或 mL；

V_3——滴定用试样待测液的体积，mL。

计算结果保留 3 位有效数字。

四、数据记录及处理

数据记录参考表 4-5。

表 4-5　生乳中钙的测定数据记录表

基本信息	样品名称			样品编号		
	检测项目			检测日期		
	检测依据			检测方法		
检测数据	样品编号	1	2	3	空白	滴定度(T)
	样量/mL					
	定容分取量					
	滴定体积/mL					
	滴定管修正值/mL					
	温度校正值/mL					
	实耗体积 V/mL					
结果计算	计算公式					
	平均值/(mg/L)					
结果讨论	生乳中钙的含量为 ________。 根据标准判断是否符合要求。					

五、技术提示

(1)对于灰化不彻底的试样添加硝酸加热时一定注意不要蒸干。

(2)滴定体积需要经过校正。

(3)读数时应将滴定管垂直夹在滴定管台架上，或用两手指拿住滴定管的上端，使其与地面垂直，并使眼睛的视线与液面处于同一水平线，读与弯月面下缘相切之间的数值。

(4)在重复性条件下获得的两次独立测定结果的绝对差值不得超过算术平均值的 10%。

(5)以称样量 4 mL，定容至 25 mL，吸取 1.00 mL 试样消化液测定时，该方法的定量限为 100 mg/L。

任务评价

按表 4-6 检查工作任务的完成情况。

表 4-6　工作任务评价表

序号	任务实施步骤	工作内容	技能标准	分值
1	制订工作方案	查阅相关标准，制订生乳中钙的测定的实施方案	(1)正确选用标准 (2)方案制订合理	10
2	准备工作	滴定管、容量瓶、锥形瓶、坩埚等仪器的洗涤及试剂的配制	(1)洗净滴定管，晾干 (2)配制好实验所需各种试剂	5
3	采样与预处理	干法灰化生乳样品	(1)样品混合均匀 (2)样品灰化后呈白灰状	10

续表 4-6

序号	任务实施步骤	工作内容	技能标准	分值
4	滴定度的测定	测定出每毫升稀释 10 倍的 EDTA 溶液相当于钙的毫克数	(1)能正确使用滴定管 (2)会终点颜色判断并正确读数	10
5	样品测定	利用 EDTA 滴定法测定生乳中钙的含量	(1)能正确使用滴定管 (2)会终点颜色判断并正确读数	25
6	结果分析	生乳中钙的含量计算	(1)能利用计算公式正确计算 (2)能正确保留有效数字	20
7	工作单	(1)课前准备内容 (2)任务实施过程记录 (3)结果分析与讨论	(1)能查阅相关标准并回答问题 (2)能够对操作过程进行记录与分析 (3)对所完成任务归纳、分析及总结	20

任务巩固

一、名词解释

优级纯　电感耦合等离子体发射光谱法

二、填空题

1. 食品的矿物质是指________。

2. 测定食品中矿物质含量前处理方法可以采用干法灰分法，样品前处理碳化时，应采用________的方法进行炭化，样品应碳化至________；样品经高温灼烧后，正常灰分的颜色是________。

3. 火焰原子吸收光谱法测食品中钙的原理为：试样经消解处理后，加入________作为释放剂，经原子吸收火焰原子化，在________nm 处测定的吸光度值在一定浓度范围内与钙含量成正比，与标准系列比较定量。

4. EDTA 滴定法测定食品中钙的原理为：在适当的 pH 范围内，钙与 EDTA（乙二胺四乙酸）形成________。以 EDTA 滴定，在达到________时，溶液呈现游离指示剂的颜色，终点颜色为________。

5. 原子吸收光度法测定溶液浓度的方法有________和________。

三、选择题

1. 原子吸收分光光度计的检测器是（　　）。

A. 光电管　B. 光电倍增管　C. 硒光电池　D. 测辐射热器

2. 以下哪些矿物质元素属于有毒元素（　　）。

A. 甲基汞　B. 钙　C. 锌　D. 铁

3. 用原子吸收光谱法测定钙时，加入 EDTA 是为了消除（　　）干扰。

A. 硫酸　B. 钠　C. 磷酸　D. 镁

4. 测定铁、镁、锰元素时，常用助燃气体是（　　）。

A. 空气-乙炔　B. 空气-氢气　C. 空气-丙烷　D. 空气-甲烷

5. 原子吸收分光光度计的检测器是（　　）。

A. 光电管　B. 光电倍增管　C. 硒光电池　D. 测辐射热器

四、判断题

1. 原子吸收分光光度法与吸光光度法在本质上都属于吸收光谱分析的范畴。不同之处在于前者利用原子的吸收光谱特性，是一带状光谱，后者则利用分子的吸收光谱特性，是一线状光谱。（　　）

2. 样品经消化后，在碱性溶液中铜离子与铜试剂作用，生成红色的络合物，溶于四氯化碳，与标准系列分光光度比色定量。加柠檬酸铵及 EDTA 掩蔽干扰离子。（　　）

3. 陶瓷容器盛装碱性食品时尤其容易引起重食品金属含量过多。（　　）

4. 测定食品中铅、汞、锌含量时，都可以采用比色法进行测定。（　　）

5. 测定食品中矿物质元素含量时，前处理采用干法消化法可以添加灰化助剂如硝酸、乙醇、过氧化氢、碳酸铵，这类物质在灼烧后完全消失，不致增加残留灰分的重量，对检测结果不会带来误差。（　　）

五、简答题

1. 什么是矿物质元素？测定食品中矿物质元素有何意义？

2. 请阐述原子吸收分光光度法的基本原理。

3. 食品中矿物质测定过程中样品的前处理方法有哪些？

4. 论述湿法消化分解样品的方法和特点。

六、计算题

某实验小组采用 EDTA 滴定法对矿泉水样品进行钙含量的测定，检测依据为《食品安全国家标准 食品中钙的测定》(GB 5009.92—2016)，检测数据如表 4-7 所示。

表 4-7　某实验小组测定数据

基本信息	样品名称	矿泉水		检测日期	20200608
	检测项目	钙		检测方法	GB 5009.92—2016
	检测依据			钙标准浓度	100 μg/mL
检测数据	样品编号	1	2	空白	滴定度(*T*)
	样量/mL	10.00	10.00	0.00	吸取钙标准的体积为 0.5 mL
	定容分取量	/	/	/	/
	滴定体积/mL	2.15	2.20	0.05	10.85
结果计算	计算公式	详见 GB 5009.92—2016 标准			
	结果平均值/(mg/L)				

请查阅标准，计算出该矿泉水中钙的含量。

七、技能训练题

某婴幼儿乳粉食品生产企业采购乳粉作为生产原料，请设计实验方案对原料乳粉中钙的含量进行测定。

任务二 婴幼儿乳粉中锌含量的测定

任务导入

婴幼儿乳粉是根据不同生长时期婴幼儿的营养需要进行设计的，以奶粉、乳清粉、大豆、饴糖等为主要原料，加入适量的维生素和矿物质以及其他营养物质，经加工后制成的粉状食品。婴幼儿乳粉含有蛋白质、脂肪、糖类、矿物质、维生素等营养元素。其中矿物质是人体构成不可缺少的物质，包含钙、铁、磷、锌、铜、锰、钼等。锌是人体必需的微量元素之一，在人体生长发育、生殖遗传、免疫、内分泌等重要生理过程中起着极其重要的作用，特别是锌元素参与了人体内碳酸酐酶、DNA聚合酶、RNA聚合酶等许多酶的合成，能维持人类正常味觉、嗅觉功能，促进食欲，提高免疫功能，增强对疾病的抵抗力，参与体内维生素A的代谢和生理功能等。

任务描述

查阅《食品安全国家标准 乳粉》(GB 19644—2010)、《食品安全国家标准 食品中锌的测定》(GB 5009.14—2017)标准，制订检验流程并实施，评价样品的锌含量是否符合要求。

任务准备

通过标准的解读，将食品中锌的测定所需仪器设备及化学试剂记入表4-8、表4-9中。

表4-8 所需仪器设备表

序号	仪器名称	规格
1	分析天平	感量为1 mg和0.1 mg
2	可调节式电热板	1 000～3 000 W
3	马弗炉	

表4-9 所需化学试剂表

序号	试剂名称	规格及配制
1	硝酸(HNO_3)(5+95)	优级纯，量取50 mL硝酸，缓慢加入950 mL水中，混匀
2	硝酸(HNO_3)(1+1)	优级纯，量取250 mL硝酸，缓慢加入250 mL水中，混匀
3	高氯酸($HClO_4$)	优级纯

任务实施

一、实施流程

试样制备 → 试样消解(干法灰化) → 标准测定 → 试样及空白测定 → 结果计算

二、操作要点

1. 将婴幼儿乳粉混匀，准确称取试样0.5～5 g于坩埚中，小火加热，炭化至无烟，转移至马弗炉中，于550 ℃灰化3～4 h。冷却，取出。对于灰化不彻底的试样，加数滴硝酸，小火加热，小心蒸干，再转入550 ℃马弗炉中，继续灰化1～2 h，至试样呈白灰状，冷却，取出。用适量硝酸溶液(1+1)溶解并用水定容至25 mL或50 mL，备用。同时做试剂空白试验。

2. 仪器参考条件见表 4-10。

表 4-10　火焰原子吸收光谱法参考条件

元素	波长/nm	狭缝/nm	灯电流/mA	燃烧头高度/mm	空气流量/(L/min)	乙炔流量/(L/min)
锌	213.9	0.2	3～5	3	9	2

3. 标准曲线的测定：

(1)锌标准储备液(1 000 mg/L)：准确称取 1.244 7 g(精确至 0.000 1 g)氧化锌，加少量硝酸溶液(1+1)，加热溶解，冷却后移入 1 000 mL 容量瓶，加水至刻度，混匀。

(2)锌标准中间液(10.0 mg/L)：准确吸取锌标准储备液(1 000 mg/L) 1.00 mL 于 100 mL 容量瓶中，加硝酸溶液(5+95)至刻度，混匀。

(3)锌标准系列溶液：分别准确吸取锌标准中间液 0 mL，1.00 mL，2.00 mL，4.00 mL，8.00 mL 和 10.0 mL 于 100 mL 容量瓶中，加硝酸溶液(5+95)至刻度，混匀。此锌标准系列溶液的质量浓度分别为 0 mg/L，0.100 mg/L，0.200 mg/L，0.400 mg/L，0.800 mg/L 和 1.00 mg/L。将该标准系列溶液按质量浓度由低到高的顺序分别导入火焰原子化器，原子化后测其吸光度值，以质量浓度为横坐标，吸光度值为纵坐标，制作标准曲线。

4. 试样测定：在与测定标准溶液相同的实验条件下，将空白溶液和试样溶液分别导入火焰原子化器，原子化后测其吸光度值，与标准系列比较定量。

三、分析结果的表述

试样中锌的含量按式 4-5 计算：

$$X=\frac{(\rho-\rho_0)\times V}{m} \qquad \text{(式 4-5)}$$

式中：X——试样中锌的含量，mg/kg 或 mg/L；

ρ——试样溶液中锌的质量浓度，mg/L；

ρ_0——空白溶液中锌的质量浓度，mg/L；

V——试样消化液的定容体积，mL；

m——试样称样量或移取体积，g 或 mL。

当锌含量≥10.0 mg/kg 时，计算结果保留 3 位有效数字；当锌含量＜10.0 mg/kg 时，计算结果保留两位有效数字。

在重复性条件下获得的两次独立测定结果的绝对差值不得超过算术平均值的 10%。

四、数据记录及处理

数据记录参考表 4-11。

五、技术提示

(1)所有玻璃器皿及聚四氟乙烯消解内罐均需硝酸(1+5)浸泡过夜，用自来水反复冲洗，最后用二次去离子水冲洗干净。

(2)在重复性条件下获得的两次独立测定结果的绝对差值不得超过算术平均值的 10%。

表 4-11　婴幼儿乳粉中锌的测定数据记录表

样品名称			检验方法					标准溶液名称	
仪器设备	名称	电子天平	(原子吸收)分光光度计		仪器设备测定参数				
	编号				光谱带宽：　nm			标准溶液浓度	
					灯电流　：　mA				
工作曲线标液记录		体积/mL							定容
		含量/x							mL
		信号读数/y							
		曲线回归	回归方程：$y=bx+a$		截距 $a=$		斜率 $b=$	相关系数 $r=$	
分析项目								□样品制备记录： □样品前处理： □备注：	
容器编号						(空 白)			
样量 □g　□ mL									
定容分取量									
最后定容								计算	
信号读数									
减空白后样品信号读数									
测定值									
报告值									

任务评价

按表 4-12 检查工作任务的完成情况。

表 4-12　工作任务评价表

序号	任务实施步骤	工作内容	技能标准	分值
1	制订工作方案	查阅相关标准，制订婴幼儿乳粉中锌的测定的实施方案	(1)正确选用标准 (2)方案制订合理	10
2	准备工作	滴定管、容量瓶、锥形瓶、坩埚等仪器的洗涤及试剂的配制	(1)洗净滴定管，晾干 (2)配制好实验所需各种试剂	5
3	采样与预处理	干法灰化乳粉样品	(1)样品混合均匀 (2)样品灰化后呈白灰状	10
4	原子吸收分光光度计的操作	会使用原子吸收分光光度计	(1)会正确开机、关机 (2)会正确选择灯，并进行原子化	10
5	标准曲线及样品的测定	将该标准系列溶液按质量浓度由低到高的顺序分别导入火焰原子化器，原子化后测其吸光度值，以质量浓度为横坐标，吸光度值为纵坐标，制作标准曲线	(1)能正确配制标准曲线 (2)标准曲线的相关系数应该达到 0.999 以上	25
6	结果分析	乳粉中锌的含量计算	(1)能利用计算公式正确计算 (2)能正确保留有效数字	20
7	工作单	(1)课前准备内容 (2)任务实施过程记录 (3)结果分析与讨论	(1)能查阅相关标准并回答问题 (2)能够对操作过程进行记录与分析 (3)对所完成任务归纳、分析及总结	20

任务检测

一、名词解释

消解　原子化

二、填空题

1. 原子吸收分光光度计中最常用的光源为__________________。

2. 测定食品中矿物质含量前处理方法可以采用干法灰化法，灰化温度为________。

3. 火焰原子吸收光谱法测食品中锌的原理为：试样经消解处理后，经火焰原子化，在______nm 处测定的吸光度值在一定浓度范围内与锌含量成正比，与标准系列比较定量。

4. 试样经消化后，在 pH________时，锌离子与二硫腙形成紫红色络合物，溶于四氯化碳，加入硫代硫酸钠，防止铜、汞、铅、铋、银和镉等离子干扰，于________nm 处测定吸光度与标准系列比较定量。

三、选择题

1. 下列不属于原子吸收分光光度计组成部分的是(　　)。

A. 光源　　B. 单色器　　C. 吸收池　　D. 检测器

2. 本实验在重复性条件下获得的两次独立测定结果的绝对差不得超过算术平均值的(　　)。

A. 10%　　B. 20%　　C. 5%　　D. 无要求

3. 该方法试样制备时对于蔬菜、水果、鱼类、肉类等样品,将样品用水洗净,晾干,取可食部分,制成匀浆,储于(　　)中。

A. 玻璃瓶　　B. 塑料瓶　　C. 保鲜袋　　D. 不锈钢容器

4. 二硫腙比色法测定锌的 pH 条件是(　　)。

A. 酸性溶液　　B. 中性溶液　　C. 碱性溶液　　D. 任意溶液

5. 二硫腙比色法测定锌时,加入盐酸羟胺的作用是(　　)。

A. 消除其他金属离子的干扰　　B. 使锌与二硫腙形成的络合物色泽稳定

C. 防止三价铁离子氧化硫腙　　D. 以上都是

四、判断题

1. 火焰原子吸收光谱法测定食品中锌含量要求所有玻璃器皿及聚四氟乙烯消解内罐均需硝酸(1+5)浸泡过夜,用自来水反复冲洗,最后用去离子水冲洗干净。(　　)

2. 利用原子吸收光谱仪测定时,应将锌标准系列溶液按质量浓度由高到低的顺序分别导入火焰原子化器,原子化后测其吸光度值,以质量浓度为横坐标,吸光度值为纵坐标,制作标准曲线。(　　)

3. 对于饮料、酒、醋、食用植物油、液态乳等液体样品直接取样测定就可以了。(　　)

4. 利用压力罐对样品进行消解处理时,不需要做试剂空白实验。(　　)

5. 利用二硫腙比色法测定食品中锌含量时,以四氯化碳调节零点,于波长 530 nm 处测吸光度,制作标准曲线。(　　)

五、简答题

1. 分别简述食品中锌的原子吸收分光光度法、二硫腙光度法的原理。

2. 请阐述食品中锌含量测定前处理湿法消解的过程。

3. 请问食品中锌含量测定方法中火焰原子吸收光谱法和二硫腙比色法,各有何优缺点?

六、计算题

某实验小组进行未知样品中锌含量的测定,该小组人员准确称取 1.244 7 g 标准物质氧化锌,加少量硝酸溶液,加热溶解,冷却后移入 1 000 mL 容量瓶,加水至刻度,混匀制成 1 000 mg/L 的锌标准溶液。根据标准要求,需要配制 10.0 mg/L 的锌标准使用液,该如何配制?

七、技能训练题

二硫腙,又名打萨腙,学名二苯基硫卡巴腙。该种物质在有氧化剂存在、日光照射下都易被氧化为二苯硫卡巴二腙,此氧化物不与金属起螯合反应,市售的二硫腙中常含有此化合物,故使用时必须精制。请设计实验对二硫腙进行精制。

任务三　黑木耳中铁含量的测定

任务导入

黑木耳色泽黑褐，质地呈胶质状透明，薄而有弹性，味道鲜美，营养丰富，除蛋白质的含量较高外，还富含多种维生素和矿物质，特别是铁元素含量极高，每 100 g 干木耳含铁可达 185 mg，是肉类的 100 倍，是缺铁性贫血患者的极佳食品。

任务描述

查阅《黑木耳》(GB/T 6192—2019)、《食品安全国家标准 食品中铁的测定》(GB 5009.90—2016)标准，制订检验流程并实施，评价样品的铁含量情况。

任务准备

通过标准的解读，将食品中铁的测定所需仪器设备及化学试剂记入表 4-13、表 4-14 中。

表 4-13　所需仪器设备表

序号	仪器名称	规格
1	分析天平	感量为 1 mg 和 0.1 mg
2	可调节式电热板	1 000～3 000 W
3	马弗炉	/
4	原子吸收光谱仪	配火焰原子化器，铁空心阴极灯

表 4-14　所需化学试剂表

序号	试剂名称	规格及配制
1	硝酸 (HNO_3) (5+95)	优级纯，量取 50 mL 硝酸，缓慢加入 950 mL 水中，混匀
2	硝酸 (HNO_3) (1+1)	优级纯，量取 250 mL 硝酸，缓慢加入 250 mL 水中，混匀
3	硫酸 (H_2SO_4) (1+3)	优级纯，量取 50 mL 硫酸，缓慢加入 150 mL 水中，混匀
4	硫酸铁铵 [$NH_4Fe(SO_4)_2 \cdot 12H_2O$]	准确称取 0.863 1 g 硫酸铁铵，加水溶解，加 1.00 mL 硫酸溶液(1+3)，移入 100 mL 容量瓶，加水定容至刻度。此铁溶液质量浓度为 1 000 mg/L
5	铁标准中间液(100 mg/L)	准确吸取铁标准储备液(1 000 mg/L) 10 mL 于 100 mL 容量瓶中，加硝酸溶液 (5+95) 定容至刻度，此铁溶液质量浓度为 100 mg/L

任务实施

一、实施流程

试样制备 → 试样消解(湿法消解) → 标准测定 → 试样及空白测定 → 结果计算

二、操作要点

1. 将黑木耳剪碎，准确称取试样 0.5～3 g 于消化管中，加入 10 mL 硝酸和 0.5 mL 高氯酸，在可调式电热炉上消解（参考条件：120 ℃/0.5～1 h、升至 180 ℃/2～4 h、升至 200～220 ℃）。若消化液呈棕褐色，再加硝酸，消解至冒白烟，消化液呈无色透明或略带黄色，取出消化管，冷却后将消化液转移至 25 mL 容量瓶中，用少量水洗涤 2～3 次，合并洗涤液于容量瓶中并用水定容至刻度，混匀备用。同时做试样空白试验。

2. 仪器参考条件如表 4-15 所示。

表 4-15　火焰原子吸收光谱法参考条件

元素	波长/nm	狭缝/nm	灯电流/mA	燃烧头高度/mm	空气流量/(L/min)	乙炔流量/(L/min)
铁	248.3	0.2	5～15	3	9	2

3. 标准曲线的测定：

铁标准系列溶液：分别准确吸取铁标准中间液（100 mg/L）0 mL，0.500 mL，1.00 mL，2.00 mL，4.00 mL，6.00 mL 于 100 mL 容量瓶中，加硝酸溶液（5+95）至刻度，混匀。此铁标准系列溶液的质量浓度分别为 0 mg/L，0.500 mg/L，1.00 mg/L，2.00 mg/L，4.00 mg/L，6.00 mg/L。将该标准系列溶液按质量浓度由低到高的顺序分别导入火焰原子化器，原子化后测其吸光度值，以质量浓度为横坐标，吸光度值为纵坐标，制作标准曲线。

4. 试样测定：在与测定标准溶液相同的实验条件下，将空白溶液和试样溶液分别导入火焰原子化器，原子化后测其吸光度值，与标准系列比较定量。

三、分析结果的表述

试样中锌的含量按式 4-6 计算：

$$X=\frac{(\rho-\rho_0)\times V}{m} \qquad \text{(式 4-6)}$$

式中：X——试样中铁的含量，mg/kg 或 mg/L；

ρ——试样溶液中铁的质量浓度，mg/L；

ρ_0——空白溶液中铁的质量浓度，mg/L；

V——试样消化液的定容体积，mL；

m——试样称样量或移取体积，g 或 mL。

四、数据记录及处理

见表 4-16。

五、技术提示

1. 所有玻璃器皿均需硝酸（1+5）浸泡过夜，用自来水反复冲洗，使用前用二次去离子水冲洗干净，待用。

2. 样品进行消化时，应同时进行空白消化；样品消化时注意酸不要烧干，以免发生危险。

表 4-16　黑木耳中铁含量测定的数据记录表

<table>
<tr><td colspan="2">样品名称</td><td></td><td colspan="2">检验方法</td><td colspan="3"></td><td rowspan="2">标准溶液名称</td><td rowspan="2"></td></tr>
<tr><td rowspan="3">仪器设备</td><td>名称</td><td>电子天平</td><td colspan="2">（原子吸收）分光光度计</td><td colspan="3">仪器设备测定参数</td></tr>
<tr><td rowspan="2">编号</td><td rowspan="2"></td><td colspan="2" rowspan="2"></td><td colspan="3">光谱带宽：　nm</td><td rowspan="2">标准溶液浓度</td><td rowspan="2"></td></tr>
<tr><td colspan="3">灯电流 ：　mA</td></tr>
<tr><td colspan="2" rowspan="4">工作曲线
标液记录</td><td>体积/mL</td><td></td><td></td><td></td><td></td><td></td><td></td><td>定容</td></tr>
<tr><td>含量/x</td><td></td><td></td><td></td><td></td><td></td><td></td><td rowspan="2">mL</td></tr>
<tr><td>信号读数/y</td><td></td><td></td><td></td><td></td><td></td><td></td></tr>
<tr><td>曲线回归</td><td colspan="7">回归方程：$y=bx+a$　　截距 $a=$　　斜率 $b=$　　相关系数 $r=$</td></tr>
<tr><td colspan="2">分析项目</td><td colspan="6"></td><td colspan="2" rowspan="4">□样品制备记录：
□样品前处理：
□备注：</td></tr>
<tr><td colspan="2">容器编号</td><td colspan="2"></td><td colspan="2"></td><td colspan="2">（空　白）</td></tr>
<tr><td colspan="2">样量 □g　□ mL</td><td colspan="2"></td><td colspan="2"></td><td colspan="2"></td></tr>
<tr><td colspan="2">定容分取量</td><td colspan="2"></td><td colspan="2"></td><td colspan="2"></td></tr>
<tr><td colspan="2">最后定容</td><td colspan="2"></td><td colspan="2"></td><td colspan="2"></td><td colspan="2" rowspan="5">计算</td></tr>
<tr><td colspan="2">信号读数</td><td colspan="2"></td><td colspan="2"></td><td colspan="2"></td></tr>
<tr><td colspan="2">减空白后样品信号读数</td><td colspan="2"></td><td colspan="2"></td><td colspan="2"></td></tr>
<tr><td colspan="2">测定值</td><td colspan="2"></td><td colspan="2"></td><td colspan="2"></td></tr>
<tr><td colspan="2">报告值</td><td colspan="6"></td></tr>
</table>

任务评价

按表4-17检查工作任务的完成情况。

表4-17 工作任务评价表

序号	任务实施步骤	工作内容	技能标准	分值
1	制订工作方案	查阅相关标准,制订黑木耳中铁的测定的实施方案	(1)正确选用标准 (2)方案制订合理	10
2	准备工作	(1)滴定管、容量瓶、锥形瓶、坩埚等 (2)仪器的洗涤及试剂的配制	(1)洗净滴定管,晾干 (2)配制好实验所需各种试剂	5
3	采样与预处理	湿法消化黑木耳样品	(1)样品混合均匀 (2)样品消化后呈澄清透明状	10
4	原子吸收分光光度计的操作	会使用原子吸收分光光度计	会正确开机、关机; 会正确选择灯,并进行原子化	10
5	标准曲线及样品的测定	将该标准系列溶液按质量浓度由低到高的顺序分别导入火焰原子化器,原子化后测其吸光度值,制作标准曲线	(1)能正确配制标准曲线 (2)标准曲线的相关系数应该达到0.999以上	25
6	结果分析	黑木耳中铁的含量计算	(1)能利用计算公式正确计算 (2)能正确保留有效数字	20
7	工作单	(1)课前准备内容 (2)任务实施过程记录 (3)结果分析与讨论	(1)能查阅相关标准并回答问题 (2)能够对操作过程进行记录与分析 (3)对所完成任务归纳、分析及总结	20

任务巩固

一、名词解释

质谱　火焰原子吸收光谱法　标准物质

二、填空题

1.《食品安全国家标准　食品中铁的测定》GB 5009.90—2016中规定了食品中铁含量测定的________、________和电感耦合等离子体质谱法。

2. 测定食品中铁含量前处理方法可以采用湿法消化法,采用可调式电炉消解程序为120 ℃消化时间为________、升至180 ℃消化时间为________、最后升至200 ℃继续消化至消化液呈无色透明或略带黄色。

3. 试样消解后,经原子吸收火焰原子化,在________nm处测定吸光度值。在一定浓度范围内铁的吸光度值与铁含量成正比,与标准系列比较定量。

4. 原子吸收分光光度计燃烧头高度为________mm。

5. 火焰原子吸收光谱法测定铁含量使用的是________空心阴极灯。

三、选择题

1. 使用铁空心阴极灯不正确的是(　　)。

A. 预热时间随灯元素的不同而不同,一般20～30 min及以上

B. 低熔点元素灯要等冷却后才能移动

C. 长期不用,应每隔半年在工作电流下1 h点燃处理

D. 测量过程不要打开灯室盖

2. 火焰原子化法中，试样的进样量一般在(　　)为宜。

A. 1～2 mL/min　　B. 3～6 mL/min　　C. 7～10 mL/min　　D. 9～12 mL/min

3. 原子吸收分光光度法中，对于组分复杂，干扰较多而又不清楚组成的样品，可采用的定量方法是(　　)。

A. 标准加入法　　B. 工作曲线法　　C. 直接比较法　　D. 标准曲线法

4. 样品制备时对于鱼类、肉类样品(　　)制成匀浆，备用。

A. 取可食部分　　B. 取全部样品　　C. 取表面部分　　D. 取中心部位

5. 湿法消解样品时，最终消化液呈(　　)。

A. 棕褐色浑浊状　　B. 略带黄色透明状　C. 绿色透明状　　D. 黑色

四、判断题

1. 利用微波消解对样品进行前处理时，设备采用一次性升温程序将温度升至 180 ℃即可到达消解效果。(　　)

2. 如果空心阴极灯的阴极只由一种元素组成，则这种灯只能测定一种元素。(　　)

3. 化学干扰是原子吸收光谱分析中的主要干扰因素。(　　)

4. 原子吸收分光光度计的分光系统(光栅或凹面镜)若有灰尘，可用擦镜纸轻轻擦拭。(　　)

5. 原子吸收光谱仪的原子化装置主要包括雾化器、预混合室和燃烧器。(　　)

五、简答题

1. 请阐述火焰原子吸收光谱法测定食品中铁含量的基本原理。

2. 食品中铁含量测定过程中样品的前处理方法有哪些?

3. 论述压力罐消解样品的过程。

六、计算题

某实验小组采用火焰原子吸收光谱法对黑木耳中铁含量进行测定，检测依据为《食品安全国家标准 食品中铁的测定》(GB 5009.90—2016)，检测数据如表 4-18 所示。

表 4-18　某实验小组测定数据

基本信息	样品名称	黑木耳		检测日期	20200918	
	检测项目	铁		检测方法	GB 5009.90—2016	
	环境条件	$T=20$ ℃		铁标准	100 mg/L	
工作曲线记录	体积/mL	0.00	0.500	1.00	2.00	4.00	6.00
	质量浓度/(mg/L)	0	0.500	1.00	2.00	4.00	6.00
	信号读数	0.000	0.016	0.035	0.072	0.138	0.209
	曲线回归	回归方程：$y=bx+a$					

请查阅标准，计算该标准曲线的截距 a、斜率 b 及相关系数 r。

七、技能训练题

某市场监督管理部门对辖区内某一茶叶生产企业所生产的红茶产品进行抽检，发现该产品铁含量超标。该企业收到处罚通知书后，组织技术力量对产品原料茶树叶进行铁含量的检测。请针对茶树叶中铁含量的测定设计检验方案。

项目二　食品中限量元素的测定

【学习目标】

知识目标

1. 掌握食品中限量元素测定的基本原理和方法。
2. 掌握不同的待测样品的处理方法。
3. 掌握样品消化的方法和元素测定的基本操作技能。

技能目标

1. 会对不同的待测样品选择不同的消化处理方法。
2. 能使用原子吸收分光光度计、火焰光度计、分光光度计。
3. 能进行标准曲线的绘制和测定结果的计算。

思政目标

1. 培育学生的精益求精、科学严谨的检验精神，具有安全生产的社会责任感、法律与诚信意识。
2. 引导学生今后走向工作岗位弘扬“工匠精神”，努力实现岗位创新。

【项目概述】

本项目包含3项相关知识和1项技能训练。相关知识包括食品中铅、汞等限量元素的测定，技能训练为茶叶中铅含量测定。目的是培养学习者对食品中限量元素测定有一个全面认识和理解，为今后从事食品分析检测工作奠定坚实的理论和实践基础。

【思维导图】

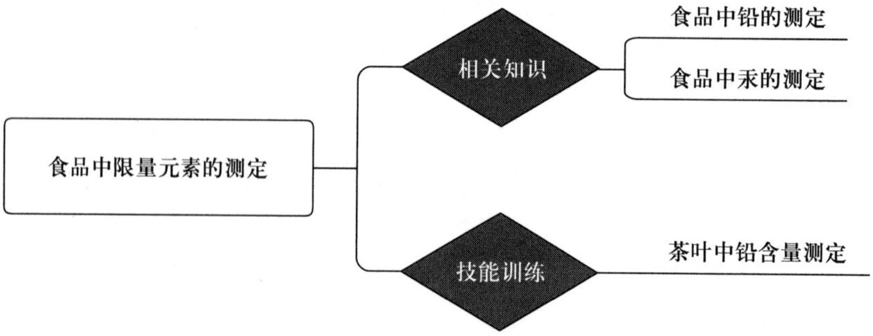

【相关知识】

一、食品中铅的测定

依据《食品安全国家标准 食品中铅的测定》(GB 5009.12—2017)，进行各类食品中锌含量的测定。该标准规定了食品中锌含量测定的方法：石墨炉原子吸收光谱法、电感耦合等离子体质谱法、火焰原子吸收光谱法和二硫腙比色法。下面以第一法石墨炉原子吸收光谱法为例进行介绍。

1. 测定原理

试样消解处理后，经石墨炉原子化，在 283.3 nm 处测定吸光度。在一定浓度范围内铅的吸光度值与铅含量成正比，与标准系列比较定量。

2. 试剂、材料

要求所用试剂均为优级纯，水为 GB/T 6682 规定的二级水。

(1)试剂　硝酸(HNO_3)、高氯酸($HClO_4$)、磷酸二氢铵($NH_4H_2PO_4$)、硝酸钯[$Pd(NO_3)_2$]。

试剂配制：

硝酸溶液(5+95)：量取 50 mL 硝酸，缓慢加入 950 mL 水中，混匀。

硝酸溶液(1+9)：量取 50 mL 硝酸，缓慢加入 450 mL 水中，混匀。

磷酸二氢铵-硝酸钯溶液：称取 0.02 g 硝酸钯，加少量硝酸溶液(1+9)溶解后，再加入 2 g 磷酸二氢铵，溶解后用硝酸溶液(5+95)定容至 100 mL，混匀。

(2)标准品　硝酸铅[$Pb(NO_3)_2$，CAS 号：10099-74-8]：纯度>99.99%。或经国家认证并授予标准物质证书的一定浓度的铅标准溶液。

标准溶液的配制：

铅标准储备液(1 000 mg/L)：准确称取 1.598 5 g(精确至 0.000 1 g)硝酸铅，用少量硝酸溶液(1+9)溶解，移入 1 000 mL 容量瓶，加水至刻度，混匀。

铅标准使用液(1.00 mg/L)：准确吸取铅标准储备液(1 000 mg/L) 1.00 m 于 1 000 mL 容量瓶中，加硝酸溶液(5+95)至刻度，混匀。

3. 仪器设备

原子吸收光谱仪：配石墨炉原子化器，附铅空心阴极灯。

分析天平：感量 0.1 mg 和 1 mg。

可调式电热板、可调式电热炉。

恒温干燥箱。

要求：所有玻璃器皿均需硝酸(1+5)浸泡过夜，用自来水反复冲洗，最后用去离子水冲洗干净。

4. 分析步骤

(1)试样制备　矿物微量元素分析的样品制备过程中应特别注意防止各种污染。

湿样(如蔬菜、水果、鲜鱼、鲜肉等)用水冲洗干净后，晾干，取可食部分，制成匀浆，储于塑料瓶中。干粉类样品(如粮食、豆类等)去除杂物后，粉碎，储于塑料瓶中。液体样品(如饮料、酒、醋、食用植物油、液态乳等)将样品摇匀备用。

(2)样品消解　采用湿法消解。准确称取固体试样 0.2～3 g(精确至 0.001 g)或准确移取液体试样 0.500～5.00 mL 于带刻度消化管中，加入 10 mL 硝酸、0.5 mL 高氯酸，在可调式电热炉上消解(参考条件：120 ℃，0.5～1 h、升至 180 ℃，2～4 h、升至 200～220 ℃)。若消化液呈棕褐色，再加硝酸，消解至冒白烟，消化液呈无色透明或略带黄色。取出消化管，冷却后用水定容 25 mL，混匀备用。同时做试剂空白试验。也可采用锥形瓶，于可调式电热板上，按上述操作方法进行湿法消解。

(3)样品的测定　仪器参考条件见表 4-19。

表 4-19 石墨炉原子吸收光谱法参考条件

元素	波长	狭缝	灯电流	干燥	灰化	原子化
铅	283.3 nm	0.5 nm	8～12 mA	85～120 ℃/40～50 s	750 ℃/20～30 s	2 300 ℃/4～5 s

标准曲线测定：分别吸取铅标准使用液(1.00 mg/L) 0 mL，0.500 mL，1.00 mL，2.00 mL，3.00 mL 和 4.00 mL 于 100 mL 容量瓶中，加硝酸溶液(5+95)至刻度，混匀。此铅标准系列溶液的质量浓度分别为 0 μg/L，5.00 μg/L，10.0 μg/L，20.0 μg/L，30.0 μg/L 和 40.0 μg/L。(可根据仪器的灵敏度及样品中铅的实际含量确定标准系列溶液中铅的质量浓度。)按质量浓度由低到高的顺序分别将 10 μL 铅标准系列溶液和 5 μL 磷酸二氢铵-硝酸钯溶液(可根据所使用的仪器确定最佳进样量)同时注入石墨炉，原子化后测其吸光度值，以质量浓度为横坐标，吸光度值为纵坐标，制作标准曲线。

试样测定：在与测定标准溶液相同的实验条件下，将 10 μL 空白溶液或试样溶液与 5 μL 磷酸二氢铵-硝酸钯溶液(可根据所使用的仪器确定最佳进样量)同时注入石墨炉，原子化后测其吸光度值，与标准系列比较定量。

5. 分析结果的表述

试样中铅的含量按式 4-7 计算：

$$X=\frac{(\rho-\rho_0)\times V}{m\times 1\ 000} \qquad (式 4-7)$$

式中：X——试样中铅的含量，mg/kg 或 mg/L；

ρ——试样溶液中铅的质量浓度，μg/L；

ρ_0——空白溶液中铅的质量浓度，μg/L；

V——试样消化液的定容体积，mL；

m——试样称样量或移取体积，g 或 mL；

1 000——换算系数。

当铅含量≥1.00 mg/kg(或 mg/L)时，计算结果保留 3 位有效数字；当铅含量<1.00 mg/kg(或 mg/L)时，计算结果保留两位有效数字。

在重复性条件下获得的两次独立测定结果的绝对差值不得超过算术平均值的 20%。

6. 技术提示

(1)使用高氯酸消解样品时，应严格遵守操作规程，烧杯中消化液不能蒸干，并且要保证温度达到 200 ℃时只有少量的有机成分存在，否则高氯酸的氧化电位在此温度下会迅速升高，会导致剧烈的爆炸。

(2)标准曲线及样品测定过程中一定要从低浓度到高浓度，注意带来浓度污染。

(3)对于干扰试样，需要加入基体改进剂磷酸二氢铵消除干扰。绘制标准曲线需要添加与试样测定时一致的量。

(4)当称样量为 0.5 g(或 0.5 mL)，定容体积为 10 mL，方法检出限为 0.02 mg/kg(或 0.02 mg/L)，定量限为 0.04 mg/kg(或 0.4 mg/L)。

二、食品中汞的测定

依据《食品安全国家标准 食品中总汞及有机汞的测定》(GB 5009.17—2014)，进行各类食品中汞含量的测定。下面以第一法原子荧光光谱分析法为例进行介绍。

1. 测定原理

试样经酸加热消解后，在酸性介质中，试样中汞被硼氢化钾或硼氢化钠还原成原子态汞，由载气（氩气）带入原子化器中，在汞空心阴极灯照射下，基态汞原子被激发至高能态，在由高能态回到基态时，发射出特征波长的荧光，其荧光强度与汞含量成正比，与标准系列溶液比较定量。

2. 试剂、材料

要求所用试剂均为优级纯，水为GB/T 6682规定的二级水。

(1)试剂　硝酸（HNO_3）、过氧化氢（H_2O_2）、硫酸（H_2SO_4）、氢氧化钾（KOH）、硼氢化钾（KBH_4）。

试剂配制：

硝酸溶液(5+95)：量取50 mL硝酸，缓慢加入950 mL水中，混匀。

硝酸溶液(1+9)：量取50 mL硝酸，缓慢加入450 mL水中，混匀。

氢氧化钾溶液(5 g/L)：称取5.0 g氢氧化钾，纯水溶解并定容至1 000 mL，混匀。

硼氢化钾溶液(5 g/L)：称取5.0 g硼氢化钾，用5 g/L的氢氧化钾溶液溶解并定容至1 000 mL，现用现配。

重铬酸钾的硝酸溶液(0.5 g/L)：称取0.05 g重铬酸钾溶于100 mL硝酸溶液(5+95)中。

硝酸-高氯酸混合溶液(5+1)：量取500 mL硝酸，100 mL高氯酸，混匀。

(2)标准品　氯化汞（$HgCl_2$）：纯度≥99.99%。

标准溶液的配制：

汞标准储备液(1.00 mg/mL)：准确称取0.135 4 g经干燥过的氯化汞，用重铬酸钾的硝酸溶液(0.5 g/L)溶解并转移至100 mL容量瓶中，稀释至刻度，混匀。此溶液浓度为1.00 mg/mL。于4 ℃冰箱中避光保存，可保存2年。或购买经国家认证并授予标准物质证书的标准溶液物质。

汞标准中间液(10 μg/mL)：吸取1.00 mL汞标准储备液(1.00 mg/mL)于100 mL容量瓶中，用重铬酸钾的硝酸溶液(0.5 g/L)稀释至刻度，混匀，此溶液浓度为10 μg/mL。（于4 ℃冰箱中避光保存，可保存2年。）

汞标准使用液(50 ng/mL)：吸取0.50 mL汞标准中间液(10 pg/mL)于100 mL容量瓶中，用0.5 g/L重铬酸钾的硝酸溶液稀释至刻度，混匀，此溶液浓度为50 ng/mL，现用现配。

3. 仪器设备

原子荧光光谱仪。

分析天平：感量0.1 mg和1 mg。

微波消解系统。

恒温干燥箱(50～300 ℃)。

控温电热板(50～200 ℃)。

超声水浴箱。

要求：所有玻璃器皿及四氟乙烯消解内罐均需硝酸(1+4)浸泡24 h，用自来水反复冲洗，最后用去离子水冲洗干净。

4. 分析步骤

(1)试样制备　在采样和制备过程中，应注意不使试样污染。粮食、豆类等样品去杂物后粉碎均匀，装入洁净聚乙烯瓶中，密封保存备用。蔬菜、水果、鱼类、肉类及蛋类等新鲜样品，洗净晾干，取可食部分匀浆，装入洁净聚乙烯瓶中，密封于 4 ℃冰箱备用。

（2）样品消解　采用压力罐消解。称取固体试样 0.2～1.0 g（精确到 0.001 g），新鲜样品 0.5～2.0 g 或液体试样吸取 1～5 mL 称量（精确到 0.001 g），置于消解内罐中，加入 5 mL 硝酸浸泡过夜。盖好内盖，旋紧不锈钢外套，放入恒温干燥箱，140～160 ℃保持 4～5 h，在箱内自然冷却至室温，然后缓慢旋松不锈钢外套，将消解内罐取出，用少量水冲洗内盖，放在控温电热板上或超声水浴箱中，于 80 ℃或超声脱气 2～5 min 赶去棕色气体。取出消解内罐，将消化液转移至 25 mL 容量瓶中，用少量水分 3 次洗涤内罐，洗涤液合并于容量瓶中并定容至刻度，混匀备用。同时做空白试验。

（3）测定　仪器参考条件见表 4-20。

表 4-20　火焰原子吸收光谱法参考条件

元素	光电倍增管负高压	灯电流	原子化器温度	载气流速	屏蔽气流速
汞	240 V	30 mA	300 ℃	500 mL/min	1 000 mL/min

标准曲线测定：分别吸取 50 ng/mL 汞标准使用液 0.00 mL，0.20 mL，0.50 mL，1.00 mL，1.50 mL，2.00 mL，2.50 mL 于 50 mL 容量瓶中，用硝酸溶液（1+9）稀释至刻度，混匀。各自相当于汞浓度为 0.00 ng/mL，0.20 ng/mL，0.50 ng/mL，1.00 ng/mL，1.50 ng/mL，2.00 ng/mL，2.50 ng/mL。

试样测定：设定好仪器最佳条件，连续用硝酸溶液（1+9）进样，待读数稳定之后，转入标准系列测量，绘制标准曲线。转入试样测量，先用硝酸溶液（1+9）进样，使读数基本回零，再分别测定试样空白和试样消化液，每测不同的试样前都应清洗进样器。

5. 分析结果的表述

试样中汞的含量按式 4-8 计算：

$$X=\frac{(c-c_0)\times V\times 1\ 000}{m\times 1\ 000\times 1\ 000} \qquad \text{（式 4-8）}$$

式中：X——试样中汞的含量，mg/kg 或 mg/L；

c——测定样液中汞的含量，ng/L；

c_0——空白溶液中汞的含量，ng/L；

V——试样消化液的定容总体积，mL；

m——试样称样量或移取体积，g 或 mL；

1 000——换算系数。

计算结果保留两位有效数字。

在重复性条件下获得的两次独立测定结果的绝对差值不得超过算术平均值的 20%。

食品中镉的测定

6. 技术提示

（1）高压消解法消化样品具有快速、简便、防污染的特点。但是使用高压消解器时必须按照使用说明操作，应注意控温、消解器内罐容量和取样量等方面。同时需将样品先冷消化放置过夜，防止在消解过程中产生过高的压力。

（2）标准曲线及样品测定过程中一定要从低浓度到高浓度，以免带来浓度污染。

(3)该方法定量检出限为 0.010 mg/kg。

【技能训练】

任务一　茶叶中铅含量的测定

任务导入

中国是茶的故乡，制茶、饮茶已有几千年历史，名品荟萃，主要品种有绿茶、红茶、乌龙茶、花茶、白茶、黄茶、黑茶等。茶有健身、治疾之药物疗效，又富欣赏情趣，可陶冶情操。铅是一种高蓄积性、多亲和性的生理性、神经性毒物，几乎对人体所有重要的器官和系统均会产生不良影响。人体内的铅大多来源于食物、饮水和空气，茶树生长过程中含铅农药的使用，土壤中铅元素的蓄积，都会导致最终富集在茶叶中的铅越来越多，生长时间越久的茶叶富集的铅越多。相比成熟的茶叶，嫩茶叶的铅含量就少得多，长期饮食含铅茶叶，铅在人体内蓄积，可能引起慢性铅中毒。

任务描述

查阅《食品安全国家标准 食品中铅的测定》(GB 5009.12—2017)标准，制订检验流程并实施，评价样品的铅含量情况。

任务准备

通过标准的解读，将茶叶中铅的测定所需仪器设备及化学试剂记入表 4-21、表 4-22 中。

表 4-21　所需仪器设备表

序号	仪器名称	规格
1	分析天平	感量为 1 mg 和 0.1 mg
2	可调节式电热板	1 000～3 000 W
3	马弗炉	
4	原子吸收光谱仪	配石墨炉原子化器，附铅空心阴极灯

表 4-22　所需化学试剂表

序号	试剂名称	规格及配制
1	硝酸 (HNO_3) (5+95)	优级纯，量取 50 mL 硝酸，缓慢加入 950 mL 水中，混匀
2	硝酸 (HNO_3) (1+1)	优级纯，量取 250 mL 硝酸，缓慢加入 250 mL 水中，混匀
3	高氯酸 ($HClO_4$)	优级纯
4	磷酸二氢铵($NH_4H_2PO_4$)	优级纯
5	硝酸钯[$Pd(NO_3)_2$]	优级纯
6	磷酸二氢铵-硝酸钯	称取 0.02 g 硝酸钯，加少量硝酸溶液(1+9)溶解后，再加入 2 g 磷酸二氢铵，溶解后用硝酸溶液(5+95)定容至 100 mL，混匀

任务实施

一、实施流程

试样制备 → 试样消解(湿法消解) → 标准测定 → 试样及空白测定 → 结果计算

二、操作要点

1. 称取粉碎后的茶叶 0.2～3 g（精确至 0.001 g）于带刻度消化管中，加入 10 mL 硝酸和 0.5 mL 高氯酸，在可调式电热炉上消解（参考条件：120 ℃/0.5～1 h；升至 180 ℃/2～4 h、升至 200～220 ℃）。若消化液呈棕褐色，再加少量硝酸，消解至冒白烟，消化液呈无色透明或略带黄色，取出消化管，冷却后用水定容至 10 mL，混匀备用。同时做试剂空白试验。

2. 仪器参考条件见表 4-23。

表 4-23　石墨炉原子吸收光谱法仪器参考条件

元素	波长	狭缝	灯电流	干燥	灰化	原子化
铅	283.3 nm	0.5 nm	8～12 mA	85～120 ℃/40～50 s	750 ℃/20～30 s	2 300 ℃/4～5 s

3. 标准曲线的测定

(1)铅标准储备液(1 000 mg/L)：准确称取 1.598 5 g 硝酸铅，加少量硝酸溶液(1+9)溶解，移入 1 000 mL 容量瓶，加水至刻度，混匀。

(2)铅标准中间液(1.00 mg/L)：准确吸取铅标准储备液(1 000 mg/L) 1.00 mL 于 1 000 mL 容量瓶中，加硝酸溶液(5+95)至刻度，混匀。

(3)铅标准系列溶液：分别吸取铅标准中间液(1.00 mg/L) 0 mL，0.500 mL，1.00 mL，2.00 mL，3.00 mL 和 4.00 mL 于 100 mL 容量瓶中，加硝酸溶液(5+95)至刻度，混匀。此铅标准系列溶液的质量浓度分别为 0 μg/L，5.00 μg/L，10.0 μg/L，20.0 μg/L，30.0 μg/L 和 40.0 μg/L。

4. 试样测定

在与测定标准溶液相同的实验条件下，将 10 μL 空白溶液或试样溶液与 5 μL 磷酸二氢铵-硝酸钯溶液同时注入石墨炉，原子化后测其吸光度值，与标准系列比较定量。

三、分析结果的表述

试样中铅的含量按式 4-9 计算：

$$X=\frac{(\rho-\rho_0)\times V}{m\times 1\,000} \qquad \text{（式 4-9）}$$

式中：X——试样中铅的含量，mg/kg 或 mg/L；

ρ——试样溶液中铅的质量浓度，μg/L；

ρ_0——空白溶液中铅的质量浓度，μg/L；

V——试样消化液的定容体积，mL；

m——试样称样量或移取体积，g 或 mL；

1 000——换算系数。

四、数据记录及处理

数据记录参考表 4-24。

表 4-24　茶叶中铅含量的测定数据记录表

样品名称			检验方法				标准溶液名称	
仪器设备	名称	电子天平	（原子吸收）分光光度计		仪器设备测定参数			
	编号				光谱带宽：　nm		标准溶液浓度	
					灯电流　：　mA			
工作曲线标液记录	体积/mL							定容
	含量/x							mL
	信号读数/y							
	曲线回归	回归方程：$y=bx+a$		截距 $a=$		斜率 $b=$	相关系数 $r=$	
分析项目							□样品制备记录： □样品前处理： □备注：	
容器编号				（空　白）				
样量 □g　□ mL								
定容分取量								
最后定容							计算	
信号读数								
减空白后样品信号读数								
测定值								
报告值								

五、技术提示

(1)所有玻璃器皿均需硝酸(1+5)浸泡过夜,用自来水冲洗,最后用去离子水冲洗备用。

(2)茶叶样品粉碎后再取样。

任务评价

按表4-25检查工作任务的完成情况。

表4-25 工作任务评价表

序号	任务实施步骤	工作内容	技能标准	分值
1	制订工作方案	查阅相关标准,制订茶叶中铅含量的测定的实施方案	(1)正确选用标准 (2)方案制订合理	10
2	准备工作	(1)滴定管、容量瓶、锥形瓶、坩埚等 (2)仪器的洗涤及试剂的配制	(1)洗净滴定管,晾干 (2)配制好实验所需各种试剂	5
3	采样与预处理	湿法消解茶叶样品	(1)样品混合均匀 (2)样品消解完全后呈无色透明或略带黄色	10
4	石墨炉原子吸收光谱仪的操作	会使用石墨炉原子吸收光谱仪	(1)会正确开机、关机 (2)会正确选择灯,并进行原子化	10
5	标准曲线及样品的测定	将该标准系列溶液按质量浓度由低到高的顺序分别导入石墨炉原子化器,原子化后测其吸光度值,以质量浓度为横坐标,吸光度值为纵坐标,制作标准曲线	(1)能正确配制标准曲线 (2)标准曲线的相关系数应该达到0.999以上	25
6	结果分析	茶叶中铅的含量计算	(1)能利用计算公式正确计算 (2)能正确保留有效数字	20
7	工作单	(1)课前准备内容 (2)任务实施过程记录 (3)结果分析与讨论	(1)能查阅相关标准并回答问题 (2)能够对操作过程进行记录与分析 (3)对所完成任务归纳、分析及总结	20

任务检测

一、填空题

1. 石墨炉原子吸收光谱法测茶叶中铅的原理为:试样经消解处理后,经________原子化,在________nm处测定的吸光度值在一定浓度范围内与铅含量成正比,与标准系列比较定量。

2. 方法中所有玻璃器皿及聚四氟乙烯消解内罐均需________浸泡过夜,用自来水反复冲洗,最后用去离子水冲洗干净后备用。

二、选择题

1. 石墨炉原子化法测定的主要缺点是(　　)。

A. 灵敏度较低　　　　B. 不适于测定难挥发物质

C. 精密度低　　　　　　　　　　D. 不能直接测定固体样品

2. 本实验在重复性条件下获得的两次独立测定结果的绝对差不得超过算术平均值的(　　)。

A. 5%　　　　B. 10%　　　　C. 20%　　　　D. 无要求

3. 以下（　　）不属于该方法试样前处理的方法。

A. 湿法消解　　B. 微波消解　　C. 压力罐消解　　D. 干法灰化

4. 采用压力罐消解温度在 140～160 ℃下保持时间为(　　)。

A. 4～5 h　　　B. 2 h　　　C. 1 h　　　D. 6 h

5. 对于干扰试样,需要加入基体改进剂消除干扰,是(　　)。

A. 磷酸二氢铵-硝酸钯　　　　B. 磷酸二氢铵

C. 高氯酸　　　　　　　　　　D. 以上都是

三、判断题

1. 石墨炉原子法中,选择灰化温度的原则是,在保证被测元素不损失的前提下,尽量选择较高的灰化温度以减少灰化时间。(　　)

2. 铅对人体造成的危害属于慢性危害。(　　)

3. 石墨炉原子吸收测定中,所使用的惰性气体的作用是保护石墨管不因高温灼烧而氧化、作为载气将气化的样品物质带走。(　　)

4. 利用压力罐对样品进行消解处理时,需要做试剂空白实验。(　　)

5. 水俣病是由于铅中毒引起的。(　　)

四、简答题

1. 简述石墨炉原子吸收光谱法测定茶叶中铅含量的原理。

2. 简述铅污染的主要来源及危害。

3. 通过查询标准资料,说说食品中铅测定的方法有哪些?

五、计算题

某实验小组进行未知样品中铅含量的测定,该小组人员准确称取 1.598 5 g 标准物质硝酸铅,加少量硝酸溶液,加热溶解,冷却后移入 1 000 mL 容量瓶,加水至刻度,混匀制成 1 000 mg/L 的锌标准溶液。根据标准要求,需要配制 1.00 mg/L 的铅标准使用液,该如何配制?

六、技能训练题

微波消解罐是为在一定温度、一定压力条件下合成化学物质提供的反应器。微波消解在高温高压密闭的强酸或强碱的环境下,消解难溶物质效果更好,能消解许多传统方法难以消解的样品,适应面广。尤其是适用于批量样品的消解,一般难溶样品(如 As、Hg、Pb 等重金属)都可在 180 ℃,10～30 min 之内溶解完全,可以消解各类样品。由于各种样品性质的不同,请根据标准设计适合茶叶样品微波消解的升温程序。

模块小结

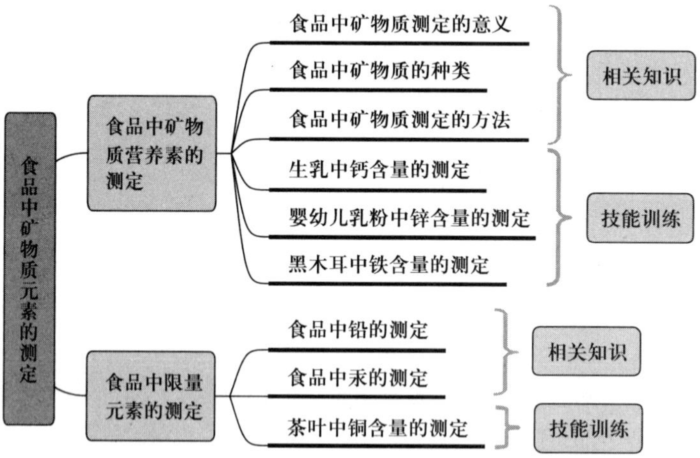

原子吸收光谱法

模块四　思考与练习

模块五
食品中添加剂含量的检测

模块介绍

食品添加剂是指为改善食品品质和色、香、味，以及为防腐、保鲜和加工工艺的需要而加入食品中的人工合成或者天然物质。食品用香料、胶基糖果中基础剂物质、食品工业用加工助剂也包括在内。我国食品添加剂主要分为22类，其中较为常用的食品添加剂主要有防腐剂、抗氧化剂、发色剂、着色剂、漂白剂、增稠剂、甜味剂、调味剂等。我国严格规定相关食品添加剂所使用的品种、使用的范围、使用的含量等必须符合《食品安全国家标准 食品添加剂使用标准》(GB 2760—2014)。

本模块要求学生依据食品安全国家标准，利用现有工作条件，完成给定食品中的防腐剂、抗氧化剂、发色剂、着色剂、漂白剂、甜味剂的测定，分析测定结果，完成检验报告，提交任务工作单。

本模块注重培养学生具备良好的人际沟通、团队协作能力、较强的自我管理与约束能力，提升个人素养。激发学生为国家学习、为民族学习的热情和动力，强化学生的专业自信。帮助学生在创造社会价值过程中明确自身价值和社会定位。

项目一　食品中防腐剂的检测

【学习目标】

防腐剂的测定

知识目标

1. 了解食品中防腐剂测定的意义。
2. 理解食品中防腐剂检测的原理。
3. 掌握食品中防腐剂的测定方法。

技能目标

1. 能完成食品中防腐剂的检测任务。
2. 能运用食品检验标准中规定的方法测定食品中防腐剂的含量。

思政目标

1. 培养学生具备较强的自我管理与约束能力，提升个人素养。
2. 激发学生学习的内在驱动力，磨炼深厚的专业素养。

【项目概述】

本项目包含 3 项相关知识和 1 项技能训练。相关知识包括食品中防腐剂含量测定的意义、食品中防腐剂的种类及食品中防腐剂的测定方法等；技能训练有果酱中山梨酸、苯甲酸含量的测定。目的是培养学习者对食品防腐剂的测定有一个全面认识和理解，为今后从事食品中防腐剂的测定工作奠定坚实的理论和实践基础。

【思维导图】

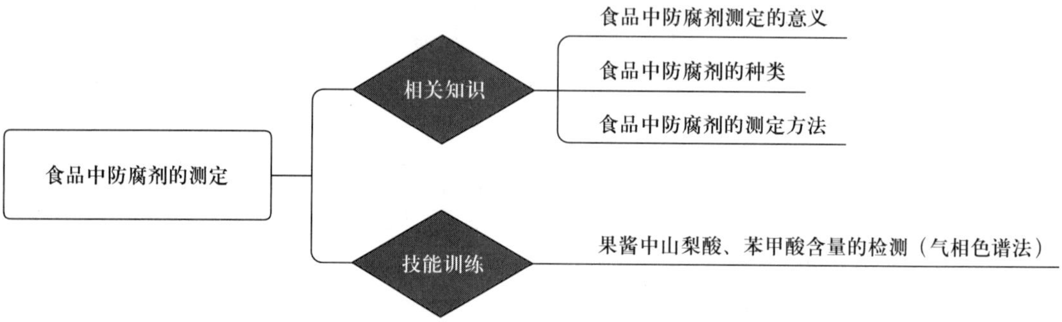

【相关知识】

一、食品中防腐剂测定的意义

防腐剂是一类加入食品中能防止或延缓食品腐败的食品添加剂，其本质是具有抑制微生物增殖或杀死微生物的一类化合物。防腐剂对微生物繁殖体有杀灭作用，使芽孢不能发育为繁殖体而逐渐死亡，不同的防腐剂其作用机理不完全相同。如醇类能使病原微生物蛋白质变性；苯甲酸、尼泊金酯类能与病原微生物酶系统结合，影响和阻断其新陈代谢的过程。阳离子表面活性剂类具有降低表面张力的作用，增加菌体细胞膜的通透性，使细胞膜破裂，溶解。

在食品工业中，在正常规定的使用范围内使用食品防腐剂对人体没有毒害或毒性极小，而防腐剂的超标准使用对人体的危害很大，因此食品防腐剂的定性与定量的检验在食品安全性方面是非常重要的。

二、食品中防腐剂的种类

根据 GB 2760—2014 标准中所列出的具有防腐功能的防腐剂，可分为化学合成防腐剂和天然防腐剂两大类。

化学合成防腐剂包括酸型、酯型和无机盐型。最常用的酸型防腐剂有苯甲酸及其盐类、山梨酸及其盐类以及丙酸及其盐类等。最常用的酯型防腐剂有尼泊金酯类防腐剂及抗坏血酸棕榈酸酯防腐剂。无机盐类防腐剂主要有二氯化硫、亚硫酸盐、焦亚硫酸盐。

天然防腐剂泛指从自然界的动植物和微生物中分离提取的一类防腐物质，主要有纳他霉素、甲壳素、乳酸链球菌素等。

苯甲酸及其盐类、山梨酸及其盐类在食品工业中的使用最为广泛。

三、食品中防腐剂的测定方法

目前测定防腐剂的主要方法有：薄层色谱法、高效液相色谱法、毛细管电泳法、气相色谱法、紫外分光光度法、硫代巴比妥酸分光光度法等。《食品安全国家标准食品中苯甲酸、山梨酸和糖精钠的测定》(GB 5009.28—2016)中规定了苯甲酸(钠)和山梨酸(钾)的测定方法。

(一)液相色谱法

1. 测定原理

样品经水提取，高脂肪样品经正己烷脱脂、高蛋白样品经蛋白沉淀剂沉淀蛋白，采用液相色谱分离、紫外检测器检测，外标法定量。

2. 适用范围

适用于食品中苯甲酸、山梨酸和糖精钠的测定。

3. 试剂(试剂配制)

(1)氨水溶液(1+99)：取氨水 1 mL，加到 99 mL 水中，混匀。

(2)亚铁氰化钾溶液(92 g/L)：称取 106 g 亚铁氰化钾，加入适量水溶解，用水定容至 1 000 mL。

(3)乙酸锌溶液(183 g/L)：称取 220 g 乙酸锌溶于少量水中，加入 30 mL 冰乙酸，用水定容至 1 000 mL。

(4)无水乙醇(CH_3CH_2OH)。

(5)正己烷(C_6H_{14})。

(6)甲醇(CH_3OH)：色谱纯。

(7)乙酸铵溶液(20 mmol/L)：称取 1.54 g 乙酸铵，加入适量水溶解，用水定容至 1 000 mL，经 0.22 μm 水相微孔滤膜过滤后备用。

(8)甲酸-乙酸铵溶液(2 mmol/L 甲酸+ 20 mmol/L 乙酸铵)：称取 1.54 g 乙酸铵，加入适量水溶解，再加入 75.2 μL 甲酸，用水定容至 1 000 mL，经 0.22 μm 水相微孔滤膜过滤后备用。

(9)苯甲酸、山梨酸标准和糖精钠储备溶液(1 000 mg/L)：分别准确称取苯甲酸钠、山梨酸钾 0.118 g 和 0.134 g (精确到 0.000 1 g)，用水溶解并分别定容至 100 mL。于 4 ℃贮存，保存期为 6 个月。当使用苯甲酸和山梨酸标准品时，需要用甲醇溶解并定容。

(10)苯甲酸、山梨酸和糖精钠混合标准中间溶液(200 mg/L)：分别准确吸取苯甲酸和山梨酸标准储备溶液各 10.0 mL 于 50 mL 容量瓶中，用水定容。于 4 ℃贮存，保存期为 3 个月。

(11)苯甲酸、山梨酸混合标准系列工作溶液：分别准确吸取苯甲酸和山梨酸混合标准中间溶液 0 mL，0.05 mL，0.25 mL，0.50 mL，1.00 mL，2.50 mL，5.00 mL 和 10.0 mL，用水定容至 10 mL，配制成质量浓度分别为 0 mg/L，1.00 mg/L，5.00 mg/L，10.0 mg/L，20.0 mg/L，50.0 mg/L，100 mg/L 和 200 mg/L 的混合标准系列工作溶液。临用现配。

4. 仪器和设备

(1)高效液相色谱仪　配紫外检测器。

(2)分析天平　感量为 0.001 g 和 0.000 1 g。

(3)涡旋振荡器。

(4)离心机 转速 >8 000 r/min。

(5)匀浆机。

(6)恒温水浴锅。

(7)超声波发生器。

5. 分析步骤

(1)试样制备

取多个预包装的饮料、液态奶等均匀样品直接混合;非均匀的液态、半固态样品用组织匀浆机匀浆;固体样品用研磨机充分粉碎并搅拌均匀;奶酪、黄油、巧克力等采用 50～60 ℃加热熔融,并趁热充分搅拌均匀。取其中的 200 g 装入玻璃容器中,密封,液体试样于 4 ℃保存,其他试样于－18 ℃保存。

(2)试样提取

①一般性试样。准确称取约 2 g(精确到 0.001 g)试样于 50 mL 具塞离心管中,加水约 25 mL,涡旋混匀,于 50 ℃水浴超声 20 min,冷却至室温后加亚铁氰化钾溶液 2 mL 和乙酸锌溶液 2 mL,混匀,于 8 000 r/min 离心 5 min,将水相转移至 50 mL 容量瓶中,于残渣中加水 20 mL,涡旋混匀后超声 5 min,于 8 000 r/min 离心 5 min,将水相转移到同一 50 mL 容量瓶中,并用水定容至刻度,混匀。取适量上清液过 0.22 μm 滤膜,待液相色谱测定。

注:碳酸饮料、果酒、果汁、蒸馏酒等测定时可以不加蛋白沉淀剂。

②含胶基的果冻、糖果等试样。准确称取约 2 g(精确到 0.001 g)试样于 50 mL 具塞离心管中,加水约 25 mL,涡旋混匀,于 70 ℃水浴加热溶解试样,于 50 ℃水浴超声 20 min,之后的操作同上述“一般性试样”。

③油脂、巧克力、奶油、油炸食品等高油脂试样。准确称取约 2 g(精确到 0.001 g)试样于 50 mL 具塞离心管中,加正己烷 10 mL,于 60 ℃水浴加热约 5 min,并不时轻摇以溶解脂肪,然后加氨水溶液(1＋99)25 mL,乙醇 1 mL,涡旋混匀,于 50 ℃水浴超声 20 min,冷却至室温后,加亚铁氰化钾溶液 2 mL 和乙酸锌溶液 2 mL,混匀,于 8 000 r/min 离心 5 min,弃去有机相,水相转移至 50 mL 容量瓶中,残渣同 5.2.1 再提取一次后测定。

(3)仪器参考条件

①色谱柱:C_{18} 柱,柱长 250 mm,内径 4.6 mm,粒径 5 μm,或等效色谱柱。

②流动相:甲醇＋乙酸铵溶液＝5＋95。

③流速:1 mL/min。

④检测波长:230 nm。

⑤进样量:10 μL。

(4)标准曲线的制作 将混合标准系列工作溶液分别注入液相色谱仪中,测定相应的峰面积,以混合标准系列工作溶液的质量浓度为横坐标,以峰面积为纵坐标,绘制标准曲线。

(5)试样溶液的测定 将试样溶液注入液相色谱仪中,得到峰面积,根据标准曲线得到待测液中苯甲酸、山梨酸和糖精钠(以糖精计)的质量浓度。

6. 分析结果的表述

试样中苯甲酸、山梨酸和糖精钠(以糖精计)的含量按式 5-1 计算:

$$X=\frac{\rho \times V}{m \times 1\ 000} \quad \text{(式 5-1)}$$

式中：X——试样中待测组分含量，g/kg；

ρ——由标准曲线得出的试样液中待测物的质量浓度，mL；

V——试样定容体积，mL；

m——试样质量，g；

1 000——由 mg/kg 转换为 g/kg 的换算因子。

结果保留 3 位有效数字。

精密度的要求：在重复性条件下获得的两次独立测定结果的绝对差值不得超过算术平均值的 10%。

(二)气相色谱法

1. 测定原理

试样经盐酸酸化后，用乙醚提取苯甲酸、山梨酸，采用气相色谱-氢火焰离子化检测器进行分离测定，外标法定量。

2. 适用范围

适用于酱油、水果汁、果酱中苯甲酸、山梨酸的测定。

3. 试剂

除非另有说明，本方法所用试剂均为分析纯，水为 GB/T 6682—2008 中规定的一级水。

(1)乙醚($C_2H_5OC_2H_5$)

(2)乙醇(C_2H_5OH)

(3)正己烷-乙酸乙酯混合溶液(1+1)　取 100 mL 正己烷和 100 mL 乙酸乙酯，混匀。

(4)盐酸溶液(1+1)　取 50 mL 盐酸，边搅拌边慢慢加入 50 mL 水中，混匀。

(5)氯化钠溶液(40 g/L)　称取 40 g 氯化钠，用适量水溶解，加盐酸溶液 2 mL，加水定容到 1 L。

(6)无水硫酸钠(Na_2SO_4)　500 ℃烘 8 h，于干燥器中冷却至室温后备用。

(7)苯甲酸、山梨酸和糖精钠标准储备溶液(1000 mg/L)　分别准确称取苯甲酸、山梨酸各 0.1 g(精确到 0.000 1 g)，用甲醇溶解并分别定容至 100 mL。转移至密闭容器中，于 −18 ℃贮存，保存期为 6 个月。

(8)苯甲酸、山梨酸和糖精钠混合标准中间溶液(200 mg/L)　分别准确吸取苯甲酸、山梨酸标准储备溶液各 10.0 mL 于 50 mL 容量瓶中，用乙酸乙酯定容。转移至密闭容器中，于−18℃贮存，保存期为 3 个月。

(9) 苯甲酸、山梨酸混合标准系列工作溶液　分别准确吸取苯甲酸、山梨酸混合标准中间溶液 0 mL，0.05 mL，0.25 mL，0.50 mL，1.00 mL，2.50 mL，5.00 mL 和 10.0 mL，用正己烷-乙酸乙酯混合溶剂(1+1)定容至 10 mL，配制成质量浓度分别为 0 mg/L，1.00 mg/L，5.00 mg/L，10.0 mg/L，20.0 mg/L，50.0 mg/L，100 mg/L 和 200 mg/L 的混合标准系列工作溶液。临用现配。

4. 仪器和设备

(1)气相色谱仪　带氢火焰离子化检测器(FID)。

(2)分析天平 感量为0.001 g和0.000 1 g。

(3)涡旋振荡器。

(4)离心机。转速>8 000 r/min。

(5)匀浆机。

(6)氮吹仪。

5. 分析步骤

(1)试样制备 取多个预包装的样品,其中均匀样品直接混合,非均匀样品用组织匀浆机充分搅拌均匀,取其中的200 g装入洁净的玻璃容器中,密封,水溶液于4 ℃保存,其他试样于−18 ℃保存。

(2)试样提取 准确称取约2.5 g(精确至0.001 g)试样于50 mL离心管中,加0.5 g氯化钠、0.5 mL盐酸溶液(1+1)和0.5 mL乙醇,用15 mL和10 mL乙醚提取两次,每次振摇1 min,于8 000 r/min离心3 min,每次均将上层乙醚提取液通过无水硫酸钠滤入25 mL容量瓶中。加乙醚清洗无水硫酸钠层并收集至约25 mL刻度,最后用乙醚定容,混匀。准确吸取5 mL乙醚提取液于5 mL具塞刻度试管中,于35 ℃氮吹干,加入2 mL正己烷-乙酸乙酯(1+1)混合溶液溶解残渣,待气相色谱测定。

(3)仪器参考条件

①色谱柱:聚乙二醇毛细管气相色谱柱,内径320 μm,长30 m,膜厚度0.25 μm,或等效色谱柱。

②载气:氮气,流速3 mL/min。

③空气:400 L/min。

④氢气:40 L/min。

⑤进样口温度:250 ℃。

⑥检测器温度:250 ℃。

⑦柱温程序:初始温度80 ℃,保持2 min,以15 ℃/min的速率升温至250 ℃,保持5 min。

⑧进样量:2 μL。

⑨分流比:10∶1。

(4)标准曲线的制作 将混合标准系列工作溶液分别注入气相色谱仪中,以质量浓度为横坐标,以峰面积为纵坐标,绘制标准曲线。

(5)试样溶液的测定 将试样溶液注入气相色谱仪中,得到峰面积,根据标准曲线得到待测液中苯甲酸、山梨酸的质量浓度。

6. 分析结果的表述

试样中苯甲酸、山梨酸含量按式5-2计算:

$$X=\frac{\rho\times V\times 25}{m\times 5\times 1\,000} \quad \text{(式 5-2)}$$

式中:X——试样中待测组分含量,g/kg;

ρ——由标准曲线得出的样液中待测物的质量浓度,mg/L;

V——加入正己烷-乙酸乙酯(1+1)混合溶剂的体积,mL;

25——试样乙醚提取液的总体积,mL;

m——试样的质量,g;

5——测定时吸取乙醚提取液的体积,mL;

1 000——由 mg/kg 转换为 g/kg 的换算因子。

结果保留 3 位有效数字。

精密度要求:在重复性条件下获得的两次独立测定结果的绝对差值不得超过算术平均值的 10%。

【技能训练】

果酱中山梨酸、苯甲酸含量的检测(气相色谱法)

任务导入

苯甲酸和山梨酸是国际粮农组织和卫生组织推荐的高效安全的防腐保鲜剂,苯甲酸和山梨酸作为防腐剂广泛应用于调味品及酱腌制品生产中,可抑制杂菌生长、提高保质期等,在我国允许限量使用,食品安全国家标准规定苯甲酸、山梨酸的含量应≤0.5 mg/kg。

任务描述

查阅《食品安全国家标准 食品中苯甲酸、山梨酸和糖精钠的测定》(GB/T 5009.28—2016)和气相色谱仪等仪器使用说明书,制订检验流程并实施,评价样品的山梨酸和苯甲酸含量是否符合要求。

任务准备

通过标准的解读,将山梨酸、苯甲酸含量的检测(气相色谱法)所需仪器设备及化学试剂记入表 5-1、表 5-2 中。

表 5-1　所需仪器设备表

序号	仪器名称	规格
1	气相色谱仪	具有氢火焰离子化检测器
2	分析天平	感量为 0.001 g 和 0.000 1 g
3	涡旋振荡器	
4	离心机	转速>8 000 r/min
5	匀浆机	
6	氮吹仪	
7	塑料离心管	50 mL
8	容量瓶	25 mL
9	刻度试管	具塞,5 mL

表 5-2 所需化学试剂表

序号	试剂名称	规格
1	乙醚	不含过氧化物
2	乙醇	
3	正己烷	
4	乙酸乙酯	
5	盐酸	(1+1)
6	氯化钠	分析纯
7	无水硫酸钠	500 ℃烘 8 h,于干燥器中冷却至室温后备用
8	苯甲酸标准物质	纯度≥99.0%,或经国家认证并授予标准物质证书的标准物质
9	山梨酸标准物质	纯度≥99.0%,或经国家认证并授予标准物质证书的标准物质

任务实施

一、实施流程

试剂配制 → 苯甲酸、山梨酸标准系列工作溶液配制 → 称取混匀的样品于 50 mL 离心管中 → 加氯化钠、盐酸溶液、乙醇 → 乙醚提取两次 → 上层乙醚液经无水硫酸钠滤入容量瓶中 → 反复用乙醚清洗无水硫酸钠,收集清洗液至 25 mL → 乙醚定容混匀 → 5 mL 乙醚提取液氮吹、吹干 → 正己烷+乙酸乙酯混合溶液溶解残渣 → 设置气相色谱条件 → 气相色谱测定 → 定量计算 → 仪器清洗

二、操作要点

具体步骤同本项目中气相色谱法。

三、分析结果的表述

按照公式 5-2 进行结果计算,并结合国标分析苯甲酸、山梨酸含量是否超标。GB 2760—2014 中规定了各类食品中苯甲酸和山梨酸的最大使用量。其中果酱中苯甲酸和山梨酸的最大使用量≤1 g/kg。

四、数据记录及处理

数据记录参考表 5-3。

表 5-3　果酱中苯甲酸、山梨酸含量测定数据记录表

基本信息	样品名称			样品编号		
	检测项目			检测日期		
	检测依据			检测方法		
	色谱柱			检测器		
	定量方式					
气体流量	载气(N_2)		温度/℃	进样口		
	燃气(H_2)			柱温		
	助燃气(空气)					
进样体积 V_2/μL			进样浓度 c/(mg/L)			
定容体积 V_1/mL			称样量/mg			
稀释倍数 f						
保留时间/min		标样浓度 c/(mg/L)	标样 A_S（峰面积）	样品 A（峰面积）	样品质量浓度	平均
标样	样品					
结果计算	计算公式　$X=\frac{\rho\times V}{m\times 1\,000}$					
结果讨论	果酱中苯甲酸含量为________，山梨酸含量为________。根据标准判断是否符合要求。					

五、技术提示

取样量 2.5 g，按试样前处理方法操作，最后定容到 2 mL 时，苯甲酸、山梨酸的检出限均为 0.005 g/kg，定量限均为 0.01 g/kg。

任务评价

按表 5-4 检查工作任务的完成情况。

表 5-4　工作任务评价表

序号	任务实施步骤	工作内容	技能标准	分值
1	制订工作方案	查阅相关标准，制订果酱中苯甲酸、山梨酸含量测定的实施方案	(1)正确选用标准 (2)方案制订合理	5
2	准备工作	试剂配制；标准工作溶液的配制	(1)移液管的使用正确 (2)取样量准确 (3)洗耳球的使用正确 (4)容量瓶的使用正确	10

续表 5-4

序号	任务实施步骤	工作内容	技能标准	分值
3	试样预处理	样品称量；转移溶液；定容	(1)正确称量(调平、读数、取样适量、熟练) (2)保证样品全部转移 (3)检漏、初步混匀、正确定容、混匀	10
4	开机操作	气相色谱仪的开机准备工作；开机键过程；条件设置	(1)开机预热，检查气路连接正确性和气密性 (2)开机顺序正确 (3)点火操作正确 (4)检测条件设置正确 (5)样品参数设置正确	10
5	测量操作	样品处理；注射器前处理；测量顺序；抽样操作；进样顺序	(1)正确进行样品处理 (2)洗针操作正确(取样前用溶剂反复洗针，再用要分析的样品至少洗 3 次以上。避免针内有气泡) (3)测量顺序正确(标准溶液从低浓度到高浓度)	25
6	工作站的使用	分析方法的设置；色谱图的绘制；色谱图的处理	(1)熟练使用色谱工作站 (2)能正确绘制和处理色谱图	10
7	关机操作	关闭气路；关机顺序	(1)气路关闭正确：依次关闭乙炔气、空压机、并将空压机防水处理 (2)退出工作站，依次关掉主机、计算机、打印机、电脑	10
8	数据处理	原始数据；工作曲线绘制；结果准确度	(1)正确保存数据，填写原始数据记录表 (2)回归曲线的相关系数 $R^2 \geqslant 0.99$ (3)测定结果的准确度达到规定要求，结果误差不超过 10%	10
9	工作单	(1)课前准备内容 (2)任务实施过程记录 (3)结果分析与讨论	(1)能查阅相关标准并回答问题 (2)能够对操作过程进行记录与分析 (3)对所完成任务归纳、分析及总结	10

任务检测

一填空题

1. 食品防腐剂按来源可分为________和________。

2. 在我国防腐剂必须严格按照________规定添加，不能超标使用。

3. 气相色谱法测定山梨酸、苯甲酸为国家标准法，最低检出限为________，适用于果汁、果酱、酱油等样品的分析。

4. 苯甲酸对多种微生物有抑制作用，抑菌的最适 pH 范围为________。

5. 在气相色谱法测定苯甲酸含量时，无水硫酸钠层的作用是________。

二、选择题

1. 苯甲酸钠在食品中常用作(　　)。

A. 酸味剂　　B. 发色剂　　C. 防腐剂　　D. 漂白剂

2. 国标中规定果酱中苯甲酸、山梨酸的最大使用量为(　　)。

A. 0.5 g/kg　　B. 1 g/kg　　C. 1.5 g/kg　　D. 2 g/kg

3. 下列食品添加剂中属于安全防腐剂的是(　　)。

A. 苯甲酸　　B. 苯甲酸钠　　C. 山梨酸　　D. 亚硝酸钠

4. 苯甲酸的别名又叫(　　)。

A. 花楸酸　　B. 尼泊金酯　　C. 苯甲酸　　D. 脱氢乙酸

5. 以下不属于山梨酸的性质的是(　　)。

A. 对肉毒杆菌有抑制　　B. 受热易挥发

C. 有增加形成致癌物的潜在危险　　D. 适宜 pH 5～6

三、判断题

1. 山梨酸和苯甲酸都属于可作为防腐剂使用的直链不饱和脂肪。(　　)

2. 山梨酸可参与人体代谢，故是安全防腐剂。(　　)

3. 苯甲酸的溶解度低，实际生产中多使用苯甲酸钠。(　　)

4. 气相色谱法可以同时测定苯甲酸和山梨酸钾。(　　)

5. 苯甲酸和山梨酸均溶于水，而它们的盐则不易溶于水。(　　)

四、简答题

1. 简述防腐剂的种类。

2. 简述食品中苯甲酸、山梨酸的气相色谱法的测定原理。

五、技能训练题

今有某一品牌果酒，为检测其中的山梨酸，准确量取 20.00 mL 样本，其质量为 10.000 g，经处理后，用色谱法测定其中的山梨酸含量，当进样量为 5 μL，测得山梨酸的峰高值为 100 mm，已知山梨酸标准溶液测得的 K 值为 0.01 ng/mm，求样品中山梨酸的含量(以 mg/kg 表示)。

项目二　食品中抗氧化剂的检测

【学习目标】

知识目标

1. 了解食品中抗氧化剂的测定意义。
2. 理解食品中常见抗氧化剂的测定原理。
3. 掌握食品中常见抗氧化剂的测定方法。

技能目标

1. 掌握各种试剂的配制方法，能正确处理各种样品。
2. 会使用气相色谱仪。
3. 能运用食品检验标准中规定的方法测定食品中 BHA 和 BHT 的含量。

思政目标

1. 培养学生具备良好的人际沟通、团队协作能力。
2. 激发学生的专业自豪感和专业自信。

【项目概述】

本项目包含 2 项相关知识和 1 项技能训练。相关知识有食品中抗氧化剂测定的意义、食品中抗氧化剂的测定方法等；技能训练为饼干中抗氧化剂 BHT 含量的测定。目的是培养学习者对食品防腐剂的测定有一个全面认识和理解，为今后从事食品中防腐剂的测定工作奠定坚实的理论和实践基础。

【思维导图】

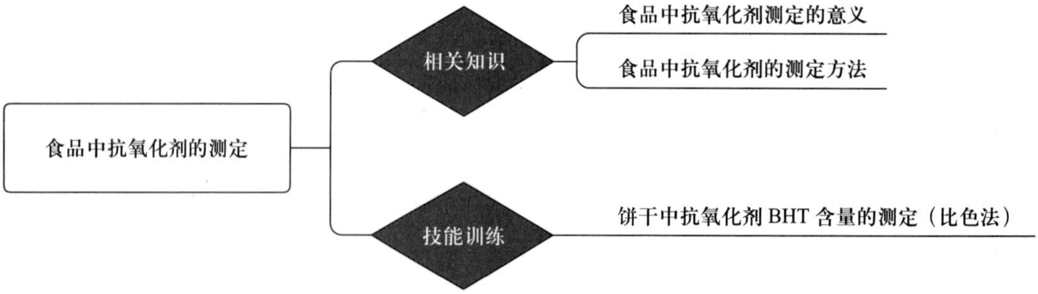

【相关知识】

一、食品中抗氧化剂测定的意义

食品抗氧化剂是指能阻止或延缓食品氧化变质、提高食品稳定性和延长贮存期的食品添加剂。氧化不仅会使食品中的油脂变质，而且还会使食品褪色、变色和破坏维生素等，从而降低食品的感官质量和营养价值，甚至产生有害物质，引起食物中毒。在食品工业中，为了防止食品氧化变质,需要添加抗氧化剂,但抗氧化剂的添加必须符合相关标准的限量要求。如GB 2760—2014 规定:特丁基对苯二酚(TBHQ)在食用范围内的最大使用量为0.2 g/kg,过量添加会损害人体健康。因此食品抗氧化剂含量的检测非常重要。

二、食品中抗氧化剂的测定方法

抗氧化剂的测定方法主要有气相色谱法、高效液相色谱法、薄层色谱法、比色法等。

在《食品中叔丁基羟基茴香醚(BHA)与2,6-二叔丁基对甲酚(BHT)的测定》(GB/T 5009.30—2003)中规定了BHA和BHT含量的测定方法。气相色谱法的最低检出量为2 μg/kg,比色法的最低检出量为10 μg/kg。

(一)气相色谱法测定BHA和BHT

1. 测定原理

试样中的BHA和BHT用石油醚提取,通过层析柱使BHA与BHT净化,浓缩后,经气相色谱分离后用氢火焰离子化检测器检测,根据试样峰高与标准峰高比较定量。

2. 适用范围

本方法适用于糕点和植物油等食品中BHA、BHT的测定。

3. 试剂

(1)石油醚　沸程30～60 ℃。

(2)二氯甲烷,分析纯。

(3)二硫化碳,分析纯。

(4)无水硫酸钠,分析纯。

(5)硅胶　60～80目于120 ℃活化4 h放干燥器中备用。

(6)弗罗里硅土　60～80目于120 ℃活化4 h放干燥器中备用。

(7)BHA、BHT混合标准储备液　准确称取BHA、BHT(纯度为99.0%)各0.1 g混合后用二硫化碳溶解,定容至100 mL容量瓶中,此溶液为每毫升分别含1.0 mg的BHA和BHT,置冰箱保存。

(8)BHA、BHT混合标准使用液　吸取标准储备液4.0 mL于100 mL容量瓶中,用二硫化碳定容至100 mL容量瓶中,此溶液为每毫升分别含0.040 mg BHA和BHT,置冰箱中保存。

4. 仪器

(1)气相色谱仪　附FID检测器。

(2)蒸发器　容积200 mL。

(3)振荡器。

(4)层析柱　1 cm×30 cm玻璃柱,带活塞。

(5)气相色谱柱　柱长1.5 m,内径3 mm的玻璃柱,内涂装质量分数为10%的QF-1(或采用OV-1) Gas Chrom Q(80～100目)的担体。

5. 试样处理

(1)试样的制备　称取500 g含油脂较多的试样,含油脂少的试样取1 000 g,然后用对角线取2/4或2/6,或根据试样情况取有代表性试样,在玻璃乳钵中研碎,混合均匀后放置广口瓶内保存于冰箱中。

(2)脂肪的提取。

①含油脂高的试样(如桃酥等):称取 50 g,混合均匀,置于 250 mL 具塞锥形瓶中,加 50 mL 石油醚(沸程为 30~60℃),放置过夜,用快速滤纸过滤后,减压回收溶剂,残留脂肪备用。

②含油脂中等的试样(如蛋糕、江米条等):称取 100 g 左右,混合均匀,置于 500 mL 具塞锥形瓶中,加 100~200 mL 石油醚(沸程为 30~60 ℃),放置过夜,用快速滤纸过滤后,减压回收溶剂,残留脂肪备用。

③含油脂少的试样(如面包、饼干等):称取 250~300 g,混合均匀后,于 500 mL 具塞锥形瓶中,加入适量石油醚浸泡试样,放置过夜,用快速滤纸过滤后,减压回收溶剂残留脂肪备用。

6. 分析步骤

(1)试样的制备。

①层析柱的制备:于层析柱底部加入少量玻璃棉,少量无水硫酸钠,将硅胶与弗罗里矽土(6+4)共 10 g,用石油醚湿法混合装柱,柱顶部再加入少量无水硫酸钠。

②试样制备:称取上述制备的脂肪 0.50~1.00 g ,用 25 mL 石油醚溶解移入制备好的层析柱上,再以 100 mL 二氯甲烷分 5 次淋洗,合并淋洗液,减压浓缩近干时,用二硫化碳定容至 2.0 mL,该溶液为待测溶液。

③植物油试样的制备:称取混合均匀试样 2.00 g,放入 50 mL 烧杯中,加 30 mL 石油醚溶解,转移到制备好的层析柱上,再用 10 mL 石油醚分数次洗涤烧杯,并转移到层析柱,用 100 mL 二氯甲烷分五次淋洗,合并淋洗液,减压浓缩近干,用二硫化碳定容至 2.0 mL,该溶液为待测溶液。

(2)测定　注入气相色谱 3.0 μL 标准使用液,绘制色谱图,分别量取各组峰高或面积,进 3.0 μL 试样待测溶液(应视试样含量而定),绘制色谱图,分别量取峰高或面积,与标准峰高或面积比较计算含量。

(3)结果计算　样品中的 BHA(或 BHT)的质量按式 5-3 进行计算。

$$X_i=\frac{h_i\times V_m\times V_s\times c_s\times 1\,000}{h_s\times V_i\times m\times 1\,000} \qquad (式 5\text{-}3)$$

式中:X_i——待测溶液 BHA(或 BHT)的质量,mg;

m——油脂的质量,g;

h_i——注入色谱试样中 BHA(或 BHT)的峰高或面积;

h_s——标准使用液中 BHA(或 BHT)的峰高或面积;

V_i——注入色谱试样溶液的体积,mL;

V_m——待测试样定容的体积,mL;

V_s——注入色谱中标准使用液的体积,mL;

c_s——标准使用液的浓度,mg/mL。

计算结果保留 3 位有效数字。

精密度的要求:在重复性条件下获得的两次独立测定结果的绝对差值不得超过算术平均值的 15%。

7. 其他

色谱柱参考条件：

(1)温度　检测室 200 ℃，进样口 200 ℃，柱温 140 ℃。

(2)载气流量　氮气 70 mL/min；氢气 50 mL/min；空气 500 mL/min。

(二)比色法测定 BHT

1. 测定原理

试样通过水蒸气蒸馏，使 BHT 分离，用甲醇吸收，遇邻联二茴香胺与亚硝酸钠溶液生成橙红色，用三氯甲烷提取，与标准比较定量。

2. 适用范围

本方法适用于糕点和植物油等食品中 BHT 含量的测定。

3. 试剂

(1)无水氯化钙。

(2)甲醇。

(3)三氯甲烷。

(4)甲醇(50%)。

(5)亚硝酸钠溶液(3 g/L)　避光保存。

(6)邻联二茴香胺溶液　称取 125 mg 邻联二茴香胺于 50 mL 棕色容量瓶中，加 25 mL 甲醇，振摇使全部溶解，加 50 mg 活性炭，振摇 5 min 过滤，取 20.0 mL 滤液，置于另一 50 mL 棕色容量瓶中，加盐酸(1+11)至刻度。临用时现配并避光保存。

(7)BHT 标准溶液　准确称取 0.050 g BHT，用少量甲醇溶解，移入 100 mL 棕色容量瓶中，并稀释至刻度，避光保存。此溶液每毫升相当于 0.50 mg BHT。

(8)BHT 标准使用液　临用时吸取 1.0 mL BHT 标准溶液，置于 50 mL 棕色容量瓶中，加甲醇至刻度，混匀，避光保存。此溶液每毫升相当于 10.0 μg BHT。

4. 仪器

(1)水蒸气蒸馏装置。

(2)甘油浴。

(3)分光光度计。

5. 分析步骤

(1)试样处理　称取 2～5 g 试样(约含 0.40 mg BHT)于 100 mL 蒸馏瓶中，加 16.0 g 无水氯化钙粉末及 10.0 mL 水，当甘油浴温度达到 165 ℃恒温时，将蒸馏瓶浸入甘油浴中，连接好水蒸气发生装置及冷凝管，冷凝管下端浸入盛有 50 mL 甲醇的 200 mL 容量瓶中，进行蒸馏，蒸馏速度 1.5～2 mL/min，在 50～60 min 内收集约 100 mL 馏出液(连同原盛有的甲醇共约 150 mL，蒸气压不可太高，以免油滴带出)，以温热的甲醇分次洗涤冷凝管，洗液并入容量瓶中并稀释至刻度。

(2)测定　准确吸取 25.0 mL 上述处理后的试样溶液，移入用黑纸(布)包扎的 100 mL 分液漏斗中，另准确吸取 0.00 mL，1.0 mL，2.0 mL，3.0 mL，4.0 mL，5.0 mL BHT 标准使用液(相当于 0.0 μg，10.0 μg，20.0 μg，30.0 μg，40.0 μg，50.0 μg BHT)，分别置于黑纸(布)包扎的 60 mL 分液漏斗，加入甲醇(50%)至 25 mL。分别加入 5 mL 邻联二茴香胺溶液，混匀，再各加 2 mL 亚硝酸钠溶液(3 g/L)，振摇 1 min，放置 10 min，再各加 10 mL 三氯甲烷，剧烈振摇 1 min，静置 3 min 后，将三氯甲烷层分入黑纸（布）包扎的 10 mL 比色管中，管中预先放入 2 mL 甲醇，混匀。用 1 cm 比色杯，以三氯甲烷调节零点，于波长 520 nm 处测吸光度，绘制标准曲线，比较定量。

（3）结果计算　样品中 BHT 的含量按式 5-4 进行计算。

$$X=\frac{m_2\times 1\ 000}{m_1\times\frac{V_2}{V_1}\times 1\ 000\times 1\ 000} \qquad (式\ 5\text{-}4)$$

式中：X——试样中 BHT 的含量，g/kg；

m_2——测定用样液中 BHT 的质量，μg；

m_1——试样质量，g；

V_1——蒸馏后样液总体积，mL；

V_2——测定用吸取样液的体积，mL。

计算结果保留 3 位有效数字。

精密度的要求：在重复性条件下获得的两次独立测定结果的绝对差值不得超过算术平均值的 10%。

【技能训练】

饼干中抗氧化剂 BHT 含量的测定（比色法）

任务导入

叔丁基羟基茴香醚（BHA）是一种很好的抗氧化剂，在有效浓度时没有毒性。做食品抗氧化剂能阻碍油脂食品的氧化作用，延缓食品开始败坏的时间。2，6-二叔丁基对甲酚（BHT）与其他抗氧化剂相比，稳定性较高，耐热性好，在普通烹调温度下影响不大，抗氧化效果也较好，用于长期保存食品很有效，是目前国际上广泛使用的廉价抗氧化剂，一般与 BHA 并用。

《食品安全国家标准　食品添加剂使用标准》（GB 2760—2014）规定，BHA 和 BHT 单独在饼干中最大使用量为 0.2 g/kg。

任务描述

查阅《食品中叔丁基羟基茴香醚（BHA）与 2，6-二叔丁基对甲酚（BHT）的测定》（GB/T 5009.30—2003）和分光光度计等仪器使用说明书，制订检验流程并实施，评价样品的 BHT 是否符合要求。

任务准备

通过标准的解读，将饼干中抗氧化剂 BHT 含量的测定所需仪器设备及化学试剂记入表 5-5、表 5-6 中。

表 5-5　所需仪器设备表

序号	仪器名称	规格
1	分光光度计	
2	水蒸气蒸馏装置	
3	甘油浴	

表 5-6　所需化学试剂表

序号	试剂名称	规格
1	无水氯化钙	
2	甲醇	分析纯
3	三氯甲烷	
4	甲醇	50%
5	亚硝酸钠溶液	3 g/L
6	邻联二茴香胺	
7	BHT	纯度为 99.0%

任务实施

一、实施流程

BHT 标准使用液配制 → 样品称取 → 甘油浴 → 蒸馏 → 收集馏出液 → 定容 → 分光光度计开机、预热 → 制作标准曲线 → 样品溶液测定 → 定量计算 → 仪器清洗

二、操作要点

具体步骤见模块五项目二食品中抗氧化剂的检测二(二)5。

三、分析结果的表述

按照公式 5-4 进行结果计算,并结合国标分析 BHT 含量是否超标。GB 2760—2014 中规定了各类食品中 BHT 的限量标准,其中饼干中最大使用量为 0.2 g/kg。

四、数据记录及处理

数据记录参考表 5-7。

表 5-7　饼干中抗氧化剂 BHT 含量的测定数据记录表

<table>
<tr><td rowspan="3">基本信息</td><td>样品名称</td><td colspan="2"></td><td colspan="2">样品编号</td><td></td></tr>
<tr><td>检测项目</td><td colspan="2"></td><td colspan="2">检测日期</td><td></td></tr>
<tr><td>检测依据</td><td colspan="2"></td><td colspan="2">检测方法</td><td></td></tr>
<tr><td rowspan="4">标准曲线</td><td>BHT 标准溶液的体积/mL</td><td></td><td></td><td></td><td></td><td></td><td></td></tr>
<tr><td>BHT 的含量/(μg/mL)</td><td></td><td></td><td></td><td></td><td></td><td></td></tr>
<tr><td>吸光度</td><td></td><td></td><td></td><td></td><td></td><td></td></tr>
<tr><td>回归方程</td><td colspan="6"></td></tr>
</table>

续表 5-7

样品测定	测定次数	样品质量/g	样品总体积/mL	测定用样液体积/mL	吸光度	试样中 BHT 含量/(mg/kg)
	1					
	2					
结果计算	计算公式	$X=\dfrac{m_2\times 1\,000}{m_1\times\dfrac{V_2}{V_1}\times 1\,000\times 1\,000}$				
结果讨论	该饼干中 BHT 的含量为________。 根据标准判断是否超标。					

五、技术提示

(1)BHT 遇光分解,测定时要在避光条件下进行。

(2)本法适用于糕点、植物油食品中 BHT 含量的测定。

任务评价

工作任务评价表参考表 5-8。

表 5-8 工作任务评价表

序号	任务实施步骤	工作内容	技能标准	分值
1	制订工作方案	查阅相关标准,制订饼干中抗氧化剂 BHT 含量的测定的实施方案	(1)正确选用标准 (2)方案制订合理	5
2	准备工作	试剂配制; BHT 标准使用液溶液的配制	(1)移液管的使用正确 (2)取样量准确 (3)洗耳球的使用正确 (4)容量瓶的使用正确	10
3	试样预处理	样品称量;蒸馏; 转移馏出液;定容	(1)正确称量(天平调平,读数、取样适量、熟练) (2)能保证馏出液全部转移 (3)能正确定容、混匀	5
4	样品测定	(1)准确吸取 25.0 mL 的试样溶液,移入 100 mL 分液漏斗中; (2)准确吸取 0.0 mL、1.0 mL、2.0 mL、3.0 mL、4.0 mL、5.0 mL BHT 标准使用液分别置于 60 mL 分液漏斗中; (3)在试样溶液和标准使用液中分别加入甲醇(50%)至 25 mL; 各加入 5 mL 邻联二茴香胺溶液,混匀; (4)各加入 2 mL 亚硝酸钠溶液(3 g/L),振摇 1 min,放置 10 min,各加 10 mL 三氯甲烷,剧烈振摇 1 min,静置 3 min;	(1)能准确吸取一定体积的试样溶液 (2)能准确吸取规定体积的 BHT 标准使用液 (3)能正确使用分液漏斗 (4)能正确稀释标准使用液和试样,定容至 25 mL (5)能正确在各分液漏斗中依次加入 5 mL 邻联二茴香胺溶液;2 mL 亚硝酸钠溶液;10 mL 三氯甲烷;振荡提取	20

续表 5-8

序号	任务实施步骤	工作内容	技能标准	分值
4	样品测定	(5)将三氯甲烷层放入黑纸(布)包扎的10 mL比色管中,管中预先放入2 mL甲醇,混匀	(6)能正确转移三氯甲烷层至10 mL比色管中	20
5	比色测定	(1)分光光度计的使用; (2)BHT标准使用液的比色测定; (3)试样液比色测定	(1)检查分光光度计,能正确调节至测量波长 (2)比色皿的淋洗、润洗、拿取方法正确,装样量合适 (3)溶液的比色排序合理 (4)能正确调零 (5)比色测定操作正确;文明使用仪器 (6)能在比色结束后正确整理分光光度计	15
6	结束工作	整理;文明操作;实验室安全	(1)能正确处理废液 (2)能正确清洗、整理实验用仪器和台面 (3)无仪器破损、损坏 (4)安全操作	5
7	结果分析	(1)标准曲线的绘制; (2)数据记录、结果计算和有效数字的保留; (3)结果的准确度	(1)能正确绘制标准曲线 (2)回归曲线相关系数 $R^2 \geqslant 0.99$ (3)数据记录准确、完整、美观 (4)能利用计算公式正确计算 (5)能正确保留有效数字 (6)测定结果准确度能达到规定要求	15
8	工作单	(1)课前准备内容 (2)任务实施过程记录 (3)结果分析与讨论	(1)能查阅相关标准并回答问题 (2)能够对操作过程进行记录与分析 (3)对所完成任务归纳、分析及总结	5

任务检测

一、填空题

1. 食品抗氧化剂按来源分为________和________两类。
2. 按其溶解性能,食品中的抗氧化剂可分为________和________两类。
3. 没食子酸丙酯的英文缩写是________。

二、选择题

1. 几种常见抗氧化剂的抗氧化能力大小顺序比较正确的是(　　)。

A. TBHQ>PG>BHA>BHT　　B. PG>TBHQ>BHA>BHT
C. BHA>TBHQ>PG>BHT　　D. TBHQ>BHA>PG>BHT

2. 属于水溶性抗氧化剂的是(　　)。
A. 茶多酚　　B. 维生素 E　　C. BHA　　D. TBHQ

3. 以下属于抗氧化机理错误的是(　　)。
A. 抗氧化剂自身氧化　　B. 抗氧化剂是自由基吸收剂
C. 增加金属离子的促进氧化作用　　D. 破坏氧化过程中过氧化物

4. 下列选项中属于天然水溶性抗氧化剂的是(　　)。
A. PG　　B. BHT　　C. 植酸　　D. 愈创树脂

5. 一般油溶性抗氧化剂的使用浓度为(　　)。
A. 0.2%　　B. 0.02%　　C. 0.4%　　D. 0.04%

三、简答题

1. 简述食品中抗氧化剂的种类。
2. 简述比色法测定 BHT 的原理。

项目三　食品中发色剂的检测

【学习目标】

知识目标

1. 了解食品中发色剂的作用。
2. 理解食品中发色剂的测定意义及测定原理。
3. 掌握食品中亚硝酸盐的测定原理和方法。

护色剂的测定

技能目标

1. 会解读食品中亚硝酸盐含量测定的国家标准。
2. 会运用盐酸萘乙二胺法完成肉制品中亚硝酸盐含量的测定。
3. 能规范使用检测所用的仪器设备。

思政目标

1. 激发学生为国家学习、为民族学习的热情和动力，强化学生的专业自信。

2. 提高学生服务国家服务人民的社会责任感，将学生培养成品德高尚、专业过硬、体魄强健、审美高雅、热爱劳动的新时代好青年。

【项目概述】

本项目包含 3 项相关知识和 1 项技能训练。相关知识有食品中发色剂含量测定的意义、食品中发色剂的种类及食品中发色剂的测定方法等；技能训练主要是火腿肠中亚硝酸盐含量的测定(盐酸萘乙二胺法)。目的是培养学习者对食品发色剂的测定有一个全面认识和理解，为今后从事食品中发色剂的测定工作奠定坚实的理论和实践基础。

【思维导图】

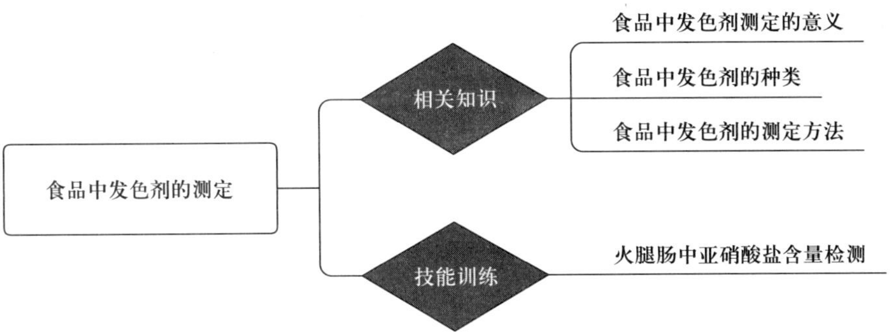

【相关知识】

一、食品中发色剂测定的意义

本身不具有颜色，但是能使食品产生颜色或使食品的色泽得到改善、加强或保护的食品添加剂叫食品护色剂，又叫发色剂或呈色剂。在食品加工中，添加适量的发色剂，可以使食品具有良好的感官质量。发色剂主要用于肉制品，在肉类的腌制食品中最常使用的发色剂是硝酸盐和亚硝酸盐。例如：肉类储存一段时间后就会从鲜红色变成暗红色至棕褐色，当用肉类原料制造香肠、火腿、午餐肉等食品时，就要改善其色泽，在这类食品中加入适量的硝酸盐和亚硝酸盐，使产品颜色美观。

在我国，从古代开始就使用“硝盐”来对肉制品护色，在肉制品的生产和发展中起到了一定的作用。亚硝酸盐是食品添加剂中急性毒性最强的物质之一。大剂量的亚硝酸盐进入人体会造成中毒。硝酸盐在一定条件下会转化为亚硝胺，而亚硝胺是一种强致癌物，长期大量食用有致癌隐患。通过检测发色剂的含量，从而对其用量加以限制，保证人民的身体健康。

二、食品中发色剂的种类

目前，我国允许使用的发色剂主要为硝酸盐和亚硝酸盐，即硝酸钠、亚硝酸钠、硝酸钾、亚硝酸钾四种。另外，*D*-异抗坏血酸及其钠盐也可作为发色剂添加，起到增强发色效果，防止亚硝胺生成的作用。

1. 亚硝酸钠

亚硝酸钠为白色或微黄色结晶或颗粒状粉末，无臭，味微咸，易吸潮，易溶于水，微溶于乙醇，在空气中可吸收氧而逐渐变为硝酸钠。在腌渍肉类时，硝酸盐或亚硝酸盐作为肉类的发色剂，它们会在肉中还原性细菌的作用下生成亚硝酸，而亚硝酸是致癌物质亚硝胺的前体，在一定条件下，亚硝酸根能与仲胺在胃中合成亚硝胺。过量的亚硝酸盐进入血液后，可使正常的血红蛋白（二价铁）变成高铁血红蛋白（三价铁），失去携氧的功能，导致组织缺氧。

2. 硝酸钠

硝酸钠作为亚硝酸钠的氧化产物，其毒性主要是因为它在食物、水或胃肠道，尤其是在婴幼儿的胃肠道中，易被还原为亚硝酸盐。按照 GB 2760—2014《食品安全国家标准 食品添加剂使用标准》规定硝酸钠可用于腌腊肉制品类，最大使用量为 0.5 g/kg，其残留量控制同亚硝酸钠。应用范围不如亚硝酸钠广泛。

3. 亚硝酸钾

亚硝酸钾的毒性比硝酸钠稍大一些，与亚硝酸钠使用范围、使用限量及残留量相同。

4. 硝酸钾

在硝酸盐中硝酸钾的毒性较强，且所含的钾离子对人体心脏有影响。与硝酸钠使用范围、使用限量及残留量相同。

三、食品中发色剂的测定方法

《食品安全国家标准食品中亚硝酸盐与硝酸盐的测定》(GB 5009.33—2016)中规定了亚硝酸盐与硝酸盐的测定方法。

(一)盐酸萘乙二胺法测定亚硝酸盐

1. 原理

试样经沉淀蛋白质、除去脂肪后，在弱酸条件下，亚硝酸盐与对氨基苯磺酸重氮化后，再与盐酸萘乙二胺偶合形成紫红色染料，外标法测得亚硝酸盐含量。

2. 适用范围

本方法适用于食品中亚硝酸盐的测定。

3. 试剂

(1)亚铁氰化钾溶液　称取 106.0 g 亚铁氰化钾，用水溶解，并稀释至 1 000 mL。

(2)乙酸锌溶液　称取 220.0 g 乙酸锌，加 30 mL 冰乙酸溶于水，并稀释至 1 000 mL。

(3)饱和硼砂溶液　称取 5.0 g 硼酸钠，溶于 100 mL 热水中，冷却后备用。

(4)对氨基苯磺酸溶液(4 g/L)　称取 0.4 g 对氨基苯磺酸，溶于 100 mL 20%盐酸中，置棕色瓶中混匀，避光保存。

(5)盐酸萘乙二胺溶液(2 g/L)　称取 0.2 g 盐酸萘乙二胺，溶于 100 mL 水中，混匀后，置棕色瓶中，避光保存。

(6)亚硝酸钠标准溶液(200 μg/mL)　准确称取 0.100 0 g 于 110～120 ℃干燥恒重的亚硝酸钠，加水溶解，移入 500 mL 容量瓶中，加水稀释至刻度，混匀。

(7)亚硝酸钠标准使用液(5.0 μg/mL)　临用前，吸取 2.50 mL 亚硝酸钠标准溶液，置于 100 mL 容量瓶中，加水稀释至刻度。

4. 仪器

(1)天平　感量为 0.1 mg 和 1 mg。

(2)组织捣碎机。

(3)超声波清洗器。

(4)恒温干燥箱。

(5)分光光度计。

5. 分析步骤

(1)试样的预处理。

①蔬菜、水果。将新鲜蔬菜、水果试样用自来水洗净后，用水冲洗，晾干后，取可食部切碎混匀。将切碎的样品用四分法取适量，用食物粉碎机制成匀浆，备用。如需加水应记录加水量。

②粮食及其他植物样品。除去可见杂质后，取有代表性试样 50～100 g，粉碎后，过

0.30 mm 孔筛，混匀，备用。

③肉类、蛋、水产及其制品。用四分法取适量或取全部，用食物粉碎机制成匀浆，备用。

④乳粉、豆奶粉、婴儿配方奶粉等固态乳制品（不包括干酪）。将试样装入能够容纳 2 倍试样体积的带盖容器中，通过反复摇晃和颠倒容器使样品充分混匀直到使试样均一化。

⑤发酵乳、乳、炼乳及其他液体乳制品。通过搅拌或反复摇晃和颠倒容器使试样充分混匀。

⑥干酪。取适量的样品研磨成均匀的泥浆状。为避免水分损失，研磨过程中应避免产生过多的热量。

(2)提取。

①干酪。称取试样 2.5 g(精确至 0.001 g)，置于 150 mL 具塞锥形瓶中，加水 80 mL，摇匀，超声 30 min，取出放置至室温，定量转移至 100 mL 容量瓶中，加入 3%乙酸溶液 2 mL，加水稀释至刻度，混匀。于 4 ℃放置 20 min，取出放置至室温，溶液经滤纸过滤，滤液备用。

②液体乳样品。称取试样 90 g(精确至 0.001 g)，置于 250 mL 具塞锥形瓶中，加 12.5 mL 饱和硼砂溶液，加入 70 ℃左右的水约 60 mL，混匀，于沸水浴中加热 15 min，取出置冷水浴中冷却，并放置至室温。定量转移上述提取液至 200 mL 容量瓶中，加入 5 mL 106 g/L 亚铁氰化钾溶液，摇匀，再加入 5 mL 220 g/L 乙酸锌溶液，以沉淀蛋白质。加水至刻度，摇匀，放置 30 min，除去上层脂肪，上清液用滤纸过滤，滤液备用。

③乳粉。称取试样 10 g(精确至 0.001 g)，置于 150 mL 具塞锥形瓶中，加 12.5 mL 50 g/L 饱和硼砂溶液，加入 70 ℃左右的水约 150 mL，混匀，于沸水浴中加热 15 min，取出置冷水浴中冷却，并放置至室温。定量转移上述提取液至 200 mL 容量瓶中，加入 5 mL 106 g/L 亚铁氰化钾溶液，摇匀，再加入 5 mL 220 g/L 乙酸锌溶液，以沉淀蛋白质。加水至刻度，摇匀，放置 30 min，除去上层脂肪，上清液用滤纸过滤，弃去初滤液 30 mL，滤液备用。

④其他样品。称取 5 g(精确至 0.001 g)匀浆试样（如制备过程中加水，应按加水量折算），置于 250 mL 具塞锥形瓶中，加 12.5 mL 50 g/L 饱和硼砂溶液，加入 70 ℃左右的水约 150 mL，混匀，于沸水浴中加热 15 min，取出置冷水浴中冷却，并放置至室温。定量转移上述提取液至 200 mL 容量瓶中，加入 5 mL 106 g/L 亚铁氰化钾溶液，摇匀，再加入 5 mL 220 g/L 乙酸锌溶液，以沉淀蛋白质。加水至刻度，摇匀，放置 30 min，除去上层脂肪，上清液用滤纸过滤，弃去初滤液 30 mL，滤液备用。

(3)亚硝酸盐的测定　吸取 40.0mL 上述滤液于 50 mL 带塞比色管中，另吸取 0.00 mL，0.20 mL，0.40 mL，0.60 mL，0.80 mL，1.00 mL，1.50 mL，2.00 mL，2.50 mL 亚硝酸钠标准使用液（相当于 0.0 μg，1.0 μg，2.0 μg，3.0 μg，4.0 μg，5.0 μg，7.5 μg，10.0 μg，12.5 μg 亚硝酸钠），分别置于 50 mL 带塞比色管中。于标准管与试样管中分别加入 2 mL 4 g/L 对氨基苯磺酸溶液，混匀，静置 3～5 min 后各加入 1 mL 2 g/L 盐酸萘乙二胺溶液，加水至刻度，混匀，静置 15 min，用 1 cm 比色杯，以零管调节零点，于波长 538 nm 处测吸光度，绘制标准曲线比较。同时做试剂空白。

6. 结果计算

样品中亚硝酸盐（以亚硝酸钠）的含量按式 5-5 进行计算。

$$X=\frac{m_1\times 1\,000}{m_2\times\frac{V_1}{V_0}\times 1\,000} \qquad (式\ 5\text{-}5)$$

式中：X——试样中亚硝酸钠的含量，mg/kg；

m_1——测定用样液中亚硝酸钠的质量，μg；

m_2——试样质量，g；

1 000——转换系数；

V_1——测定用样液体积，mL；

V_0——试样处理液总体积，mL。

结果保留两位有效数字。

精密度的要求：在重复性条件下获得的两次独立测定结果的绝对差值不得超过算术平均值的10%。

7. 其他

亚硝酸盐检出限：液体乳 0.06 mg/kg，乳粉 0.5 mg/kg，干酪及其他 1 mg/kg。

(二)镉柱还原法测定硝酸盐

1. 原理

采用镉柱将硝酸盐还原成亚硝酸盐，测得亚硝酸盐总量，由测得的亚硝酸盐总量减去试样中亚硝酸盐含量，即得试样中硝酸盐含量。

2. 适用范围

本方法适用于食品中硝酸盐的测定。

3. 试剂

(1)氨缓冲溶液(pH 9.6～9.7)　量取 30 mL 盐酸，加 100 mL 水，混匀后加 65 mL 氨水，再加水稀释至 1 000 mL，混匀。调节 pH 至 9.6～9.7。

(2)氨缓冲液的稀释液　量取 50 mL pH 9.6～9.7 氨缓冲溶液，加水稀释至 500 mL，混匀。

(3)盐酸(0.1 mol/L)　量取 8.3 mL 盐酸，用水稀释至 1 000 mL。

(4)盐酸(2 mol/L)　量取 167 mL 盐酸，用水稀释至 1 000 mL。

(5)盐酸(20%)　量取 20 mL 盐酸，用水稀释至 100 mL。

(6)硫酸铜溶液(20 g/L)　称取 20 g 硫酸铜，加水溶解，并稀释至 1 000 mL。

(7)硫酸镉溶液(40 g/L)　称取 40 g 硫酸镉，加水溶解，并稀释至 1 000 mL。

(8)乙酸溶液(3%)　量取冰乙酸 3 mL 于 100 mL 容量瓶中，以水稀释至刻度，混匀。

(9)硝酸钠标准溶液(200 μg/mL，以亚硝酸钠计)　准确称取 0.123 2 g 于 110～120 ℃干燥至恒重的硝酸钠，加水溶解，移入 500 mL 容量瓶中，并稀释至刻度。

(10)硝酸钠标准使用液(5.0 μg/mL，以亚硝酸钠计)　临用前，吸取 2.50 mL 硝酸钠标准溶液，置于 100 mL 容量瓶中，加水稀释至刻度。

4. 仪器

(1)海绵状镉的制备　镉粒直径 0.3～0.8 mm。

将适量的锌棒放入烧杯中，用 40 g/L 硫酸镉溶液浸没锌棒。在 24 h 之内，不断将锌棒上的海绵状镉轻轻刮下。取出残余锌棒，使镉沉底，倾去上层溶液。用水冲洗海绵状镉 2～3 次后，将镉转移至搅拌器中，加 400 mL 盐酸(0.1 mol/L)，搅拌数秒，以得到所需粒径的镉颗粒。将制得的海绵状镉倒回烧杯中，静置 3～4 h，其间搅拌数次，以除去气泡。倾去海绵状镉中的溶液，并按下述方法进行镉粒镀铜。

(2)镉粒镀铜　将制得的镉粒置锥形瓶中(所用镉粒的量以达到要求的镉柱高度为准)，加足量的盐酸(2 mol/L)浸没镉粒，振荡 5 min，静置分层，倾去上层溶液，用水多次冲洗镉粒。在镉粒中加入 20 g/L 硫酸铜溶液(每克镉粒约需 2.5 mL)，振荡 1 min，静置分层，倾去上层溶液后，立即用水冲洗镀铜镉粒(注意镉粒要始终用水浸没)，直至冲洗的水中不再有铜沉淀。

(3)镉柱的装填 用水装满镉柱玻璃柱，并装入约 2 cm 高的玻璃棉做垫，将玻璃棉压向柱底时，应将其中所包含的空气全部排出，在轻轻敲击下，加入海绵状镉至 8～10 cm 或 15～20 cm，上面用 1 cm 高的玻璃棉覆盖，上置一贮液漏斗，末端要穿过橡皮塞与镉柱玻璃管紧密连接。如无上述镉柱玻璃管时，可以 25 mL 酸式滴定管代替，但过柱时要注意始终保持液面在镉层之上。

当镉柱填装好后，先用 25 mL 盐酸(0.1 mol/L)洗涤，再以水洗 2 次，每次 25 mL，镉柱不用时用水封盖，随时都要保持水平面在镉层之上，不得使镉层夹有气泡。

镉柱每次使用完毕后，应先以 25 mL 盐酸(0.1 mol/L)洗涤，再以水洗 2 次，每次 25 mL，最后用水覆盖镉柱。

(4)镉柱还原效率的测定 吸取 20 mL 硝酸钠标准使用液，加入 5 mL 氨缓冲液的稀释液，混匀后注入贮液漏斗，使流经镉柱还原，用一个 100 mL 的容量瓶收集洗提液，洗提液的流量不应超过 6 mL/min，在贮液杯将要排空时，用约 15 mL 水冲洗杯壁。冲洗水流尽后，再用 15 mL 水重复冲洗，第 2 次冲洗水也流尽后，将贮液杯灌满水，并使其以最大流量流过柱子。当容量瓶中的洗提液接近 100 mL 时，从柱子下取出容量瓶，用水定容至刻度，混匀。取 10.0 mL 还原后的溶液(相当 10 μg 亚硝酸钠)于 50 mL 比色管中，以下按本项目(一)5.(3)自“吸取 0.00 mL，0.20 mL，0.40 mL，0.60 mL，0.80 mL，1.00 mL，…”起操作，根据标准曲线计算测得结果，与加入量一致，还原效率以大于 95%为符合要求。

(5)还原效率计算按式 5-6 计算：

$$X_1=\frac{m_3}{10}\times 100\% \qquad (式 5\text{-}6)$$

式中：X_1——还原效率，%；

m_3——测得亚硝酸钠的含量，μg；

10——测定用溶液相当亚硝酸钠的含量，μg。

5. 分析步骤

(1)试样的预处理。

同本项目(一)5.(1)①～⑥

(2)提取。

同本项目(一)5.(2)①～④

(3)硝酸盐的测定。

①镉柱还原。先以 25 mL 氨缓冲液的稀释液冲洗镉柱，流速控制在 3～5 mL/min(以滴定管代替的可控制在 2～3 mL/min)；吸取 20 mL 滤液于 50 mL 烧杯中，加 5 mL pH 9.6～9.7 氨缓冲溶液，混合后注入贮液漏斗，使流经镉柱还原，当贮液杯中的样液流尽后，加 15 mL 水冲洗烧杯，再倒入贮液杯中。冲洗水流完后，再用 15 mL 水重复 1 次；当第 2 次冲洗水快流尽时，将贮液杯装满水，以最大流速过柱。当容量瓶中的洗提液接 100 mL 时，取出容量瓶，用水定容至刻度，混匀。

②亚硝酸钠总量的测定。吸取 10～20 mL 还原后的样液于 50 mL 比色管中。以下按本项目(一)5.(3)自“吸取 0.00 mL，0.20 mL，0.40 mL，0.60 mL，0.80 mL，1.00 mL，…”起操作。

6. 结果计算

样品中硝酸盐(以硝酸钠)的含量按式 5-7 进行计算。

$$X_2=\left\{\frac{m_4\times 1\,000}{m_5\times\dfrac{V_3}{V_2}\times\dfrac{V_5}{V_4}\times 1\,000}-X\right\}\times 1.232 \qquad (式 5-7)$$

式中：X_2——试样中硝酸钠的含量，mg/kg；

m_4——经镉粉还原后测得总亚硝酸钠的质量，μg；

m_5——试样质量，g；

V_3——总亚硝酸钠的测定用样液体积，mL；

V_2——试样处理液总体积，mL；

V_5——经镉柱还原后样液的测定用体积，mL；

V_4——经镉柱还原后样液总体积，mL。

1.232——亚硝酸钠换算成硝酸钠的系数。

结果保留两位有效数字。

精密度的要求：在重复性条件下获得的两次独立测定结果的绝对差值不得超过算术平均值的 10%。

7. 其他

硝酸盐检出限：液体乳 0.6 mg/kg，乳粉 5 mg/kg，干酪及其他 10 mg/kg。

【技能训练】

火腿肠中亚硝酸盐含量检测(盐酸萘乙二胺法)

任务导入

硝酸盐和亚硝酸盐是肉制品生产中最常使用的发色剂，过多地摄入亚硝酸盐，亚硝酸盐会生成致癌的亚硝胺，导致组织缺氧，对人体产生毒害作用。尽管如此，在目前还没有适当化合物替代的情况下，亚硝酸盐仍被用于肉类腌腊制品和罐头食品。因此，在这些制品中，亚硝酸盐的含量各国都有一定的限量标准。

任务描述

查阅《食品安全国家标准　食品中亚硝酸盐与硝酸盐的测定》(GB 5009.33—2016)和分光光度计等仪器使用说明书，制订检验流程并实施，评价样品的亚硝酸钠含量是否符合要求。

任务准备

通过标准的解读，将火腿中亚硝酸钠含量测定(盐酸萘乙二胺法)所需仪器设备及化学试剂记入表 5-9、表 5-10 中。

表 5-9 所需仪器设备表

序号	仪器名称	规格
1	天平	感量为 0.1 mg 和 1 mg
2	组织捣碎机	
3	超声波清洗器	
4	恒温干燥箱	
5	分光光度计	

表 5-10 所需化学试剂表

序号	试剂名称	规格
1	亚铁氰化钾溶液	106 g/L
2	乙酸锌	220 g/L
3	冰乙酸	
4	硼酸钠	
5	对氨基苯磺酸	3 g/L
6	盐酸萘乙二胺	2 g/L
7	亚硝酸钠标准溶液	200 μg/mL
8	亚硝酸钠标准使用液	5 μg/mL

任务实施

一、实施流程

亚硝酸钠标准使用液配制 → 样品称取 → 匀浆，加入饱和硼砂溶液 → 加入 70 ℃左右的水 → 沸水浴 → 冷却后，加入蛋白质沉淀剂 → 定容 → 过滤，滤液备用 → 分光光度计开机、预热 → 制作标准曲线 → 样品溶液测定 → 定量计算 → 仪器清洗

二、操作要点

1. 样品处理

取火腿肠可食部分经搅碎混匀后，称取 5.0 g 样品。以下按本项目(一)5.(2)④自“置于 250 mL 具塞锥形瓶中，加 12.5 mL 50 g/L 饱和硼砂溶液”起操作。

2. 样品测定

具体步骤同本项目(一)5.(3)。

三、分析结果的表述

按照公式(5-5)进行结果计算，并结合国标分析亚硝酸钠含量是否超标。GB 2760—2014 中规定了各类食品中亚硝酸盐的限量标准。其中以亚硝酸钠≤30 mg/kg。

四、数据记录及处理

数据记录参考表 5-11。

表 5-11　火腿中亚硝酸钠含量测定数据记录表

<table>
<tr><td rowspan="3">基本信息</td><td>样品名称</td><td colspan="3"></td><td colspan="3">样品编号</td><td colspan="3"></td></tr>
<tr><td>检测项目</td><td colspan="3"></td><td colspan="3">检测日期</td><td colspan="3"></td></tr>
<tr><td>检测依据</td><td colspan="3"></td><td colspan="3">检测方法</td><td colspan="3"></td></tr>
<tr><td rowspan="4">标准曲线</td><td>$NaNO_2$ 标准溶液的体积/mL</td><td></td><td></td><td></td><td></td><td></td><td></td><td></td><td></td><td></td></tr>
<tr><td>$NaNO_2$ 的含量/(μg/mL)</td><td></td><td></td><td></td><td></td><td></td><td></td><td></td><td></td><td></td></tr>
<tr><td>吸光度</td><td></td><td></td><td></td><td></td><td></td><td></td><td></td><td></td><td></td></tr>
<tr><td>回归方程</td><td colspan="9"></td></tr>
<tr><td rowspan="3">样品测定</td><td>测定次数</td><td>样品质量/g</td><td colspan="2">样品总体积/mL</td><td colspan="2">测定用样液体积/mL</td><td colspan="2">吸光度</td><td colspan="2">试样中 $NaNO_2$ 含量/(mg/kg)</td></tr>
<tr><td>1</td><td></td><td colspan="2"></td><td colspan="2"></td><td colspan="2"></td><td colspan="2"></td></tr>
<tr><td>2</td><td></td><td colspan="2"></td><td colspan="2"></td><td colspan="2"></td><td colspan="2"></td></tr>
<tr><td>结果计算</td><td>计算公式</td><td colspan="9">$$X=\frac{m_1\times 1\ 000}{m_2\times\frac{V_1}{V_0}\times 1\ 000}$$</td></tr>
<tr><td>结果讨论</td><td colspan="10">该火腿中亚硝酸钠的含量为________。
根据标准判断是否超标。</td></tr>
</table>

五、技术提示

(1)本实验用水为重蒸馏水,以减少误差。

(2)盐酸萘乙二胺有致癌的作用,使用时注意安全。

(3)显色后的稳定性与室温有关。显色温度为 15～30 ℃时,在 20～30 min 内比色较好。

(4)为使亚硝酸盐提取完全,应该进行热处理,但应将加热时间控制为 15 min,因为在加热条件下样品容易挥发,也易分解,造成损失。

(5)本方法最低检出限为:液体乳 0.06 mg/kg,乳粉 0.5 mg/kg,干酪及其他 1 mg/kg。

任务评价

工作任务评价表参考表 5-12。

表 5-12　工作任务评价表

序号	任务实施步骤	工作内容	技能标准	分值
1	制订工作方案	查阅相关标准，制订测定火腿肠中亚硝酸钠测定的实施方案	(1)正确选用标准 (2)方案制订合理	10
2	准备工作	玻璃器皿的清洁干燥； 试剂的配制； 亚硝酸钠标准使用液的配制	(1)烧杯、容量瓶清洁、干燥 (2)能正确使用移液管 (3)取样量准确 (4)能正确使用洗耳球 (5)能正确使用容量瓶	10
3	样品处理	样品匀浆后，沉淀蛋白质、除掉脂肪，滤液备用	(1)样品混合均匀 (2)试剂加入顺序、加入量正确 (3)漏斗、滤纸的使用正确	10
4	标准曲线制作	(1)于 50 mL 带塞比色管中加入亚硝酸钠的标准使用液 (2)分别加入 2 mL 4 g/L 对氨基苯磺酸溶液 (3)分别加入 1 mL 2 g/L 盐酸萘乙二胺溶液，定容，混匀；静置 15 min 后测定波长 538 nm 处吸光度 (4)绘制标准曲线	(1)能正确加入亚硝酸钠标准使用液 (2)能正确加入对氨基苯磺酸和盐酸萘乙二胺试剂 (3)比色皿的使用正确 (4)能正确使用分光光度计 (5)能正确绘制标准曲线 (6)回归曲线相关系数 R2≥0.99	20
5	样品测定	(1)于 50 mL 带塞比色管中加入 40mL 滤液 (2)加入 2 mL 4 g/L 对氨基苯磺酸溶液，混匀，静置 3～5 min (3)各加入 1 mL 2 g/L 盐酸萘乙二胺溶液，加水至刻度，混匀，静置 15 min，测定波长 538 nm 处吸光度	(1)能正确加入样品滤液 (2)能正确加入对氨基苯磺酸和盐酸萘乙二胺 (3)比色皿的使用正确 (4)分光光度计的使用正确 (5)能在比色结束后正确地整理分光光度计	10
6	结束工作	整理；文明操作；实验室安全	(1)能正确处理废液 (2)能正确清洗、整理实验用仪器和台面 (3)无仪器破损、损坏 (4)安全操作	10
7	结果分析	火腿肠中亚硝酸钠含量的计算； 数据记录和有效数字的保留； 结果的准确度	(1)能利用计算公式正确计算 (2)能正确保留有效数字 (3)数据记录准确、完整、美观 (4)测定结果准确度能达到规定要求	20
8	工作单	(1)课前准备内容 (2)任务实施过程记录 (3)结果分析与讨论	(1)能查阅相关标准并回答问题 (2)能够对操作过程进行记录与分析 (3)对所完成任务归纳、分析及总结	10

任务检测

一、填空题

1. 用比色法测定食品中硝酸钠的含量时，应先用镉柱将硝酸钠还原为________再进行测定。

2. 亚硝酸盐用于肉类制品作________，也是一种________。

3. 在测定火腿肠中亚硝酸盐含量时，加入________和________作蛋白质沉淀剂。

4. 硝酸盐在肉品中使用是利用其________和________增强风味；________是致癌物质亚硝胺的前体。

5. 测定亚硝酸盐含量的主要方法是________，所使用的仪器是________，使用饱和硼砂的目的是________和________。

二、选择题

1. 亚硝酸钠不具备的性质是（　　）。

A. 急性毒性物质　　B. 致癌性　　C. 发色剂　　D. 亚慢性毒性物质

2. 发色剂不具备的作用为（　　）。

A. 发色作用　　B. 增味作用　　C. 抑菌作用　　D. 抗氧化作用

3. 在测定亚硝酸盐含量时，在样品液中加入饱和硼砂溶液的作用是（　　）。

A. 提取亚硝酸盐　　B. 沉淀蛋白质　　C. 便于过滤　　D. 还原硝酸盐

4. 在测定火腿肠中亚硝酸盐含量时，加入（　　）作蛋白质沉淀剂。

A. 硫酸钠　　B. 亚铁氰化钾和乙酸锌

C. 硫酸铜　　D. 乙酸铅

5. 使用分光光度法测定食品中亚硝酸盐含量的方法称为（　　）。

A. 盐酸副玫瑰苯胺比色法　　B. 盐酸萘乙酸比色法

C. 格里斯比色法　　D. 二硫腙比色法

三、判断题

1. 我国规定硝酸钠和亚硝酸钠只能用于肉类罐头和肉类制品。（　　）

2. 常见的发色剂有二氧化硫、亚硫酸盐、硝酸盐。（　　）

四、简答题

1. 简述发色剂在肉制品加工中的主要功能，其机理是什么？

2. 简述盐酸萘乙二胺法测定亚硝酸盐的原理。

五、计算题

现检测某一品牌香肠的亚硝酸盐含量。取香肠 5.50 g 经处理成 500 mL 样液，吸取 40.0 mL 上述滤液于 50 mL 的比色管中，从校准曲线上查得亚硝酸盐的含量是 12.32 μg，香肠中亚硝酸盐含量是否超标？（GB 2760—2014 中规定了各类食品中亚硝酸盐的限量标准。其中肉制品、火腿≤30 mg/kg）

项目四　食品中着色剂的检测

【学习目标】

知识目标

1. 了解食品中着色剂测定的意义。
2. 理解食品中着色剂的种类。
3. 掌握食品中着色剂的测定方法。

技能目标

1. 会解读食品中合成着色剂测定的国家标准。
2. 会使用纸色谱法测定食品中水溶性着色剂。
3. 能准确使用高效液相色谱法测定食品中的色素含量。

思政目标

1. 引导学生将所学到的知识和技能转化为内在德行和素养。
2. 激发学生学习的内在驱动力，磨炼深厚的专业素养。

【项目概述】

本项目包含 3 项相关知识和 1 项技能训练。相关知识包括食品中着色剂测定的意义、食品中着色剂的种类、食品中着色剂的测定方法；技能训练为巧克力豆中的着色剂含量检测。目的是培养学习者对食品中着色剂测定有一个全面的认识和理解，为今后从事食品着色剂测定工作奠定坚实的理论和实践基础。

【思维导图】

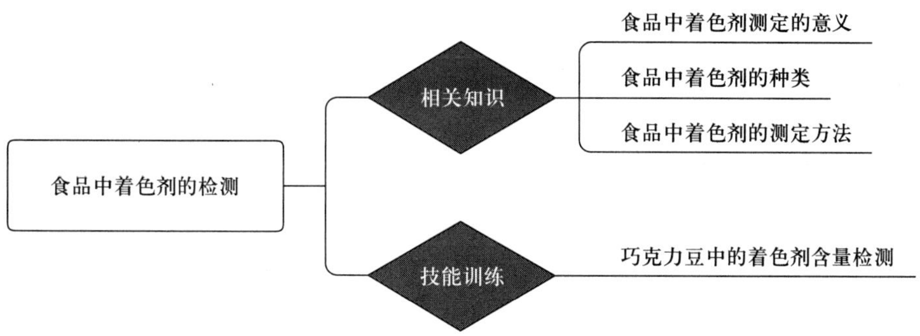

【相关知识】

一、食品中着色剂测定的意义

食品着色剂是以给食品着色为主要目的的添加剂，也称食用色素。食品着色剂使食品具有悦目的色泽，对增加食品的嗜好性及刺激食欲有重要意义，是食品添加剂中的重要一员。食品厂家为了提高食品的颜色美观，吸引消费者，提高食品的销量，通常会很重视食品颜色的改善，大多是利用合成着色剂来达到这一目的。

在食品中添加超量的食品着色剂，必然会给消费者带来较大的危害。为了保障消费者的健康，食品中着色剂的检测至关重要。

二、食品中着色剂的种类

着色剂是食品添加剂中的重要一员，按照来源可以分为天然着色剂和合成着色剂两种。天然着色剂顾名思义就是从动物以及植物中提取的天然色素，大多是植物色素，包括微生物色素、动物色素及无机色素。最常见的天然着色剂有辣椒红、红曲红、姜黄、胡萝卜素以及焦糖色素等。其特点是不易分散且相溶性不高，一般价格高于合成着色剂。由于食品行业的发展十分迅速，天然色素的价格、易褪色的性质等方面都无法满足现代食品工业的要求。19 世纪开始，人工合成着色剂登上了历史的舞台，深受食品生产商的青睐。由于合成着色剂是化工生产的产品，因此颜色较之天然色素更胜一筹，且颜色持久性更长，价格更低。《食品安全国家标准　食品添加剂使用标准》(GB 2760—2014)中列入的合成色素有胭脂红、苋菜红、日落黄、赤藓红、柠檬黄、新红、靛蓝、亮蓝等。

按结构，人工合成着色剂又可分为偶氮类、氧蒽类和二苯甲烷类等；天然着色剂又可分为吡咯类、多烯类、酮类、醌类和多酚类等。

按照极性或亲水性可分为脂溶性着色剂和水溶性着色剂。

三、食品中着色剂的测定方法

当前，我国主要通过采用高效液相色谱法对人工合成色素进行检测，高效液相色谱法不仅灵敏度较高，而且精确度也较高。依照《食品安全国家标准 食品中合成着色剂的测定》(GB 5009.35—2016)，通过使用高效液相色谱法，可以有效检测食品中的人工合成色素成分。

另外，还可以通过使用纸色谱法、示波极谱法、高效液相色谱-质谱联用法、超高效液相色谱法、毛细管电泳法、试剂盒法等检测技术对人工合成色素的含量进行检测。

(一)食用合成色素的测定——高效液相色谱法

1. 测定原理

食品中人工合成着色剂用聚酰胺吸附法或液-液分配法提取，制成水溶液，注入高效液相色谱仪，经反相色谱分离，根据保留时间定性和与峰面积比较进行定量。

2. 仪器

高效液相色谱仪，带二极管阵列或紫外检测器。天平：感量为 0.001 g 和 0.000 1 g。恒温水浴锅。G3 垂融漏斗。

3. 分析步骤

(1)标准溶液配制

①合成着色剂标准贮备液(1 mg/mL)：准确称取按其纯度折算为 100%质量的柠檬黄、日落黄、苋菜红、胭脂红、新红、赤藓红、亮蓝各 0.1 g(精确至 0.000 1 g)，置 100 mL 容量瓶中，加 pH 6 的水至刻度。配成水溶液(1.00 mg/mL)。

②合成着色剂标准使用液(50 μg/mL)：临用时将标准储备液加水稀释 20 倍，经 0.45 μm 微孔滤膜过滤。配成每毫升相当 50.0 μg 的合成着色剂。

(2)试样制备

①果汁饮料及果汁、果味碳酸饮料等。称取 20～40 g(精确至 0.001 g),放入 100 mL 烧杯中。含二氧化碳样品加热或超声去除二氧化碳。

②配制酒类。称取 20～40 g(精确至 0.001 g),放入 100 mL 烧杯中,加小碎瓷片数片,加热去除乙醇。

③硬糖、蜜饯类、淀粉软糖等。称取 5～10 g(精确至 0.001 g)粉碎样品,放入 100 mL 小烧杯中, 加水 30 mL,温热溶解,若样品溶液 pH 较高,用柠檬酸溶液调 pH 到 6 左右。

④巧克力豆及着色糖衣制品。称取 5～10 g(精确至 0.001 g),放入 100 mL 小烧杯中,用水反复洗涤色素,到巧克力豆无色素为止,合并色素漂洗液为样品溶液。

(3) 色素提取

①聚酰胺吸附法。样品溶液加柠檬酸溶液调 pH 到 6,加热至 60 ℃,将 1 g 聚酰胺粉加少许水调成粥状,倒入样品溶液中,搅拌片刻,以 G3 垂融漏斗抽滤,用 60 ℃ pH 为 4 的水洗涤 3～5 次,然后用甲醇-甲酸混合溶液洗涤 3～5 次 (含赤藓红的样品用②法处理),再用水洗至中性,用乙醇-氨水-水混合溶液解吸 3～5 次,直至色素完全解吸,收集解吸液,加乙酸中和,蒸发至近干,加水溶解,定容至 5 mL。经 0.45 μm 微孔滤膜过滤,进高效液相色谱仪分析。

②液-液分配法(适用于含赤藓红的样品)。将制备好的样品溶液放入分液漏斗中,加 2 mL 盐酸、三正辛胺-正丁醇溶液(5%)10～20 mL,振摇提取,分取有机相,重复提取,直至有机相无色,合并有机相,用饱和硫酸钠溶液洗 2 次,每次 10 mL,分取有机相,放蒸发皿中,水浴加热浓缩至 10 mL,转移至分液漏斗中,加 10 mL 正己烷,混匀,加氨水溶液提取 2～3 次,每次 5 mL,合并氨水溶液层(含水溶性酸性色素),用正己烷洗 2 次,氨水层加乙酸调成中性,水浴加热蒸发至近干,加水定容至 5 mL。经 0.45 μm 微孔滤膜过滤,进高效液相色谱仪分析。

(4)测定

将样品提取液和合成着色剂标准使用液分别注入高效液相色谱仪,根据保留时间定性,根据外标峰面积法定量。

4. 分析结果的表述

试样中着色剂含量按式 5-8 计算:

$$X=\frac{C\times V\times 1\ 000}{m\times 1\ 000\times 1\ 000} \qquad (式\ 5\text{-}8)$$

式中:X——试样中着色剂含量,g/kg;

C——进样液中着色剂的浓度,μg/mL;

V——试样稀释总体积,mL;

m——试样质量,g;

1 000——换算系数。

计算结果以重复性条件下获得的两次独立测定结果的算术平均值表示,结果保留两位有效数字。在重复性条件下获得的两次独立测定结果的绝对差值不得超过算术平均值的 10%。

5. 技术提示(注意事项)

(1)方法检出限　亮蓝检出限为 1.0 mg/kg;柠檬黄、新红、苋菜红、胭脂红、日落黄、赤藓红均为 0.5 mg/kg,亮蓝、赤藓红均为 0.2 mg/kg (检测波长 254 nm)。

(2)仪器参考条件。

①色谱柱。C18柱,4.6 mm×250 mm,5 μm。

②进样量。10 μL。

③柱温。35 ℃。

④二极管阵列检测器波长范围。400～800 nm,或紫外检测器检测波长:254 nm。

⑤梯度洗脱流程见表5-13。

表5-13 梯度洗脱表

时间/min	流速/(mL/min)	0.02 mol/L乙酸铵溶液/%	甲醇/%
0	1.0	95	5
3	1.0	65	35
7	1.0	0	100
10	1.0	0	100
10.1	1.0	95	5
21	1.0	95	5

食品中水溶性着色剂的测定——纸色谱法

【技能训练】

巧克力豆中的着色剂含量检测

任务导入

巧克力豆是以可可粉为主要原料制成的一种甜食。它不但口感细腻甜美,而且还具有一股浓郁的香气。可以直接食用,也可制作蛋糕、冰激凌等。为吸引消费者,企业常在巧克力豆生产中添加色素以改变其色彩,色彩鲜艳的巧克力豆深受少年儿童的喜爱。

研究表明,长期食用含有合成着色剂或铝色淀的食物会引起过敏、哮喘、DNA损伤和致畸等后果。色素、色淀的适用范围和用量受到严格的限制。国家标准GB 2760—2014中明确色素及其铝色淀的使用限量,例如:柠檬黄及其铝色淀在可可制品、巧克力和巧克力制品(包括代可可脂巧克力及制品以及糖果)中的最大使用量为0.1 g/kg。

任务描述

查阅《食品安全国家标准 食品中合成着色剂的测定》(GB 5009.35—2016)和《食品安全国家标准 食品添加剂使用标准》(GB 2760—2014),以及高效液相色谱仪的使用原理,制订检验流程并实施,评价样品的合成着色剂含量是否符合要求。

任务准备

通过标准的解读，将巧克力豆中的着色剂含量检测所需仪器设备及化学试剂记入表 5-14、表 5-15。

表 5-14　所需仪器设备表

序号	仪器名称	规格
1	高效液相色谱仪	带二极管阵列或紫外检测器
2	分析天平	感量为 0.001 g 和 0.000 1 g
3	恒温水浴锅	
4	G3 垂融漏斗	

表 5-15　所需化学试剂表

序号	试剂名称	规格
1	甲醇	色谱纯
2	正己烷	
3	盐酸	
4	冰醋酸	
5	甲酸	
6	乙酸铵	
7	柠檬酸	
8	硫酸钠	
9	正丁醇	
10	三正辛胺	
11	无水乙醇	
12	氨水	含量 20%～25%
13	聚酰胺粉(尼龙 6)	过 200 μm(目)筛
14	合成着色剂标准品	

任务实施

一、实施流程

试剂配制 → 标准品溶液配制 → 称取 5～10 g 样品，放入 100 mL 小烧杯中用水反复洗涤色素，至巧克力豆无色素为止，合并色素漂洗液为样品溶液 → 色素提取 → 将样品提取液和合成着色剂标准使用液分别注入高效液相色谱仪进行测定 → 代入式(5-8)计算合成着色剂含量

二、操作要点

标准溶液配制

具体内容见本项目(一)食用合成色素的测定——高效液相色谱法。

三、分析结果的表述

分析结果按式(5-8)进行计算。此测定结果不包含铝色淀的含量。

四、数据记录及处理

数据记录参考表5-16。

表5-16 巧克力豆中的合成着色剂含量测定数据记录表

基本信息	样品名称		样品编号	
	检测项目		检测日期	
	检测依据		检测方法	
检测数据	样品编号	1	2	
	试样质量 m/g			
	进样液中着色剂的浓度 $C/(\mu g/mL)$			
	试样稀释总体积 V/mL			
结果计算	计算公式			
	试样中着色剂含量			
	绝对误差			
结果讨论	试样的着色剂含量为________。 根据标准判断是否符合要求。			

五、技术提示

1. 正确配制合成色素标准溶液。

2. 试样色素洗涤完全,色素提取时含赤藓红的试样采用液,其他色素可用聚酰胺吸附法,正确提取以保证测定的准确性。

任务评价

按表5-17检查工作任务的完成情况。

表5-17 工作任务评价表

序号	任务实施步骤	工作内容	技能标准	分值
1	制订工作方案	查阅相关标准,制订巧克力豆合成着色剂检测实施方案	(1)正确选用标准 (2)方案制订合理	10
2	准备工作	学习天平和高效液相色谱的原理和使用方法	能正确使用天平称量,掌握高效液相色谱使用方法	10
3	标准溶液配制	配制50 $\mu g/mL$的合成着色剂标准使用液	(1)能正确称量、定容 (2)能正确稀释并过滤	5
4	试样制备	称量→洗涤色素→色素提取	(1)试样色素洗涤完全 (2)色素提取正确	15

续表 5-17

序号	任务实施步骤	工作内容	技能标准	分值
5	样品测定	利用高效液相色谱测定巧克力豆合成着色剂含量	(1)高效液相色谱使用方法正确，进样正确 (2)能正确定性分析和定量分析	25
6	结果分析	巧克力豆合成着色剂含量的计算	(1)能利用计算公式正确计算 (2)能正确保留有效数字 (3)绝对误差不超过两次平行测定结果算术平均值的 10%	15
7	工作单	(1)课前准备内容 (2)任务实施过程记录 (3)结果分析与讨论	(1)能查阅相关标准并回答问题 (2)能够对操作过程进行记录与分析 (3)对所完成任务归纳、分析及总结	20

任务检测

一、选择题

1. 测定食用合成色素用高效液相色谱仪，经反相色谱分离，根据峰面积比较进行定量，定性的依据是(　　)。

A. 峰高　　B. 保留时间　　C. 波长　　D. 浓度

2. 以下属于天然色素的有(　　)。

A. 辣椒红　　B. 苋菜红　　C. 胭脂红　　D. 赤红

3. 属于脂溶性的天然色素是(　　)。

A. 花青苷素　　B. 叶绿素　　C. 胡萝卜素　　D. 血红素

4. 聚酰胺吸附法不能提取的色素是(　　)。

A．赤藓红　　B．柠檬黄　　C. 日落黄　　D. 苋菜红

5. 色素提取中，样品不含赤藓红时，用________。含赤藓红时，用________。(　　)

A. 液-液分配法　聚酰胺粉吸附法　　B. 固-液分配法　聚酰胺粉吸附法

C. 聚酰胺粉吸附法　液-液分配法　　D. 聚酰胺粉吸附法　固-液分配法

6. 按 GB/T 5009.35—2016 测定食品中合成着色剂，色素提取的方法包括了吸附法，其中使用的吸附剂为(　　)。

A. 活性铝　　B. 聚酰胺粉　　C. 硅酸钙　　D. 硅胶

二、简答题

1. 简述人工合成色素的特点及其危害。
2. 简述着色剂测定时的样品前处理步骤和聚酰胺吸附法。
3. 简述薄层层析法检测合成色素的原理。
4. 着色剂测定还有哪些方法？简述其原理及优势。

项目五　食品中漂白剂的检测

模块小结

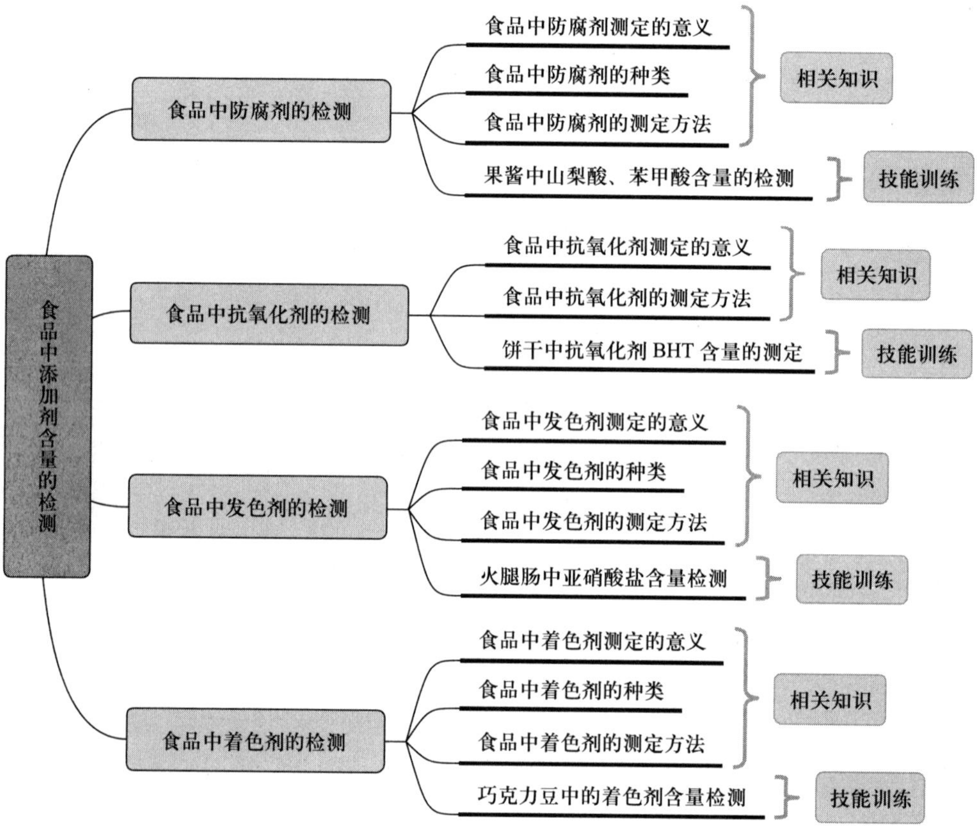

模块五　思考与练习

模块六

食品中有害成分的检测

模块介绍

日常生活中我们不小心就会接触很多有害物质，其中也包含食品中的有害物质，这些会严重影响人们的身体健康。现代科技高速发展，对于有害物质的检测也有了突飞猛进的发展，以防止摄入过量造成严重危害。

本模块要求学生依据食品安全国家标准，掌握给定食品的农药残留、兽药残留的基本概念、危害等知识。利用现有工作条件，完成对有害物质的分析测定、检验原始记录和报告编制、提交任务工作单等。

本模块注重学生人文素质与高尚情操的培养。结合传统美德中的敬业精神、吃苦耐劳品德、一丝不苟工匠精神，重视文化导入的作用，提升学生的综合素质和文化涵养。

项目一　食品中农药残留的检测

【学习目标】

食品中有害成分的检测

知识目标

1. 了解农药的分类方法。
2. 了解食品中农药残留对人体的危害。
3. 掌握食品中农药残留的检测方法。

技能目标

1. 会解读食品中农药残留测定的国家标准。
2. 会使用和维护气相色谱仪等相关前处理设备。
3. 能对食品中的农药残留进行正确的样品前处理、上机分析、结果研判。

思政目标

1. 以身边的榜样力量引导学生，培养卓越的品质与敬业精神。

2. 以实事求是为宗旨，灌输学生追求科学的道路是需要坚持不懈、持之以恒的精神，激发学生的学习热情。

【项目概述】

本项目包含 3 项相关知识和 2 项技能训练。相关知识包括农药的种类、农药残留对人体的危害及检测意义、食品中农药的检测方法和相关仪器的使用等；技能训练主要有茶叶中有机氯农药残留的检测和蔬菜中有机磷农药残留的检测。目的是培养学习者对食品中农药残留测定有一个全面认识和理解，为今后从事食品安全监督检验工作奠定坚实的理论和实践基础。

【思维导图】

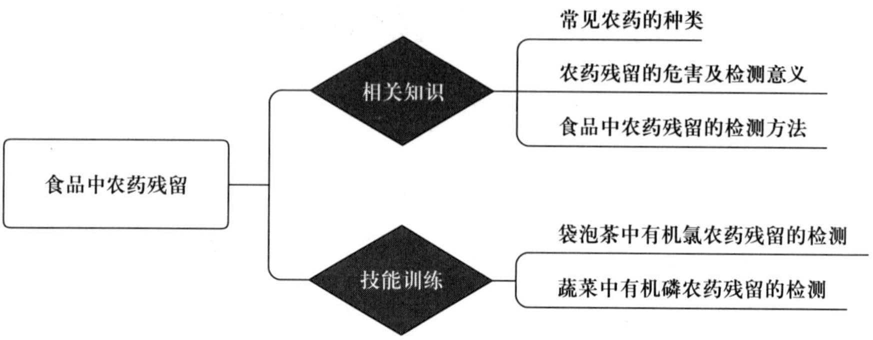

【相关知识】

一、常见农药种类

2017 年 2 月 8 日国务院第 164 次常务会议修订通过的《中华人民共和国农药管理条例》给出的定义是："农药，是指用于预防、控制危害农业、林业的病、虫、草、鼠和其他有害生物以及有目的地调节植物、昆虫生长的化学合成或者来源于生物、其他天然物质的一种物质或者几种物质的混合物及其制剂。"

常见农药种类

农药品种很多，分类的方法也多种多样。可按化学结构、加工剂型、成分和来源、防治对象和作用方式及毒理机制等分类，也有将上述几种综合或交叉分类的。了解农药的分类，可以更好地掌握每一个具体农药品种的性能、防治对象、使用方法等知识。

二、农药残留的危害及检测意义

农药残留是指农药使用后残存于环境、生物体和食品中的农药母体、衍生物、代谢物、降解物和杂质的总称。蔬菜中农药残留量超标的主要是一些国家禁止在蔬菜生产中使用的有机磷农药和氨基甲酸酯类农药，如甲胺磷、氧化乐果、甲拌磷、对硫磷、甲基对硫磷等。食用含有大量高毒、剧毒农药残留的食物会导致人、畜急性中毒事故。长期食用农药残留超标的农副产品，虽然不会导致急性中毒，但可能引起人和动物的慢性中毒，导致疾病的发生，诱发癌症，甚至影响下一代健康。

农药残留的危害及检测意义

随着农业产业化的发展,农产品的生产越来越依赖于农药、抗生素和激素等外源物质。我国在粮食、蔬菜、水果、茶叶上的农药用量居高不下,而这些物质的不合理使用必将导致农产品中的农药残留超标,影响消费者食用安全,严重时会造成消费者致病、发育不正常,甚至直接中毒死亡。

目前农药残留检测分析方法种类繁多,GC/MS是农药残留分析最广泛使用的方法。另外,农药残留的快速检测技术,如化学速测法、免疫分析法、酶抑制法和活体检测法等,已成为对果蔬中有机磷和氨基甲酸酯类农药残留进行现场快速定性初筛检测的主流技术,得到了越来越广泛的应用。

三、农药残留检测方法

(一)食品中有机氯农药残留的检测方法(GB/T 5009.19—2008　第一法)

1. 原理

试样中有机氯农药组分经有机溶剂提取、凝胶色谱层析净化,用毛细管柱气相色谱分离,电子捕获检测器检测,以保留时间定性,外标法定量。

2. 应用范围

本法适用于肉类、蛋类、乳类动物性食品和植物(含油脂)中α-六六六(HCH)、滴滴涕(DDT)、六氯苯、β-HCH、γ-HCH、五氯硝基苯、δ-HCH、五氯苯胺、七氯、五氯苯基硫醚、艾氏剂、氧氯丹、环氧七氯、反式氯丹、α-硫丹、顺式氯丹、p,p′-滴滴伊(DDE)、狄氏剂、异狄氏剂、β-硫丹、p,p′-DDD、o,p′-DDT、异狄氏剂醛、硫丹硫酸盐、p,p′-DDT、异狄氏剂酮、灭蚁灵的分析。

3. 试剂

丙酮、石油醚、乙酸乙酯、环己烷、正己烷、氯化钠、无水硫酸钠、聚苯乙烯凝胶(Bio-Beads S-X3)。

农药标准品:α-六六六(α-HCH)、六氯苯(HCB)、β-六六六(β-HCH)、γ-六六六(γ-HCH)、五氯硝基苯(PCNB)、δ-六六六(δ-HCH)、五氯苯胺(PCA)、七氯(Heptachlor)、五氯苯基硫醚(PCPs)、艾氏剂(Aldrin)、氧氯丹(Oxychlordane)、环氧七氯(Heptachlor epoxide)、反氯丹(trans-chlordane)、α-硫丹(α-endosulfan)、顺氯丹(cis-chlordane)、p,p′-滴滴伊(p,p′-DDE)、狄氏剂(Dieldrin)、异狄氏剂(Endrin)、β-硫丹(β-endosulfan)、p,p′-滴滴滴(p,p′-DDD)、o,p′-滴滴涕(o,p′-DDT)、异狄氏剂(Endrin aldehyde,)、硫丹硫酸盐(Endosulfan sulfate)、p,p′-滴滴涕(p,p′-DDT)、异狄氏剂酮(Endrinketone)、灭蚁灵(Mirex),纯度均应不低于98%。

标准溶液的配制:分别准确称取或量取上述农药标准品适量,用少量苯溶解,再用正己烷稀释成一定浓度的标准储备溶液。量取适量标准储备溶液,用正己烷稀释为系列混合标准溶液。

4. 仪器

气相色谱仪(GC):配有电子捕获检测器(ECD)。

凝胶净化柱:长30 cm,内径2.3～2.5 cm具活塞玻璃层析柱,柱底垫少许玻璃棉。用洗脱剂乙酸乙酯—环己烷(1+1)浸泡的凝胶,以湿法装入柱中,柱床高约26 cm,凝胶始终保持在洗脱剂中。

全自动凝胶色谱系统:带有固定波长(254 nm)紫外检测器,供选择使用。

旋转蒸发仪、组织匀浆器、振荡器、氮气浓缩器。

5. 分析步骤

(1)试样制备　蛋品去壳，制成匀浆；肉品去筋后，切成小块，制成肉糜；乳品混匀待用。

(2)提取与分配。

蛋类：称取试样 20 g(精确到 0.01 g)于 200 mL 具塞三角瓶中，加水 5 mL(视试样水分含量加水，使总水量约为 20 g。通常鲜蛋水分含量约 75%，加水 5 mL 即可)，再加入 40 mL 丙酮，振摇 30 min 后，加入氯化钠 6 g，充分摇匀，再加入 30 mL 石油醚，振摇 30 min，静置分层后，将有机相全部转移至 100 mL 具塞三角瓶中经无水硫酸钠干燥，并量取 35 mL 于旋转蒸发瓶中，浓缩至约 1 mL，加入 2 mL 乙酸乙酯-环己烷(1+1)溶液再浓缩，如此重复 3 次，浓缩至约 1 mL，供凝胶色谱层析净化使用，或将浓缩液转移至全自动凝胶渗透色谱系统配套的进样试管中，用乙酸乙酯-环己烷(1+1)溶液洗涤旋转蒸发瓶数次，将洗涤液合并至试管中，定容至 10 mL。

肉类：称取试样 20 g(精确到 0.01 g)，加水 15 mL(视试样水分含量加水，使总水量约 20 g)。加 40 mL 丙酮，振摇 30 min，以下按照 5.2.1 蛋类试样的提取、分配步骤处理。

乳类：称取试样 20 g(精确到 0.01 g)，鲜乳不需加水，直接加丙酮提取。以下按照 5.2.1 蛋类试样的提取、分配步骤处理。

大豆油：称取试样 1 g(精确到 0.01 g)，直接加入 30 mL 石油醚，振摇 30 min 后，将有机相全部转移至旋转蒸发瓶中，浓缩至约 1 mL，加 2 mL 乙酸乙酯-环己烷(1+1)溶液再浓缩，如此重复 3 次，浓缩至约 1 mL，供凝胶色谱层析净化使用，或将浓缩液转移至全自动凝胶渗透色谱系统配套的进样试管中，用乙酸乙酯-环己烷(1+1)溶液洗涤旋转蒸发瓶数次，将洗涤液合并至试管中，定容至 10 mL。

植物类：称取试样匀浆 20 g，加水 5 mL(视其水分含量加水，使总水量约 20 mL)，加丙酮 40 mL，振荡 30 min，加氯化钠 6 g，摇匀。加石油醚 30 mL，再振荡 30 min，以下按照 5.2.1 蛋类试样的提取、分配步骤处理。

(3)净化　选择手动或全自动净化方法的任何一种进行。

手动凝胶色谱柱净化：将试样浓缩液经凝胶柱以乙酸乙酯-环己烷(1+1)溶液洗脱，弃去 0～5 mL 流分，收集 35～70 mL 流分。将其旋转蒸发浓缩至约 1 mL，再经凝胶柱净化收集 35～70 mL 流分，蒸发浓缩，用氮气吹除溶剂，用正己烷定容至 1 mL，留待 GC 分析。

全自动凝胶透色谱系统净化：试样由 5 mL 试样环注入凝胶透色谱(GPC)柱，泵流速 5.0 mL/min，以乙酸乙酯-环己烷(1+1)溶液洗脱，弃去 0～7.5 min 流分，收集 7.5～15 min 流分，15～20 min 冲洗 GPC 柱。将收集的流分旋转蒸发浓缩至约 1 mL，用氮气吹至近干，用正己烷定容至 1 mL，留特 GC 分析。

(4)测定　分别吸取 1 μL 混合标准液及试样净化液注入气相色谱仪中，记录色谱图，以保留时间定性，以试样和标准的峰高或峰面积比较定量。

色谱图

6. 结果计算

试样中各农药的含量按式 6-1 进行计算

$$X=\frac{m_1 \times V_1 \times f \times 1\,000}{m \times V_2 \times 1\,000} \qquad (式\ 6\text{-}1)$$

式中：X——试样中各农药的含量，mg/kg；

m_1——被测样液中各农药的含量，ng；

V_1——样液进样体积，μL；

f——稀释因子；

m——试样质量，g；

V_2——样液最后定容体积，mL。

计算结果保留两位有效数字。

7. 精密度

在重复性条件下获得的两次独立测定结果的绝对差值不得超过算术平均值的 20%。

(二)食品中有机磷农药残留的检测方法(GB/T 5009.20—2003)

1. 原理

含有机磷的试样在富氢焰上燃烧，以 HPO 碎片的形式，放射出波长 526 mm 的特性光；这种光通过滤光片选择后，由光电倍增管接收，转换成电信号，经微电流放大器放大后被记录下来。试样的峰面积或峰高与标准品的峰面积或峰高进行比较定量。

2. 应用范围

本方法适用于水果、蔬菜、谷类中敌敌畏、速灭磷、久效磷、甲拌磷、巴胺磷、二嗪磷、乙嘧硫磷、甲基嘧啶磷、甲基对硫磷、稻瘟净、水胺硫磷、氧化喹硫磷、稻丰散、甲喹硫磷、克线磷、碘依可酯、乐果、喹硫磷、对硫磷、杀螟硫磷的残留量分析方法。

3. 试剂

丙酮、二氯甲烷、氯化钠、无水硫酸钠、助滤剂 Celite545。

4. 仪器

组织捣碎机、粉碎机、旋转蒸发仪、气相色谱仪。

有机磷农药标准品及其标准溶液配制

5. 试样的制备

取粮食试样经粉碎机粉碎，过 20 目筛制成粮食试样；水果、蔬菜试样去掉非可食部分后制成待分析试样。

6. 分析步骤

(1)提取。

①水果、蔬菜：称取 50 g 试样，置于 300 mL 烧杯中，加入 50 mL 水和 100 mL 丙酮，用组织捣碎机提取 1～2 min。匀浆液经铺有两层滤纸和约 10 g Celite545 的布氏漏斗减压抽滤。取滤液 100 mL 移至 500 mL 分液漏斗中。

②谷物：称取 25.00 g 试样，置于 300 mL 烧杯中，加入 50 mL 水和 100 mL 丙酮，以下步骤与水果蔬菜提取相同。

(2)净化　向上述滤液中加入 10～15 g 氯化钠使溶液处于饱和状态。猛烈振摇 2～3 min，静置 10 min，使丙酮与水相分层，水相用 50 mL 二氯甲烷振摇 2 min，再静置分层。

将丙酮与二氯甲烷提取液合并经装有 20～30 g 无水硫酸钠的玻璃漏斗脱水滤入 250 mL 圆底烧瓶中，再以约 40 mL 二氯甲烷分数次洗涤容器和无水硫酸钠。洗涤液也并入烧瓶中，用旋转蒸发器浓缩至约 2 mL，浓缩液定量转移至 5～25 mL 容量瓶中，加二氯甲烷定容至刻度。

(3)测定。

吸取 2～5 μL 混合标准液及试样净化液注入色谱仪中，以保留时间定性。以试样的峰高或峰面积与标准比较定量。

7. 结果计算

i 组分有机磷农药的含量按式 6-2 进行计算。

$$X_i=\frac{A_i\times V_1\times V_3\times E_n\times 1\ 000}{A_n\times V_2\times V_4\times m\times 1\ 000} \quad \text{(式 6-2)}$$

式中 X_i——i 组分有机磷农药的含量，mg/kg；

A_i——试样中组分的峰面积，积分单位；

A_n——混合标准液中组分的峰面积，积分单位；

V_1——试样提取液的总体积，mL；

V_2——净化用提取液的总体积，mL；

V_3——浓缩后的定容体积，mL；

V_4——进样体积，μL；

E_n——注入色谱仪中的 i 标准组分的质量，ng；

m——试样的质量，g。

计算结果保留两位有效数字。

8. 精密度

在重复性条件下获得的两次独立测定结果的绝对差值不得超过算术平均值的 15%。

16 种有机磷农药的色谱图

13 种有机磷农药的色谱图

【技能训练】

任务一　袋泡茶中有机氯农药残留量的检测

任务导入

茶叶源于中国，已有 6 000 多年的种植历史。茶叶中含有儿茶素、胆甾烯酮、咖啡因、叶酸、泛酸等成分，可以增进人体健康，提高人体免疫力，被誉为“世界三大饮料之一”。茶叶在种植过程中受病虫害的影响较大，人们为了防治病虫害有时会使用一些化学农药进行防治，因此，农药的残留量的检测是关系到茶叶质量安全的重要手段。

任务描述

查阅《食品安全国家标准　食品中有机氯农药多组分残留量的测定》(GB/T 5009.19—2008)和气相色谱仪等相关仪器设备的操作规范，制定检验流程并实施，评价样品的检测数据是否符合要求。

任务准备

通过标准的解读，将袋泡茶中有机氯农药残留量的检测所需主要的仪器设备及化学试剂记入表 6-1、表 6-2。

表 6-1　所需仪器设备表

序号	仪器名称	规格
1	气相色谱仪(GC)	配有电子捕获检测器(ECD)
2	凝胶净化柱	长 30 cm，内径 2.3～2.5 cm 具活塞玻璃层析柱，柱底垫少许玻璃棉
3	全自动凝胶色谱系统	带有固定波长(254 nm)紫外检测器
4	旋转蒸发仪	

表 6-2　所需化学试剂表

序号	试剂名称	规格
1	丙酮	分析纯，重蒸
2	石油醚	沸程 30～60 ℃，分析纯，重蒸
3	乙酸乙酯	分析纯，重蒸
4	环己烷	分析纯，重蒸
5	正己烷	分析纯，重蒸

任务实施

一、实施流程

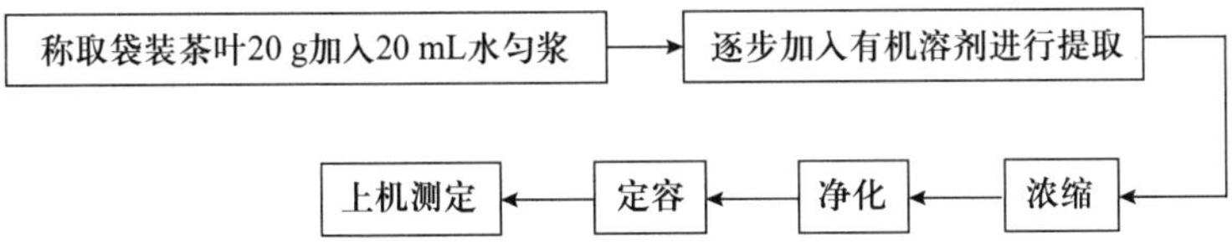

定容

二、操作要点

称取试样匀浆 20 g，加水 5 mL(视其水分含量加水，使总水量约 20 mL)，加相关有机溶剂提取，静置分层后，将有机相干燥后，量取 35 mL 于旋转蒸发瓶中，反复浓缩至约 1 mL，供凝胶色谱层析净化使用，或将浓缩液转移至全自动凝胶渗透色谱系统配套的进样试管中，用乙酸乙酯-环己烷(1+1)溶液洗涤旋转蒸发瓶数次，将洗涤液合并至试管中，定容至 10 mL。

样品上机

试样由 5 mL 试样环注入凝胶透色谱(GPC)柱，净化、浓缩至约 1 mL，用氮气吹至近干，用正己烷定容至 1 mL，留待 GC 分析。

三、分析结果的表述

计算公式见式 6-1。

四、数据记录及处理

测定原始记录参考表 6-3。

表 6-3　袋泡茶中有机氯农药残留量的测定原始记录

编号：

<table>
<tr><td>仪器型号</td><td></td><td>环境温度/℃</td><td></td><td>湿度/%</td><td></td></tr>
<tr><td>样品名称</td><td colspan="2"></td><td>检测日期</td><td colspan="2"></td></tr>
<tr><td>检测项目</td><td colspan="5"></td></tr>
<tr><td rowspan="2">执行标准</td><td></td><td rowspan="2">样品编号</td><td rowspan="2"></td><td rowspan="2">送样人</td><td rowspan="2"></td></tr>
<tr><td></td></tr>
<tr><td colspan="6">制样人：</td></tr>
<tr><td colspan="3">色谱柱(P)：</td><td colspan="3">色谱柱(Cl)：VF-1MS</td></tr>
<tr><td rowspan="2">初始温度/℃</td><td>(P)</td><td rowspan="2">升温速率(℃/min)</td><td>(P)</td><td rowspan="2">终点柱温/℃</td><td>(P)</td></tr>
<tr><td>(Cl)150</td><td>(Cl)20</td><td>(Cl)270</td></tr>
<tr><td rowspan="2">检测器/℃</td><td>(P)</td><td rowspan="2">载气(N_2)：(mL/min)</td><td>(P)</td><td colspan="2" rowspan="2">氢气：　mL/min</td></tr>
<tr><td>(Cl)300</td><td>(Cl)2</td></tr>
<tr><td colspan="2" rowspan="2">空气：　mL/min</td><td rowspan="2">进样量：(μL)</td><td>(P)</td><td colspan="2" rowspan="2"></td></tr>
<tr><td>(Cl) 1</td></tr>
<tr><td colspan="6">计算公式：</td></tr>
</table>

<table>
<tr><td>样品编号</td><td>取样量/mL</td><td>定容体积/mL</td><td>检测项目</td><td>样品结果</td><td>均值</td><td>重现性/%</td></tr>
<tr><td rowspan="12"></td><td rowspan="6"></td><td rowspan="6"></td><td rowspan="2"></td><td></td><td rowspan="2"></td><td rowspan="2"></td></tr>
<tr><td></td></tr>
<tr><td rowspan="2"></td><td></td><td rowspan="2"></td><td rowspan="2"></td></tr>
<tr><td></td></tr>
<tr><td rowspan="2"></td><td></td><td rowspan="2"></td><td rowspan="2"></td></tr>
<tr><td></td></tr>
<tr><td rowspan="6"></td><td rowspan="6"></td><td rowspan="2"></td><td></td><td rowspan="2"></td><td rowspan="2"></td></tr>
<tr><td></td></tr>
<tr><td rowspan="2"></td><td></td><td rowspan="2"></td><td rowspan="2"></td></tr>
<tr><td></td></tr>
<tr><td rowspan="2"></td><td></td><td rowspan="2"></td><td rowspan="2"></td></tr>
<tr><td></td></tr>
<tr><td colspan="7">检出限：</td></tr>
</table>

检验员：　　　　　　　　　　　　　　　　复核员：

五、技术提示

(1)选用的试剂纯度级别是色谱纯或者分析纯重蒸。

(2)选用的仪器设备要处于良好的使用状态。

(3)称取样品时选用精度合适的天平。

(4)移取溶液读数时视线保持水平,并以观察样液的弯月面下缘最低点为准。

(5)气相色谱仪的参数设置要根据实际情况进行调整。

任务评价

按表 6-4 检查工作任务的完成情况。

表 6-4　工作任务评价表

序号	任务实施步骤	工作内容	技能标准	分值
1	制订工作方案	查阅相关标准,制订袋泡茶中有机氯农药残留量的检测的实施方案	(1)正确选用标准 (2)方案制订合理	10
2	准备工作	试剂和设备的状态检查	正确辨认试剂级别、确认设备状态	5
3	样品预处理	称取样品、提取、浓缩、净化、定容	(1)正确使用天平 (2)规范操作步骤	25
4	样品测定	规范操作仪器	(1)正确设置各项参数 (2)能正确确认图谱	20
5	结果分析	样品农药残留含量的计算	(1)能利用计算公式正确计算 (2)能正确保留有效数字	20
6	工作单	(1)课前准备内容 (2)任务实施过程记录 (3)结果分析与讨论	(1)能查阅相关标准并回答问题 (2)能够对操作过程进行记录与分析 (3)对所完成任务归纳、分析及总结	20

任务二　蔬菜中有机磷农药残留的检测

任务导入

蔬菜是人们日常生活中必不可少的食品,可提供人体所必需的多种维生素和矿物质。但是蔬菜由于生长期内非常容易遭受病虫害的危害,使产量和质量受到严重影响,为了保证产品质量和产量,种植户就会选取一些有机磷杀虫剂进行防治害虫,长期以来,由于化学杀虫剂的大量使用,造成了蔬菜食品的污染,给人们的食品安全带来了严重危害,因此,农药的残留量的检测关系到蔬菜的质量安全。

任务描述

查阅《食品安全国家标准　食品中有机磷农药多组分残留量的测定》(GB/T 5009.20—2008)和气相色谱仪等相关仪器设备的操作规范,制定检验流程并实施,评价样品的检测数据是否符合要求。

任务准备

通过标准的解读，将蔬菜中有机磷农药残留的检测所需仪器设备及化学试剂记入表 6-5 和表 6-6。

表 6-5　所需仪器设备表

序号	仪器名称	规格
1	气相色谱仪	附有火焰光度检测器(FPD)
2	组织捣碎机	
3	粉碎机	
4	旋转蒸发仪	

表 6-6　所需化学试剂表

序号	试剂名称	规格
1	丙酮	分析纯
2	二氯甲烷	分析纯
3	氯化钠	分析纯
4	无水硫酸钠	分析纯
5	助滤剂 Celite545	

任务实施

一、实施流程

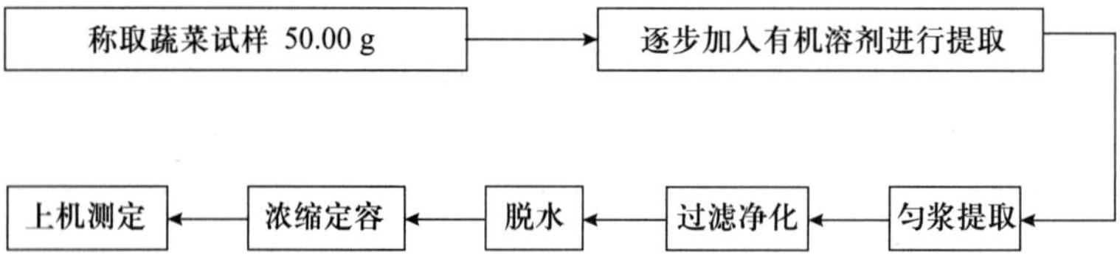

添加乙腈溶液

二、操作要点

称取蔬菜试样 50.00 g 试样，置于 300 mL 烧杯中，加入提取液总体积为 150 mL，捣碎提取 1～2 min。匀浆液经减压抽滤。移至分液漏斗中，加入 10～15 g 氯化钠使溶液处于饱和状态。猛烈振摇，静置，分层，水相用 50 mL 二氯甲烷振摇 2 min，再静置分层。

50 ℃氮吹浓缩

提取液合并脱水滤入 250 mL 圆底烧瓶中，再以二氯甲烷分数次洗涤容器和无水硫酸钠。洗涤液也并入烧瓶中，用旋转蒸发器浓缩至约 2 mL，浓缩液定量转移至 5～25 mL 容量瓶中，加二氯甲烷定容至刻度。

三、分析结果的表述

计算公式见式 6-2。

四、数据记录及处理

测定原始记录参考表 6-7。

表 6-7　蔬菜中有机磷农药残留量的测定原始记录

编号：

仪器型号		环境温度/℃		湿度/%		
样品名称			检测日期			
检测项目						
执行标准		样品编号		送样人		
制样人：						
色谱柱(P)：			色谱柱(Cl)：VF-1MS			
初始温度/℃	(P) (Cl)150	升温速率/(℃/min)	(P) (Cl)20	终点柱温/℃	(P) (Cl)270	
检测器/℃	(P) (Cl)300	载气(N_2)/(mL/min)	(P) (Cl)2	氢气：　mL/min		
空气：　mL/min		进样量/μL	(P) (Cl) 1			
计算公式：						
样品编号	取样量/mL	定容体积/mL	检测项目	样品结果	均值	重现性/%
检出限：						

检验员：　　　　　　　　　　　　　　　　复核员：

五、技术提示

参照任务一　袋泡茶中有机氯农药残留量的检测中的相关内容。

任务评价

按表 6-8 检查工作任务的完成情况。

表 6-8　工作任务评价表

序号	任务实施步骤	工作内容	技能标准	分值
1	制订工作方案	查阅相关标准，制订蔬菜中有机磷农药残留量的检测的实施方案	(1)正确选用标准 (2)方案制订合理	10
2	准备工作	试剂和设备的状态检查	正确辨认试剂级别、确认设备状态	5
3	样品预处理	称取样品、提取、浓缩、净化、定容	(1)正确使用天平 (2)规范操作步骤	25
4	样品测定	规范操作仪器	(1)正确设置各项参数 (2)能正确确认图谱	20
5	结果分析	蔬菜中农药残留含量的计算	(1)能利用计算公式正确计算 (2)能正确保留有效数字	20
6	工作单	(1)课前准备内容 (2)任务实施过程记录 (3)结果分析与讨论	(1)能查阅相关标准并回答问题 (2)能够对操作过程进行记录与分析 (3)对所完成任务归纳、分析及总结	20

任务巩固

一、名词解释

农药　　农药残留　　杀菌剂

二、判断题

1. 有机磷农药残留检测使用的波长是 426 mm 的特性光。(　　)

2. 粮食试样有机磷农药残留检测时，试样经粉碎机粉碎，过 20 目筛制成检测试样就可以了。(　　)

3. 蔬菜有机磷农药残留检测时候，吸取 20～50 μL 混合标准液及试样净化液注入色谱仪中，以保留时间定性。以试样的峰高或峰面积与标准比较定量。(　　)

4. 有机磷农药残留组分的含量计算时，单位为 mg/kg。(　　)

5. 有机磷农药残留在重复性条件下获得的两次独立测定结果的绝对差值不得超过算术平均值的 20%。(　　)

6. 有机氯农药残留检测所用的主要设备是气相色谱仪，需配有火焰光度检测器。(　　)

7. 有机氯农药残留检测时，所采用的标准品纯度不应低于 98%。(　　)

8. 试样中有机氯农药组分经有机溶剂提取、凝胶色谱层析净化，用毛细管柱气相色谱分离，电子捕获检测器检测，以保留时间定性，外标法定量。(　　)

9. 配置有机磷标准储备液时，用二氯甲烷为溶剂，分别配制成 1.0 mg/mL 的标准储备液，贮于冰箱(4 ℃)中。(　　)

10. 16 种有机磷农药(标准溶液)的色谱图中，敌敌畏出峰时间最迟。(　　)

三、选择题

1. 有机氯农药残留检测结果保留(　　　　)位有效数字。

A. 一　　B. 两　　C. 三　　D. 四

2. 有机氯农药残留检测在重复性条件下获得的两次独立测定结果的绝对差值不得超过

算术平均值的(　　　　)。

A. 10%　　B. 20%　　C. 30%　　D. 40%

3. 有机磷农药残留检测时,气相色谱载气(氮气)流速一般为(　　　　)mL/min。

A. 30　　B. 40　　C. 50　　D. 60

4. 有机磷农药残留检测时,最后定容用(　　　　)溶剂。

A. 二氯甲烷　　B. 丙酮　　C. 三氯甲烷　　D. 正己烷

5. 有机氯农药残留检测时,最后定容用(　　　　)溶剂。

A. 二氯甲烷　　B. 丙酮　　C. 三氯甲烷　　D. 正己烷

四、填空题

1. 根据农药来源分类,可分为四大类,分为________、________、________、________。

2. 农药对人体的危害主要表现为三种形式________、________、________。

3. 蔬菜水果有机磷农药残留检测时,提取液总体积为________mL。

4. 有机磷农药残留检测时,气相色谱汽化室温度设置为________℃。

5. 食品中农药残留检测时,所选取的有机试剂一般为________纯度级别。

五、简述题

1. 农药有几种主要的分类方式?

2. 杀虫剂按作用方式分为几类?

3. 简述测定有机氯农药残留的气相色谱参考条件。

六、计算题

化验员李某进行植物类食品中有机氯农药残留检验,被测样液中 α-六六六农药组分的含量为 0.5 ng,稀释因子为 1,求试样中该农药组分的含量。

项目二　食品中兽药残留的检测

【学习目标】

知识目标

1. 了解食品中兽药残留的种类及危害。

2. 熟悉食品中兽药残留的相关检测方法。

技能目标

1. 会解读食品中兽药残留测定的国家标准。

2. 会使用和维护液相色谱质谱联用仪和液相色谱仪及相关前处理设备。

3. 能对食品中的兽药残留进行正确的样品前处理、上机分析、结果研判。

思政目标

1. 培养学生端正的学习态度及严谨求实、积极探索的科学精神。

2. 鼓励学生发扬传统美德中的敬业精神、吃苦耐劳品德、一丝不苟工匠精神。

【项目概述】

本项目包含 3 项相关知识和 3 项技能训练。相关知识包括兽药的主要类型,兽药残留对人体的危害及检测意义，食品中兽药残留的检测方法和相关仪器及其使用等；技能训练主要有牛乳中青霉素残留量的快速检验，牛乳中土霉素、四环素、金霉素残留量测定，畜禽肉中己烯雌酚的测定。目的是培养学习者对食品中兽药残留测定有一个全面认识和理解，为今后从事食品安全监督检验工作奠定坚实的理论和实践基础。

【思维导图】

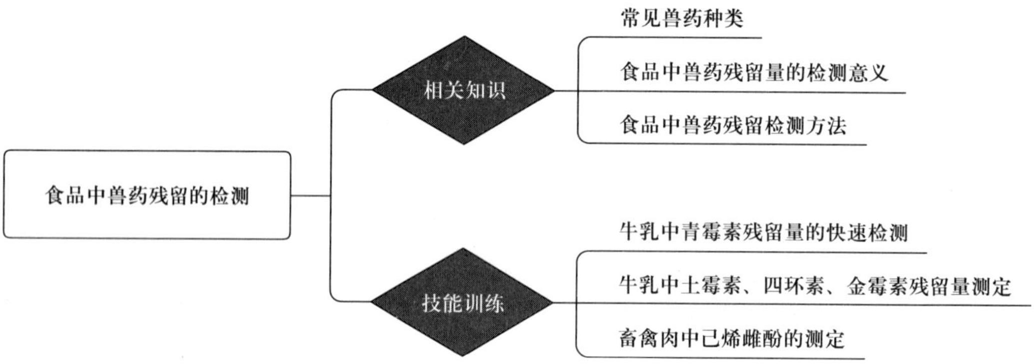

【相关知识】

一、常见兽药种类

兽药：是指用于预防、治疗、诊断动物疾病或者有目的地调节动物生理机能的物质（含药物饲料添加剂）。兽药主要包括：血清制品、疫苗、诊断制品、微生态制品、中药材、中成药、化学药品、抗生素、生化药品、放射性药品及外用杀虫剂、消毒剂等。

二、食品中兽药残留的检测意义

兽药残留是指用药后蓄积或存留于畜禽机体或产品（如鸡蛋、奶品、肉品等）中原型药物或其代谢产物，包括与兽药有关的杂质的残留。

由于兽药残留需要通过实验室检测才能发现，人们无法用感官发现，故对兽药残留的危害认识不足，容易被人忽视。兽药残留的危害主要由于过敏反应动物使用抗生素后可在体内残留累积，人食用含抗生素残留的动物产品可引起过敏反应，严重者可危及生命。

对兽药残留进行检验检测和监督，有利于引导畜牧业健康、可持续发展，推动畜牧业快速、稳定发展，确保食品安全，保障人民健康。

三、食品中兽药残留检测方法

（一）抗生素的检测

1. 原理

样品中青霉素族抗生素残留物用乙腈-水溶液提取，提取液经浓缩后，用缓冲溶液溶解，固相萃取柱净化，洗脱液经氮气吹干后，用液相色谱-质谱/质谱测定，外标法定量。

2. 适用范围

本方法适用于猪肌肉、猪肝脏，猪肾脏、牛奶和鸡蛋中羟氨苄青霉素、苄青霉素、邻氯青霉素、双氯青霉素、乙氧萘胺青霉素、苯唑青霉素、苄青霉素、苯氧甲基青霉素、苯咪青霉素、甲氧苯青霉素、苯氧乙基青霉素等11种青霉素类抗生素残留量的检测。

3. 试剂和材料

乙腈：高效液相色谱级。

甲醇：高效液相色谱级。

甲酸：高效液相色谱级。

氯化钠。

氢氧化钠。

磷酸二氧钾。

磷酸氢二钾。

0.1 mol/L 氯氧化钠。

乙腈＋水（15＋2，体积比）。

乙腈＋水（30＋70，体积比）。

0.05 mol/L 磷酸盐缓冲溶液（pH＝8.5）。

0.025 mol/L 磷酸盐缓冲溶液（pH＝7.0）。

0.01 mol/L 乙酸铵溶液（pH＝4.5）。

11种青霉素类抗生素标准品：阿莫西林、氨苄西林、氯唑西林、双氯西林、乙氧萘胺青霉素、苯唑西林、青霉素、青霉素V、苯咪青霉素、甲氧苯青霉素、苯氧乙基青霉素，纯度均≥95％。

11种青霉素类抗生素标准储备溶液：分别称取适量标准品，分别用乙腈-水溶液（30＋70）溶解并定容至100 mL，各种青霉素类抗生素浓度为100 μg/mL，置于－18 ℃冰箱避光保存，保存期5 d。

11种青霉素类抗生素混合标准中间溶液：分别吸取适量的标准储备液于100 mL容量瓶中，用0.025 mol/L 磷酸盐缓冲溶液定容至刻度，配成混合标准中间溶液：各种青霉素类抗生素浓度为：阿莫西林500 ng/mL、氨苄西林200 ng/mL、氯唑西林100 μg/mL、双氯西林1000 μg/mL、乙氧萘胺青霉素200 ng/mL、苯唑西林200 ng/mL、青霉素100 ng/mL、青霉素V 50 ng/mL、苯咪青霉素100 ng/mL、甲氧苯青霉素10 ng/mL、苯氧乙基青霉素1 000 ng/mL，置于－4 ℃冰箱避光保存，保存期5 d。

混合标准工作溶液：准确移取标准中间溶液适量，用空白样品基质配制成不同浓度系列的混合标准工作溶液（用时现配）。

Oasis HLB固相萃取小柱，或相当者：500 mg，6 mL。使用前用甲醇和水预处理，即先用2 mL 甲醇淋洗小柱，然后用1 mL 水淋洗小柱。

4. 仪器

液相色谱-质谱仪（配有电喷雾离子源）、旋转蒸发器、固相萃取装置、离心机、均质器、旋涡混合器、pH计、氮吹仪。

5. 试样制备与保存

取代表性样品，用组织捣碎机充分捣碎，装入洁净容器中，密封，并标记，－18 ℃以下冷冻存放。

6. 检测步骤

(1)提取　肝脏,肾脏、肌肉组织、鸡蛋样品:称取约 5 g 试样(精确到 0.01 g)于 50 mL 离心管中,加入 15 mL 乙腈水溶液(15+2),均质 30 s,4 000 r/min 离心 5 min,上清液转移至 50 mL 离心管中,另取一离心管,加入 10 mL 乙腈水溶液(15+2),洗涤均质器刀头,用玻璃棒捣碎离心管中的沉淀,加入上述洗涤均质器刀头溶液,在旋涡混合器上振荡 1 min,4 000 r/min 离心 5 min,上清液合并至 50 mL 离心管中,重复用 10 mL 乙腈水溶液(15+2)洗涤刀头并提取一次,上清液合并至 50 mL 离心管中,用乙腈水溶液(15+2)定容至 40 mL。准确移取 20 mL 加入 100 mL 鸡心瓶。

牛奶样品:称取 10 g 样品(精确到 0.01 g)于 50 mL 离心管中,加入 20 mL 乙腈(15+2),均质提取 30 s,4 000 r/min 离心 5 min,上清液转移至 50 mL 离心管中;另取一离心管,加入 10 mL 乙腈水溶液(15+2),洗涤均质器刀头,用玻璃棒捣碎离心管中沉淀,加入上述洗涤均质器刀头溶液,在旋涡混合器上振荡 1 min,4 000 r/min 离心 5 min,上清液合并至 50 mL 离心管中,重复用 10 mL 乙腈水溶液(15+2)洗涤刀头并提取一次,上清液合并至 50 mL 离心管中,用乙腈水溶液(15+2)定容至 50 mL。准确移取 25 mL 加入 100 mL 鸡心瓶。将鸡心瓶于旋转蒸发器上(37 ℃水浴)蒸发除去乙腈(易起沫样品可加入 4 mL 饱和氯化钠溶液)。

(2)净化　立即向已除去乙腈的鸡心瓶中加入 25 mL 0.05 mol/L 磷酸盐缓冲溶液,涡旋混匀 1 min,用 0.1 mol/L 氢氧化钠调节 pH 为 8.5,以 1 mL/min 的速度通过经过预处理的固相萃取柱,先用 2 mL 0.05 mol/L 磷酸盐缓冲溶液淋洗 2 次,再用 1 mL 超纯水淋洗,然后用 3 mL 乙腈洗脱(速度控制在 1 mL/min),将洗脱液于 45 ℃下氮气吹干,用 0.025 mol/L 磷酸盐缓冲溶液定容至 1 mL,过 0.45 pm 滤膜后,立即用液相色谱质谱/质谱仪测定。

(3)测定　液相色谱-质谱/质谱测定:根据试样中被测物的含量情况,选响应值相近的标准工作液一起进行色谱分析。标准工作液和待测液中青霉素类抗生素的响应值均应在仪器线性响应范围内。对标准工作液和样液等体积进行测定。

定性测定:按照液相色谱条件要求,测定样品和建立标准工作曲线,如果样品中化合物质量色谱峰的保留时间与标准溶液相比在±2.5%的允许偏差之内;待测化合物的定性离子对的重构离子色谱峰的信噪比大于或等于 3(S/N)≥3),定量离子对的重构离子色谱峰的信噪比大于或等于 10(S/N≥10);定性离子对的相对丰度与浓度相当的标准溶液相比,相对丰度偏差不超过表 6-9 的规定,则可判断样品中存在相应的目标化合物。

定量测定:按外标法使用标准工作曲线进行定量测定。

空白试验:除不加试样外,均按上述作步骤进行。

7. 结果计算与表述

用色谱数据处理机或按照式 6-3 计算试样中青霉素类抗生素残留量,计算结果需扣除空白值:

$$X=\frac{c\times V\times 1\ 000}{m\times 1\ 000} \qquad (式 6-3)$$

式中:X——试样中青霉素类抗生素残留量,μg/kg。

c——从标准得到的青霉素类抗生素残留溶液浓度,ng/mL。

V——样液最终定容体积,mL。

m——最终样液代表的试样质量，g。

8. 测定低限(LOQ)

11 种青霉素类抗生素的测定低限分别为羟氨苄青霉素 5 μg/kg，氨苄青霉素 2 μg/kg，苯咪青霉素 1 μg/kg，甲氧苯青霉素 0.1 μg/kg，苄青霉素 1 μg/kg，苯氧甲基青霉素 0.5 μg/kg，苯唑青霉素 2 μg/kg，苯氧乙基青霉素 10 μg/kg，氯唑青霉素 1 μg/kg，乙氧萘胺青霉素 2 μg/kg，双氯青霉素 10 μg/kg。

表 6-9　定性确证时相对离子丰度的最大允许偏差

相对离子丰度	50%	20%～50%	10%～20%	≤10%
允许的相对偏差	±20%	±25%	±30%	±50%

【技能训练】

任务一　牛乳中土霉素、四环素、金霉素残留量测定

任务导入

在奶牛养殖生产中，有时会使用土霉素、四环素、金霉素等抗生素，治疗奶牛乳房类等疾病，造成这些抗生素的残留，因此，检测这些抗生素的残留量也是牛乳企业及食品安全监管部门的一项重要工作。

任务描述

查阅食品安全国家标准《牛奶和奶粉中土霉素、四环素、金霉素、强力霉素* 残留量的测定》(GB/T 22990—2008)和液相色谱仪等相关仪器设备的操作规范，制定检验流程并实施，评价样品的检测数据是否符合要求。

任务准备

解读标准，将牛乳中土霉素、四环素、金霉素残留量测定所需主要的仪器设备及化学试剂记入表 6-10、表 6-11。

表 6-10　所需仪器设备表

序号	仪器名称	规格
1	液相色谱仪	配有紫外检测器
2	分析天平	感量 0.1 mg，0.01 g
3	涡旋振荡器	
4	冷冻离心机	转速大于 5 000 r/min
5	固相萃取装置	
6	氮气吹干仪	

* 注：强力霉素为曾称名，现规范用法称为多西环素。

表 6-11　所需化学试剂表

序号	试剂名称	规格
1	甲醇	色谱纯
2	乙腈	色谱纯
3	磷酸氢二钠	
4	柠檬酸	
5	乙二胺四乙酸二钠	

任务实施

一、实施流程

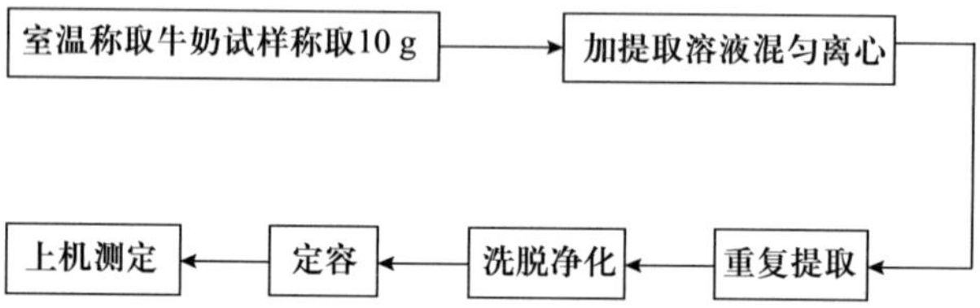

二、操作要点

称取牛奶试样称取 10 g(精确到 0.01 g),置于 50 mL 具塞塑料离心管中。向试样中加入 20 mL 0.1 mol/L Na_2EDTA-Mcllvaine 缓冲溶液,于涡旋振荡器上混合 2 min,于 10 ℃,5 000 r/min 离心 10 min,上清液过滤至另一离心管中。残渣中再加入 20 mL 缓冲溶液,重复提取一次,合并上清液。将上清液通过处理好的 Oasis HLB 柱,待上清液完全流出后,用 5 mL 甲醇-水(1+19)淋洗,弃去全部流出液。减压抽干 5 min,最后用 5 mL 甲醇洗脱,收集洗脱液于 10 mL 样品管中。再洗脱后氮气吹至近干定容待用。

三、分析结果的表述

被测物残留量的测定按式 6-4 计算

$$X_i = C_i \times \frac{V}{m} \times \frac{1\ 000}{1\ 000} \qquad (式\ 6\text{-}4)$$

式中:X_i——试样中被测组分残留量,μg/kg;

C_i——从标准工作曲线得到的被测组分溶液浓度,ng/mL;

V——样品溶液定容体积,mL;

m——样品溶液所代表试样的质量,g。

计算结果应扣除空白值。

四、数据记录及处理

测定原始记录参考表 6-12。

表 6-12　液相色谱仪法牛乳中土霉素、四环素、金霉素残留量的测定原始记录

第　页共　页

<table>
<tr><td>样品编号</td><td colspan="3"></td><td colspan="2">样品状况</td><td colspan="2"></td></tr>
<tr><td>方法依据</td><td colspan="3"></td><td colspan="2">检测地点</td><td></td><td>温度　℃</td></tr>
<tr><td>仪器名称</td><td colspan="3"></td><td colspan="2">检测日期</td><td></td><td>湿度　%</td></tr>
<tr><td colspan="8"></td></tr>
<tr><td>色谱柱</td><td colspan="3"></td><td colspan="2">柱温</td><td colspan="2"></td></tr>
<tr><td>流动相</td><td colspan="3"></td><td colspan="2">流速</td><td colspan="2"></td></tr>
<tr><td>激发波长</td><td colspan="2"></td><td>发射波长</td><td colspan="2"></td><td>进样量</td><td></td></tr>
<tr><td>检测原理</td><td colspan="7"></td></tr>
<tr><td colspan="8"></td></tr>
<tr><td>标准品名称</td><td colspan="2"></td><td>来源</td><td colspan="2"></td><td>标准品批号</td><td></td></tr>
<tr><td>纯度</td><td colspan="2"></td><td>储备液浓度</td><td colspan="2"></td><td>配制日期</td><td></td></tr>
<tr><td>中间液浓度</td><td colspan="3"></td><td colspan="2">配制日期</td><td colspan="2"></td></tr>
<tr><td>工作液浓度</td><td colspan="3"></td><td colspan="2">配制日期</td><td colspan="2"></td></tr>
<tr><td colspan="8"></td></tr>
<tr><td>样品编号</td><td>试样质量 m/g</td><td>定容体积 V/mL</td><td>上机液体积 V_3/μL</td><td>上机液浓度 ρ/(ng/mL)</td><td>样品含量 X/(μg/kg)</td><td>实测差/%</td><td>允许差/%</td></tr>
<tr><td></td><td></td><td></td><td></td><td></td><td></td><td></td><td></td></tr>
<tr><td></td><td></td><td></td><td></td><td></td><td></td><td rowspan="3"></td><td rowspan="3"></td></tr>
<tr><td></td><td></td><td></td><td></td><td></td><td></td></tr>
<tr><td></td><td></td><td></td><td></td><td></td><td></td></tr>
<tr><td colspan="2">计算公式</td><td colspan="6"></td></tr>
<tr><td colspan="2">备注</td><td colspan="6">本方法检出限为：</td></tr>
</table>

五、技术提示

(1)选用的试剂纯度级别是色谱纯。

(2)选用的仪器设备要处于良好的使用状态。

(3)称取样品时选用精度合适的天平。

(4)移取溶液读数时视线保持水平，并以观察样液的凹液面下缘最低点为准。

(5)液相色谱仪的参数设置要根据实际情况进行调整。

任务评价

按表 6-13 检查工作任务的完成情况。

表 6-13 工作任务评价表

序号	任务实施步骤	工作内容	技能标准	分值
1	制订工作方案	查阅相关标准,制订牛乳中土霉素、四环素、金霉素残留量测定的实施方案	(1)正确选用标准 (2)方案制订合理	10
2	准备工作	试剂和设备的状态检查	(1)正确辨认试剂级别 (2)确认设备状态	5
3	样品预处理	称取样品、提取、浓缩、净化、定容	(1)正确使用天平 (2)规范操作步骤	25
4	样品测定	规范操作仪器	(1)正确设置各项参数 (2)能正确确认图谱	20
5	结果分析	样品测定组分残留含量的计算	(1)能利用计算公式正确计算 (2)能正确保留有效数字	20
6	工作单	(1)课前准备内容 (2)任务实施过程记录 (3)结果分析与讨论	(1)能查阅相关标准并回答问题 (2)能够对操作过程进行记录与分析 (3)对所完成任务归纳、分析及总结	20

任务二　畜禽肉中己烯雌酚的测定

任务导入

己烯雌酚属于非甾体雌激素,具有促进动物生长和提高动物瘦肉率等作用,曾经被当作促生长剂普遍应用于畜禽生产中,因其对人类有很强的致畸、致癌等毒副作用,大多数国家和地区已明确规定禁止在畜牧养殖中使用。为了降低动物生产成本,不规范使用己烯雌酚的现象仍然存在。因此,畜禽肉中己烯雌酚的测定工作有利于监控畜产品质量安全,为提高人民群众生活质量保驾护航。

任务描述

查阅食品安全国家标准《畜禽肉中己烯雌酚的测定》(GB/T 5009.108—2003)和液相色谱仪等相关仪器设备的操作规范,制定检验流程并实施,评价样品的检测数据是否符合要求。

任务准备

通过标准的解读,将畜禽肉中己烯雌酚的测定所需主要仪器设备及化学试剂记入表 6-14、表 6-15。

表 6-14 所需仪器设备表

序号	仪器名称	规格
1	高效液相色谱仪	具紫外检测器
2	小型绞肉机	
3	小型粉碎机	

续表6-14

序号	仪器名称	规格
4	电动振荡机	
5	离心机	

表 6-15　所需化学试剂

序号	试剂名称	规格
1	甲醇	色谱纯
2	磷酸	
3	己烯雌酚(DES)	标准品

任务实施

一、实施流程

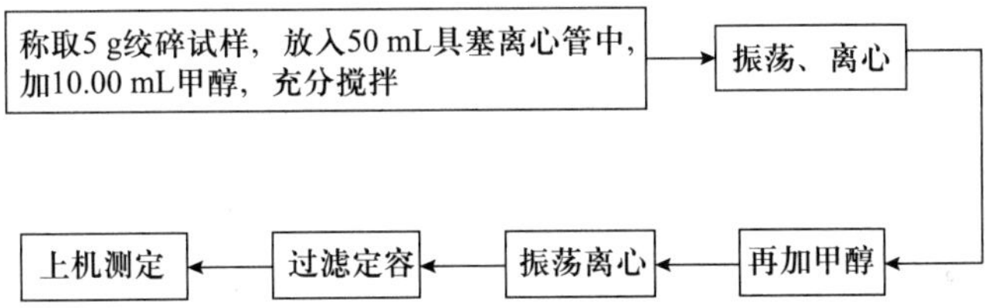

二、操作要点

称取(5±0.1)g 绞碎(小于 5 mm)肉试样，放入 50 mL 具塞离心管中，加 10.00 mL 甲醇，充分搅拌，振荡 20 min，于 3 000 r/min 离心 10 min，将上清液移出，残渣中再加 10.00 mL 甲醇，混匀后振荡 20 min，于 3 000 r/min 离心 10 min，合并上清液，此时若出现混浊，需再离心 10 min，取上清液过 0.5 μm FH 滤膜，备用。

三、分析结果的表述

按式 6-5 计算：

$$X=\frac{A\times 100}{m\times \frac{V_2}{V_1}}\times \frac{1\ 000}{1\ 000\times 1\ 000} \qquad (式\ 6\text{-}5)$$

式中：X——试样中己烯雌酚含量，mg/kg；

A——进样体积中己烯雌酚含量，ng；

m——试样的质量，g；

V_2——进样体积，μL；

V_1——试样甲醇提取液总体积，mL。

四、数据记录及处理

测定原始记录参考表 6-16。

表 6-16　液相色谱法畜禽肉中己烯雌酚的测定原始记录

第　页　共　页

样品编号		样品状况		
方法依据		检测地点		温度　　℃
仪器名称		检测日期		湿度　　%

色谱柱			柱温		
流动相			流速		
激发波长		发射波长		进样量	
检测原理					

标准品名称		来源		标准品批号	
纯度		储备液浓度		配制日期	
中间液浓度			配制日期		
工作液浓度			配制日期		

样品编号	试样质量 m/g	定容体积 V/mL	上机液体积 V_3/μL	上机液浓度 ρ/(ng/mL)	样品含量 X/(μg/kg)	实测差/%	允许差/%
计算公式							
备注	本方法检出限为：						

五、技术提示

(1)选用的试剂纯度级别是色谱纯。

(2)选用的仪器设备要处于良好的使用状态。

(3)称取样品时选用精度合适的天平。

(4)移取溶液读数时视线保持水平，并以观察样液的弯月面下缘最低点为准。

(5)液相色谱仪的参数设置要根据实际情况进行调整。

任务评价

按表 6-17 检查工作任务的完成情况。

表 6-17　工作任务评价表

序号	任务实施步骤	工作内容	技能标准	分值
1	制订工作方案	查阅相关标准，制订畜禽肉中己烯雌酚的测定的实施方案	(1)正确选用标准 (2)方案制订合理	10
2	准备工作	试剂和设备的状态检查	正确辨认试剂级别、确认设备状态	5
3	样品预处理	称取样品、提取、净化、定容	(1)正确使用天平 (2)规范操作步骤	25
4	样品测定	规范操作仪器	(1)正确设置各项参数 (2)能正确确认图谱	20
5	结果分析	样品己烯雌酚残留含量的计算	(1)能利用计算公式正确计算 (2)能正确保留有效数字	20
6	工作单	(1)课前准备内容 (2)任务实施过程记录 (3)结果分析与讨论	(1)能查阅相关标准并回答问题 (2)能够对操作过程进行记录与分析 (3)对所完成任务归纳、分析及总结	20

任务检测

一、名词解释

兽药　兽药残留

二、判断题

1. 食品中兽药残留抗生素的检测方法有机提取溶剂是分析纯的。(　　)

2. 样品中青霉素类抗生素残留物测定采用的是液相色谱-质谱/质谱测定，外标法定量。(　　)

3. 样品中青霉素类抗生素残留物测定，所用水为 GB/T 6682—2008 规定的一级水。(　　)

4. 青霉素类抗生素标准储备溶液置于－18℃冰箱避光保存，保存期 30 d。(　　)

5. 用于测定青霉素的试样组织，用组织捣碎机充分捣碎，装入洁净容器中，密封，并标明－18℃以下冷冻存放。(　　)

6. 11 种青霉素类抗生素标准品纯度均应≥95%。(　　)

7. 液相色谱-质谱/质谱测定青霉素类抗生素时，标准工作液和待测液中青霉素类抗生素的响应值均应在仪器线性响应范围内。(　　)

8. 动物性食品中激素检测用的液相色谱-质谱/质谱仪测定时，外标法定量。(　　)

9. 激素标准储备液是－18℃以下保存，在 3 个月内是稳定的。(　　)

10. 动物性食品中激素检测目标化合物残留量，单位为微克每千克。(　　)

三、选择题

1. 动物源性食品中青霉素类抗生素残留量液相色谱-质谱/质谱测定和确证方法可以测定(　　)种青霉素。

A. 9　　B. 10　　C. 11　　D. 12

2. 用液相色谱-质谱/质谱测定样品中青霉素类抗生素残留时，选用的有机溶剂纯度级别是(　　)。

A. 分析纯　　B. 优级纯　　C. 色谱级　　D. 高效液相色谱级

3. 用液相色谱-质谱/质谱测定样品中青霉素类抗生素残留时，选用的水为 GB/T 6682—2008 规定的(　　)级水。

A. 一　　B. 二　　C. 三　　D. 以上都有可以

4. 动物性食品中激素检测用的液相色谱-质谱/质谱仪测定时，进样量是(　　)μL。

A. 1　　B. 5　　C. 10　　D. 20

5. 称取 3.4 g 磷酸二氢钾，超纯水溶解，稀释至 100 mL。该溶液浓度为(　　)mol/L。

A. 0.012　　B. 0.025　　C. 0.050　　D. 0.10

四、填空题

1. 配置 0.01 mol/L 乙酸铵溶液(pH=4.5)：称取________g 乙酸铵，超纯水溶解，稀释至 1 000 mL，用甲酸调节 pH 至 4.5±0.1。

2. 用液相色谱-质谱/质谱测定样品中青霉素类抗生素残留时，如果样品中化合物质量色谱峰的保留时间与标准溶液相比在________的允许偏差之内，则可判断样品中存在相应的目标化合物。

3. 动物性食品中激素检测时，选用的离心机转速不低于________。

4. 动物性食品中激素检测时，选用的是________定量。

5. 食品中兽用激素类药物残留，影响人体正常激素水平和功能，可对儿童造成________等危害。

五、简述题

1. 兽药主要种类包括什么？

2. 简述食品中兽药残留的检测意义。

3. 简述液相色谱质谱联用仪测定青霉素的色谱基本条件设置。

模块六　思考与练习

模块小结

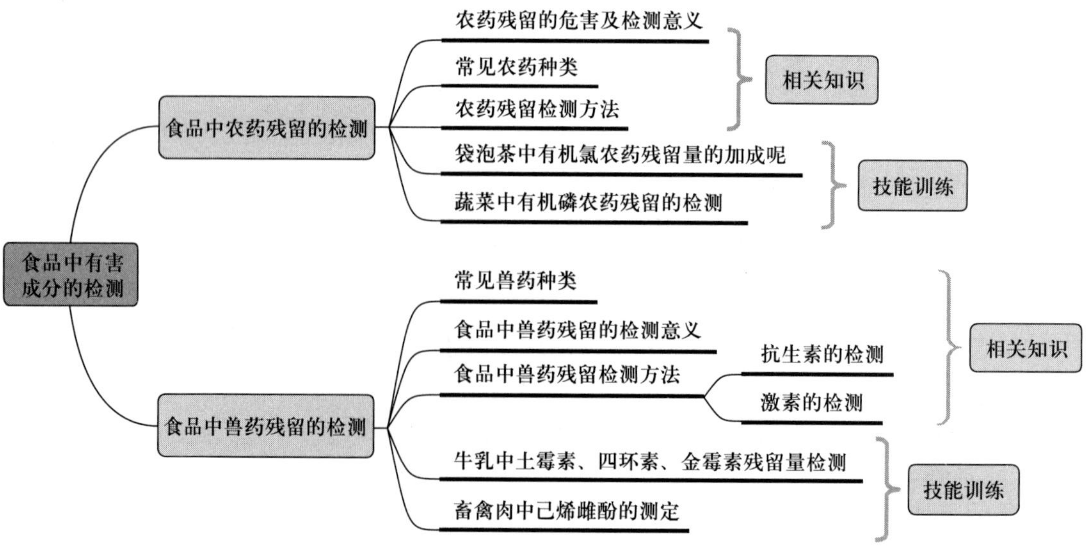

参 考 文 献

[1] 张水华．食品分析实验．北京:化学工业出版社,2006.
[2] 曹凤云．食品理化检验技术．北京:中国农业大学出版社,2016.
[3] 林继元．食品理化检验技术．武汉:武汉理工大学出版社,2017.
[4] 贾君,袁贵英．食品分析与检验技术．北京:中国农业出版社,2018.
[5] 钱志伟,袁贵英．食品分析检验技术．北京:中国农业大学出版社,2013.
[6] 杨玉红,田艳花．食品理化检验技术．武汉:武汉理工大学出版社,2016.
[7] 彭珊珊．食品分析检测及其实训教程．北京:中国轻工业出版社,2011.
[8] 谢昕．食品仪器分析技术．2 版．大连:大连理工大学出版社,2019.
[9] 刘丹赤．食品理化检验技术．3 版．大连:大连理工大学出版社,2018.
[10] 吴谋成．食品分析与感官评定．2 版．北京:中国农业出版社,2012.
[11] 杨惠芬．食品卫生检验方法．北京:技术标准出版社, 1986.
[12] 时春喜．农药使用技术手册．北京:金盾出版社,2009.
[13] 河南农业大学．动物性食品检验学．北京:中国农业科学技术出版社,2003.
[14] 林海,杨玉红．食品卫生及其实训教程．北京:中国轻工业出版社,2014.
[15] 张根生,赵全,岳晓霞．食品中有害化学物质的危害与检测．北京:中国计量出版社,2006.
[16] 高鹤娟．食物中有害物质．北京:化学工业出版社,2000.